中国城乡规划与多支持系统前沿研究丛书 | 刘合林主编

国家自然科学基金项目(51608213,51778253)
江苏高校优势学科建设工程四期项目

局地气候变化与城市空间适应

王宝强 著

东南大学出版社
SOUTHEAST UNIVERSITY PRESS
·南京·

内容提要

气候变化已经成为 21 世纪影响全球可持续发展的重要因素之一。城市作为人类社会活动最聚集的区域,是大气温室气体排放的主要来源和促成全球气候变化的重要贡献者,也是气候变化风险和挑战的承受者。本书围绕城市如何适应局地气候变化这一议题,在剖析城市化与局地气候变化的耦合关系的基础上,以我国最大的河口城市上海为例,重点分析了局地气候变化的时空特征、局地气候变化与城市空间发展相关性、局地气候变化的影响及评估,进而提出了"应对气候变化的适应性城市空间格局"这一理论概念,探讨了适应性城市空间格局构建及规划响应对策。

全书基于理论探索和案例研究,可作为高等院校城乡规划、城市生态、气候学等相关专业的学术拓展阅读资料,也可为相关学术研究、规划实践部门提供有益参考,特别适合对于气候变化和韧性城市研究感兴趣的人群。

图书在版编目(CIP)数据

局地气候变化与城市空间适应 / 王宝强著. -- 南京:
东南大学出版社,2025.1
(中国城乡规划与多支持系统前沿研究丛书 / 刘合
林主编)
ISBN 978-7-5766-0949-3

Ⅰ. ①局… Ⅱ. ①王… Ⅲ. ①气候变化-影响-城市
规划-研究-中国 Ⅳ. ①TU984.2

中国国家版本馆 CIP 数据核字(2023)第 210035 号

责任编辑:孙惠玉 李倩　　　责任校对:子雪莲　　　封面设计:王玥　　　责任印制:周荣虎

局地气候变化与城市空间适应

Judi Qihou Bianhua Yu Chengshi Kongjian Shiying

著　　者:王宝强
出版发行:东南大学出版社
出 版 人:白云飞
社　　址:南京市四牌楼 2 号　邮编:210096
网　　址:http://www.seupress.com
经　　销:全国各地新华书店
排　　版:南京布克文化发展有限公司
印　　刷:南京凯德印刷有限公司
开　　本:787 mm×1092 mm　1/16
印　　张:15
字　　数:365 千
版　　次:2025 年 1 月第 1 版
印　　次:2025 年 1 月第 1 次印刷
书　　号:ISBN 978-7-5766-0949-3
定　　价:79.00 元

本社图书若有印装质量问题,请直接与营销部调换。电话(传真):025-83791830

1956年,城市规划作为一门学科被正式纳入教育部的招生目录,标志着我国大学城市规划专业教育的正式确立。参照苏联模式并结合国家发展实际,这一时期城市规划的学科发展表现出显著的建筑和工程导向。到20世纪70年代中期,来自地理类院校的"城市—区域"理论被引入城市规划的学科发展和科学研究,从而丰富了城市规划专业的学科内涵、研究领域与规划实践。20世纪90年代,改革开放和国际交流的不断深化使得城市规划的学科结构不断完善,科学研究的广度和深度持续拓展,规划编制的技术方法不断革新。2011年,"城乡规划"一级学科的设立,则从侧面反映了城市规划的城乡统筹价值转向。

城乡规划学科发展的历史表明,规划研究始终与国家发展的时代需求相呼应。在新中国成立初期,百废待兴,城市蓝图描绘和工程建设尤为紧迫,这一时期的研究表现出显著的工程指向性;在1970—1977年,国家宏观调控与生产力布局的实际需求加强,城市发展过程中的区域观和统筹问题的研究变得更加重要;改革开放所带来的社会、经济的深刻变化,使得土地制度、房地产金融、区域均衡发展和全球城市等问题的研究成为热点。2000年后,在快速城镇化和全球化全面深化的背景下,土地集约高效利用、人居环境品质提升、可持续城乡发展、历史文化遗产保护、社会公平正义、城乡统筹协调发展等问题被广泛探讨。近年来,生态文明建设、国土空间规划改革和人工智能等新数字技术发展正深刻重塑城乡规划的学科内涵和研究领域,新的规划研究议题不断涌现,如规划建设的双碳技术、历史文化聚落遗产保护、流域综合治理、人居环境品质提升、空间治理现代化、国土空间安全、城市更新改造和数字赋能规划创新等。

在此背景下,东南大学出版社推出"中国城乡规划与多支持系统前沿研究丛书",正是对新时代城乡规划学科发展与科学研究需求的积极响应,适逢其时。本丛书的各位作者都是具有国际视野、国内经验和家国情怀的青年学者,他们立足国家重大战略需求,敢于争先,勇于探索,将规划教育、规划实践与规划研究紧密结合,既体现出规划科学研究的前沿性,也体现出中国规划特色的在地性和时代性。本丛书从策划走到现实,始终秉持开放包容的原则,是一个持续不断添新增彩的过程,每一本都值得仔细研读。在未来,相信会有更多的优秀作品进入该丛书序列,响应国家重大需求,解决时代规划问题。

全球化、城市化、数字化和国家治理现代化正持续推进,中国正在逐步走向高收入国家行列,中国的城镇化正在走向弗里德曼所言的Ⅱ型城镇化,中国人民的生活方式也正在转向绿色低碳健康,中国的规划研究与实践也必将走上新的征程。我相信,该套丛书的出版必能为当前我国规划研究的拓展和规划事业的进步贡献价值。

刘合林

2023年10月于武汉

前言

气候变化是关系人类生存与发展的热点话题,成为制约全球可持续发展的关键因素之一。减缓与适应气候变化是应对气候变化的两个主要方向。而作为人类活动最密集的城市地域,既是温室气体排放的主要策源地,也是气候灾害影响的承载体,是人类活动与自然因素叠加的复杂巨系统。本书针对局地气候变化与城市空间之间的复杂适应关系,提出应对局地气候变化的适应性城市空间格局构建理论,并以上海为例进行实证分析,试图探索城市如何适应气候变化这一重要议题。

本书共 8 章。第 1 章为气候变化与城市发展,主要阐述本书研究对象的时代背景和意义,就全球气候变化的背景、减缓与适应气候变化两条主线、气候变化与城市规划、上海局地气候变化研究进展进行概述,并就相关概念进行界定,提出应对局地气候变化的适应性城市空间格局这一概念模型。第 2 章为城市化与局地气候变化的耦合关系,从城市化对局地气候变化的胁迫、气候变化对城市系统的影响、城市对气候变化的适应三个角度进行阐释。第 3 章分析近几十年来上海城市发展过程中局地气候变化的时空特征,研究结果表明上海年平均气温呈现明显的波动上升趋势,城郊温差呈现由小到大的趋势,城市平均气温的圈层式空间分布特征明显,降水量在时间上处于波动周期变化且在空间上呈现由市区向外围、由南向北递减的特征,相对湿度和日照时数呈现波动下降趋势,极端气候发生频率提高,海平面上升趋势明显。第 4 章通过构建定量分析模型,对城市建设过程中各种要素的变化对局地气候变化的影响进行分析,探讨两者之间的内在关联,结果表明局地气候变化受到城市空间开发的影响作用明显。第 5 章从定性、定量两个维度探讨上海局地气候变化对城市发展的影响,并构建定量评估模型进行实证分析,结果表明气候变化的影响具有空间差异性、呈现中心向外围依次降低的分布特征。第 6 章结合当前气候变化脆弱性、适应性、韧性城市等相关研究,提出城市空间适应局地气候变化的理论模型,并定量评价上海现有要素的气候变化适应度。第 7 章探讨适应性城市空间格局的构建策略及规划响应,提出上海适应性城市空间格局的构成要素包括城市基础设施、绿色基础设施建设、城市风道、城市建筑色彩及相关的非工程措施,提出将适应性城市空间格局的构建纳入城乡规划的两种途径,以及构建多尺度的韧性城市网络、加强城市应急管理体系建设等具体对策。第 8 章对全文进行总结,并对城市适应气候变化的未来方向进行展望。

应对气候变化是一个长远战略,也是一个复杂的巨型工程,不仅需要自然生态系统对变化着的气候进行自我调整,而且需要人类发挥主观能动性,从全球到国家再到城市层面推动减缓和适应气候变化的行动。要从一个综合的、全面的角度探讨城市适应气候变化的整体框架,事实上是极为艰难的工作。本书对城市空间格局适应气候变化策略的研究,无论是从理论还是从方法、应用上都处于探索阶段。

　　本书的写作基于笔者在同济大学攻读博士学位期间的部分研究成果。在成稿的过程中得到同济大学沈清基教授，佛罗里达大学彭仲仁教授，华中科技大学刘合林教授、彭翀教授、耿虹教授的指导，苏州科技大学赵晓龙教授的支持，华中科技大学李萍萍、陈娴、陈姚、陈姿璇、林彤、宦小艳以及苏州科技大学何卓、陈琦、郑鑫炜等同学参与了图纸绘制，东南大学出版社的徐步政老师、孙惠玉老师付出了努力，在此一并表示感谢。

　　由于笔者水平有限，加之时间限制，本书难免有不妥之处和不深入之处，也必然存在许多可以改进的方面，敬请读者批评指正。

王宝强

目录

1 气候变化与城市发展

1.1 全球气候变化背景

气候变化是 21 世纪全球最为紧迫的问题之一,其形成与温室气体排放直接相关。自 20 世纪 70 年代初以来,世界温室气体排放量已基本翻番,2005 年约达到 420 亿 t CO_2 当量(IEA,2009)。相关研究表明,如果继续保持当前的高碳排放水平,那么到 21 世纪中叶,全球温室气体排放量将增加 50%以上,世界平均气温将比工业化前高出 4—6℃,远期会更高(OECD,2009),可能会使气候变化更加剧烈(IPCC,2007a),所带来的严峻挑战是洪水和干旱等极端天气事件的强度会继续增大,暴风雨会更加猛烈,热浪会进一步加剧,食品和水资源冲突会不断升级,海平面上升会威胁沿海地区发展等(Smith,2010)。

气候变化是指气候平均状态统计学意义上的巨大改变或者持续较长一段时间(典型的为 10 年或更长)的气候变动(殷永元等,2004)。目前对气候变化的理解有两种观点:一是政府间气候变化专门委员会(Intergovernmental Panel on Climate Change,IPCC)将"气候变化"定义为"基于自然变化抑或人类活动所引致的任何气候变动"(IPCC,2007b);未来全球气候变化影响城市的主要气候因子包括变暖、极端高温、干旱、积雪、极端降水、破坏性的气旋、洪水、海平面上升和海洋酸化(IPCC,2014)。二是《联合国气候变化框架公约》(UN,1994)将"气候变化"定义为"经过相当一段时间的观察,在自然气候变化之外人类活动直接或间接地改变全球大气组成所导致的气候改变",一段时间也可能是指几十年或几百万年,波动范围可以是区域性的或全球性的,强调人类活动的影响,主要包括全球变暖、酸雨、臭氧层破坏。目前对气候变化讨论最多的是环境政策对当代气候的影响,也就是说人为因素对气候的影响,尤其是全球变暖问题,因此狭义的气候变化指全球气候变暖。

随着全球气候变化的影响越来越明显,对全球各地的局部区域气候也产生了显著的影响,这种变化可能比全球变暖更加明显,直接影响到城市的方方面面。本书重点关注城市层面的气候变化,即局地气候变化,将其定义为"城市地区基于自然变化抑或人类活动所引致的地区气候变动",主要包括气温、降水、相对湿度、日照时数、极端天气、海平面的变化等局部气候变化要素,其与城市所处的纬度、海陆位置、地形条件、气象条件等自然因素密切关联,也与城市发展过程、城市规模、城市产业等人为因素相关。局地气候变化产生的影响感知也更为直接,如气象灾害产生频率的提高、城市热岛效应的加剧、生物多样性的降低、土壤质量和水循环的变化、农业和林业作物生长受影响、空气污染的加剧、粮食安全受到威胁。城市的发展战略、空间布局、设施建设、防灾减灾体系等均要将适应局地气候变化作为重要的目标。

气候变化的研究涉及成因、事实、影响、应对策略、评价、经济成本与效益、投资融资、政治博弈等一系列问题,本书重点关注在全球气候变化背景下局地气候变化的特征、影响、评估及城市应对的措施。

1.1.1 气候变化的事实依据与成因

对全球气候变化事实依据和成因研究的重要组织有政府间气候变化专门委员会(IPCC)、气候议程机构间委员会(Inter-Agency Committee on the Climate Agenda,IACCA)等。其中,政府间气候变化专门委员会(IPCC)是世界气象组织和联合国环境规划署于 1988 年建立的。截至 2021 年,政府间气候变化专门委员会(IPCC)已经发布了五次全球气候变化评估报告,已经开展的工作包括评估气候系统和气候变化的科学问题,评估社会经济体系和自然系统对气候变化的脆弱性、气候变化正负两个方面的影响后果和适应气候变化的选择方案,评估限制温室气体排放并减缓气候变化的选择方案。

1)气候变化的事实依据

气候是指某一地区较长时间内出现的天气特征的"综合"表现,反映的是某一地区冷、暖、干、旱等基本特征。温度、降水、湿度、日照、风速、云量、土壤温度、雾、霜、雷、暴等均是气候要素。广义的气候变化是指气候要素或条件的平均动态变化(殷永元等,2004);狭义的气候变化则是指气温变暖,这是基于当前全球系统平均气温监测得到的结果(图 1-1)。

(1)气温上升。自 1861 年以来全球陆地和海洋表面的平均温度呈上升趋势,在 20 世纪升高了大约 0.6℃。全球平均温度、全球平均海平面高度、北半球积雪面积等大量事实都论证了全球变暖这一结论(IPCC,2001)。局部地区的气温变化与全球趋势一致(张可慧等,2012;过寒超等,2011)。我国近百年来年平均地表气温升高幅度为 0.6—0.8℃;近 50 年来,年平均地表气温升高 1.1℃,增温速率为 0.22℃/10 a,比全球或北半球同期高(丁一汇,2009)。

(2)降水变化。20 世纪陆地上的降水增加了 2% 左右(Hurrell et al.,2000),但地区差异较大(Karl et al.,1998;Doherty et al.,1999)。热带气旋、温带气旋、旱涝、龙卷风、冰雹等极端天气事件频率提高(IPCC,2001)。我国近百年来年降水呈现明显的年际振荡,趋势变化不明显,20 世纪 10

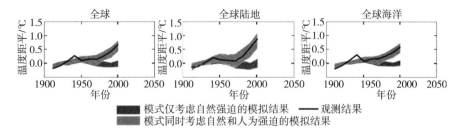

图 1-1　观测到的大陆与全球尺度地表温度与情景模拟

注：相对 1901—1950 年平均值，图中给出了 1906—2005 年所观测到的 10 年平均值（黑线），对应于这 10 年的中心绘制。虚线部分表示空间覆盖率低于 50%。深灰色阴影表示仅使用太阳活动和火山自然强迫的 5 个气候模式、19 个模拟试验结果的 5% 至 95% 可信度范围。浅灰色阴影表示同时使用自然强迫和人为强迫的 14 个气候模式、58 个模拟试验结果的 5% 至 95% 可信度范围。

年代、30—40 年代和 80—90 年代降水偏多；降水空间分布差异较大，近 50 年来黄淮平原和山东半岛、四川盆地以及青藏高原部分地区的年降水变化呈现不同程度的下降趋势，而其余地区的年降水量均呈现不同程度的增加（丁一汇，2009）。

（3）极端天气、气候事件增多。对极端事件的研究主要集中在利用近 50 年全世界比较丰富的逐日地面观测资料进行分析。与温度有关的指标在近 50 年中都显示出了显著的变化，年内温度极差显著减小；与降水有关的指标反映出显著的局地性，但连续 5 天最大降水量和大雨降水事件发生的频率显著增加了（Frich et al.，2002）。在全球变暖的背景下，我国发生极端事件的频率也增加了。1951—1990 年我国的平均最高温度略有上升，最低温度显著升高，区域低温日数减少（Zhai et al.，1999），强降水事件主要发生在西北地区，北方的干旱也异常严重，伴随而来的还有沙尘暴、雪灾等其他灾害性天气。

2）气候变化的成因

气候变化的原因是多方面的。大气中温室气体和气溶胶浓度、地表覆盖率和太阳辐射的变化都会改变气候系统的能量平衡，从而改变气候的正常变化规律。已有的大量科学事实证明，全球气候的变化与温室气体浓度的增加存在密切的相关性。政府间气候变化专门委员会（IPCC）完成的第二次全球气候变化评估报告中称，人类活动是导致过去 100 年中气候变化的最重要因素；政府间气候变化专门委员会（IPCC）在第四次全球气候变化评估综合报告中指出，自工业革命以来，人类活动的影响导致全球大气二氧化碳（CO_2）、甲烷（CH_4）和氧化亚氮（N_2O）浓度明显增加，全球二氧化碳（CO_2）浓度增加的主要原因是化石燃料的使用，同时土地利用变化也具有较为显著的贡献。

1.1.2　气候变化的影响

1）气候变化的影响领域

与气候变化伴随而来的风暴和洪水增多、海平面上升、高温等对陆地、海岸带、干旱地区、低纬度地区、沿海地区产生了显著影响（IPCC，2007a），涉及水资源供应、生态系统、经济社会发展、农牧业生产、人类健康等领域（姜冬梅等，2007）。政府间气候变化专门委员会（IPCC，2007a）报告指出，如果温度升高超过 2.5℃，那么全球所有区域都可能遭受不利影响，发展中国家所受损失尤为严重；如果温度升温 4℃，那么可能给全球生态系统带来不可逆的损害，造成全球经济重大损失。以极端天气为例，自 20 世纪 70 年代以来，干旱的发生范围更广、持续时间更长、程度更严重，特别是在热带、亚热带地区；在过去 50 年里，极端高温、低温发生了大范围的变化，昼夜低温、霜冻变得不如以前频繁，而昼夜高温、热浪则越发常见。不同地区受影响的系统和行业也略有不同。巴蒂等（Bhatti et al.，2006）认为，气候变化对加拿大的农业、森林和湿地生态系统影响较大。美国国家科学院交通运输研究委员会在 2008 年的特别报告中评估了气候变化对美国交通运输业的潜在影响，确定了五种将会对美国交通运输业有严重影响的气候变化类型：日益增多的炎热天气和热浪、北极温度上升、海平面上升、频繁的强降水和高强度的飓风（Committee on Climate Change et al.，2008）。气候变化对我国若干领域的影响见表 1-1，其中缺乏对城市地区影响的深入表述。

表 1-1　气候变化对我国若干领域的影响

领域	影响（已观测到或预估）
水资源	降水与蒸发变化，河川径流变化，洪涝干旱灾害增多，冰川明显退缩，加剧水文循环，改变水资源的时空分布
农业	影响作物生长发育，降低农业生产环境质量，改变农业种植模式和种植区域，加剧农业灾害，影响粮食生产能力，降低农业土壤肥力
草地	土壤含水率降低，受侵蚀危害重，干旱持续时间长，草原植物物候期提前，制约植物生产力，影响牧业发展
林业	森林物候期总体提前但空间差异明显，森林的空间分布向高纬度和高海拔地区迁移，植物生长期延长，森林生产力整体增加，加剧火灾风险，加大病虫危害，森林碳汇总体增加但不稳定性加剧，生物多样性下降，森林生态系统服务功能总体上升
海岸与海洋资源	海平面呈波动上升趋势，沿海地区海洋灾害发生频率和严重程度增大，沿海自然生态环境进一步恶化
健康	极端气候提高人群死亡率和发病率，其他灾害影响人群的生命财产安全，加剧疾病传播

其中，洪涝灾害是全球气候变化的显著影响之一。气候变暖会加速流域大气环流和水文循环，引发水资源的空间分布变动，进而导致流域强降水、洪涝、干旱等极端水文事件发生（尚志海等，2009）。在气候变化的大背景下，城市降水可预测周期越发模糊，这将给人类社会带来极大的洪涝灾害隐患。除此之外，多项城市可持续发展科学研究证实了城市的洪涝形成与城市化过程中的下垫面变化具有一定的耦合效应（张建云，2012）。对全球典型

城市总体规划所涉及的灾害种类和频次进行统计分析,最终结果显示洪涝灾害频次最高,已成为全球各地面临的共性城市问题之一(图1-2)。

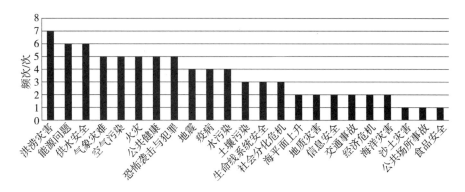

图1-2　世界主要城市关注的23种重大灾害频次统计

2) 气候变化影响评估

由于全球气候变化的趋势受人类社会的发展途径影响很大,因此在评估未来气候变化的影响时,需要构建未来社会经济发展的不同情景,由此衍生出温室气体排放情况及未来气候变化的情景预估。目前通用的是政府间气候变化专门委员会(IPCC)提出的《排放情景特别报告》(Special Report on Emissions Scenarios,SRES),基于四种未来可能的社会经济发展框架,在此基础上模拟不同情景下气温变化、海平面上升等变化情况。其中,A1 情景:经济增长非常快,全球人口数量峰值出现在 20 世纪中叶并随后下降,新的更高效的技术被迅速引进,分为化石燃料密集型(A1F1)、非化石燃料能源(A1T)、各种能源之间的平衡(A1B)。A2 情景:自给自足,保持当地特色,地域间生产方式的趋同缓慢,人口持续增长,经济发展主要面向区域,发展速度较低。B1 情景:全球人口数量与 A1 相同,峰值出现在 20 世纪中叶并随后下降,不同的是经济结构向服务和信息经济方向迅速调整,材料密集程度下降,引入了清洁和资源高效技术,其重点在于经济、社会和环境可持续发展的全球解决方案。B2 情景:强调经济、社会和环境可持续发展的局地解决方案,全球人口数量以低于 A2 情景的增长率持续增长,经济发展处于中等水平,与 B1 和 A1 情景相比,技术变化速度较为缓慢且呈多样化,尽管致力于环境保护和社会公平,但着重点放在局地和地区层面(IPCC,2007a)。四种情景是根据全球努力、经济和社会、技术发展等不同因子综合考虑得到的。气候变化与灾害风险评估相结合,开展了风险概率的建模与评估、指标体系的风险建模与评估、情景模拟的动态风险建模以及气候变化风险的社会经济评估(谭灵芝等,2012)。

脆弱性评价被广泛应用于气候变化影响研究中。脆弱性本意是指伤害的容量,即系统对灾害暴露产生伤害的程度(Turner et al.,2003)。由于研究目标和政策背景的不同,脆弱性的概念体现出多样性的特点,自然灾害影响、社会学研究的界定均有所不同(Reilly,1996;於琍等,2005)。20

世纪80年代末至90年代初脆弱性概念开始被引入气候变化影响研究和评估当中,随后内涵不断得到丰富和发展(王原,2010)。布鲁克斯(Brooks,2003)认为气候变化脆弱性只能是特殊系统对特殊灾害表现出来的脆弱性,而且应将目前和将来的脆弱性区分开来。在实践应用方面,伊格莱萨等(Iglesisa et al.,1996)采用作物动态生长模型和气候模式数据来反映亚洲农作物生产力响应气候变化的脆弱性;美国国家研究计划(United State Country Studies Program,USCSP)开展了海岸带资源、农业、森林、渔业、生物多样性的脆弱性评价(Smith et al.,1996);南太平洋应用地球科学委员会从风险、抵抗力、损害和退化角度提出了57个环境脆弱性指标体系,涵盖了食物安全、人口压力、自然灾害以及生态环境等方面;欧洲环境署(European Environment Agency,EEA)分别从环境脆弱性、社会经济脆弱性以及针对脆弱事件的适应性措施三个方面,在欧洲区域展开气候变化脆弱性评价。然而,评估气候变化的影响和脆弱性还面临着六大挑战:在空间尺度上理解和预估气候变化的科学置信度;在微观尺度上理解气候变化风险及其脆弱性;多重压力相互作用对气候变化的影响,导致同一气候条件在不同位置的脆弱性不同以及不同的适应性反应;在基本科学和政策挑战方面适应极端结果的变化;区域和部门之间的复杂性和相互作用导致不能很好地进行合作;自然和人类系统的影响类型、脆弱性以及适应性措施不同(National Research Council,2010)。

1.2 减缓与适应气候变化

城市已经成为全球应对气候变化的主要阵地。一方面,在城市发展过程中,工业、交通、生活等活动能源消费产生了大量的温室气体,这是造成全球气候变化的主要诱因;城市中的人工化表面和建筑取代了自然植被表面,由此形成的微气候改变了温度、湿度、风向和降水模式,加剧了局地气候变化。另一方面,气候变化以自然灾害的形式反作用于城市。截至20世纪末,世界城市人口已经占50%(UNFPA,2007),并持续增加,将会促进更多温室气体的排放,继而加剧气候变化的负面影响。不断增长的城市人口、经济财富、能源、水、废弃物、食物和其他服务对气候变化具有高度的敏感性(Suarez et al.,2005)。尽管通过降低碳排放可以在一定程度上限制气候变化上升的幅度和产生不良影响的概率,但这远远不够,预先采取应对气候变化的适应措施是必需的(EEA,2010)。

早在1994年,《联合国气候变化框架公约》(United Nations Framework Convention on Climate Change,UNFCCC)提出了应对气候变化包含减缓措施和适应措施两条主线(图1-3)。减缓是指实施相关政策以减少温室气体排放并增强碳汇功能,减少温室气体源和排放量,提高温室气体回收,从而缓解气候系统的大气压力(IPCC,2007a)。适应是为降低自然和人类系统对气候变化的实际或预期影响的脆弱性的行动和措施

（IPCC，2007a）。人类在减缓温室气体排放方面采取的行动越早、经济有效性越高，则在保护全球气候、限制危险的气候变化带来的中长期风险方面所做出的贡献就越大（OECD，2009）；同样，采取适应性措施越早，便能够更加经济有效地保护人类社会系统和生态系统免受不可避免的气候变化所带来的危险影响（IPCC，2007a；Nicholls et al.，2008）。减缓和适应措施需要相互补充、各级政府并行推进、广泛的国际合作等。鉴于气候变化的不可避免性，适应措施比减缓措施的地方性更强，但对其研究则起步较晚（顾朝林，2013）。城市减缓和适应气候变化，集中在建筑、能源、供水、供热/降温、垃圾处理、交通和土地利用规划方面（表1-2）。

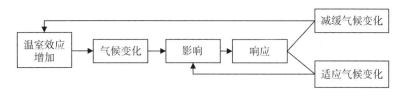

图1-3 应对气候变化的基本框架

表1-2 城市层面减缓和适应气候变化的主要领域

领域	减缓	适应
建筑	提高建筑能源效率措施	提高建筑对极端气候变化的适应性
能源	热点混合技术；可再生燃料使用，减少输电损耗	加固电力基础设施
供热/降温	能源需求与管理，可再生能源利用	加固制冷/供热基础设施，应对热岛效应加剧的对策
垃圾处理	垃圾运送，减缓甲烷排放	—
交通	混合交通方式，车辆使用效率提高	应对气候变化的基础设施（道路、城市轨道交通）使用模式
土地利用规划	土地利用的调控（增加密度、增加接近度），高效节能的土地利用开发规划	土地利用调控（减少土地开发过程中的脆弱性）
供水	输水过程中的流失	可持续供水研究，用水措施

1.2.1 减缓气候变化

减缓气候变化措施是在人类充分认识到人为活动对气候影响的背景下提出的，涉及能源供应、交通运输、建筑节能、工业技术、农业、林业和森林、废弃物排放等方面。生态城市、可持续城市、可持续低碳城市（Baeumler et al.，2012）、生态工业园（Lowe，2001）、低碳生态城市（仇保兴，2009）等理论和实践活动是城市减缓气候变化方面的积极应对。

面对全球气候变化和温室效应危机,以及经济发展、能源安全和快速城市化的巨大挑战,1992 年《联合国气候变化框架公约》、2005 年《京都议定书》、2007 年巴厘岛路线图针对全球对抗温室效应的碳减排活动逐渐展开。各国政府针对减缓气候变化已经制定了一系列的政策法令。2004 年英国副首相办公室(Office of the Deputy Prime Minister,2004)发布了《应对气候变化的规划——对更好实践的建议》,提出规划政策的范围、设立政策制定的标准和展示单元、评估风险、确定选择、评估选择、制定政策、监控和评价政策的执行。美国加利福尼亚州出台了《议院第 32 号法令》,该法令提出了温室气体减排的主要方法:提高现有的建筑和电器的高效能标准;将全州再生能源的利用比例提高至 33%;在控制总排放量的前提下,建立州内区域碳交易机制;确立与交通相关的温室气体排放目标;立法衔接现有加利福尼亚州法律中的相关政策和法令。我国政府也制定了相应的碳减排目标和计划,如《气候变化国家评估报告》(2007 年)、《中国应对气候变化国家方案》(2007 年)和《中国应对气候变化的政策与行动(2008)》等。2010 年,住房和城乡建设部提出住房城乡建设系统应对气候变化的 10 个重点领域,包括建筑业及相关产业、建筑节能与绿色建筑、可再生能源建筑应用、城镇供热、城市燃气、城镇供排水、城市生活垃圾、园林绿化、村镇建设、城市公共交通。

1.2.2　适应气候变化

尽管当前已经采取了减缓气候变化的措施,但是围绕碳排放进行的博弈仍然不断,全球各个国家和地区要在短期内达成一致比较困难。重大的、不利的气候变化是一个无法扭转的趋势,因此更需要由减缓转向适应(Lontzek et al.,2010)。

在气候变化的文献中,适应一词被定义在脆弱性、敏感性和适应能力的语境中(IPCC,2007a)。"适应"一词起源于生物学,是指生物的形态结构和生理机能与其赖以生存的环境条件相适合的现象,一方面指生物各层次结构都与功能相适应;另一方面这种结构与相关的功能(行为、习性等)适合于该生物在一定环境条件下的生存和延续。后来"适应"一词逐步延伸到其他领域,泛指对周边环境做出的调整反应,如社会适应、环境适应等。"适应"需要分析气候变化所带来的不可避免的生物、自然和社会转变的实质后果,并制定相应的政策,采取相应的行动(叶祖达,2009a)。适应气候变化就是指对气候变化所做出的趋利避害的调整反应,或为了降低气候变化的不利影响,自然界或人类社会系统对实际或预期的气候变化的影响所做出的调整反应,包括预期性适应、自动适应和规划性适应(IPCC,2007a);适应性是指在气候变化条件下的调整能力,从而缓解潜在危害,利用有利机会(林而达,2010)。适应措施涉及能源、工业、交通、农业、森林、水资源、海岸带、人类健康、自然生态系统、基础设施、旅游等部门和领域

（王伟光等，2012）。

　　适应气候变化的途径之一是空间规划与设计。在应对气候变化方面，德国城市从构建气候变化区域模型入手，探讨了一系列气候适应性发展策略，如减少交通出行，鼓励公共交通、步行和自行车交通，倡导节约用地的居住区结构等（魏薇等，2012）。卡特等（Carter et al.，2015）提出运用生态城市建设的方式适应气候变化，具体策略是借鉴气候科学、环境规划和设计、社会合作框架，调查气候变化的危害，评估其脆弱性，在城市空间规划中考虑跨领域合作，推动多个组织的协作，以应对气候变化的挑战。马奈蒂伊明等（Maimaitiyiming et al.，2014）提出通过绿地和城市环境的可持续设计减缓热岛效应，从景观占比、边缘密度、斑块密度探讨了适应气候变化的城市绿地景观设计。

　　将适应气候变化与灾害风险相结合是当前开展的研究方向之一。布彻—戈拉赫（Butcher-Gollach，2015）指出，气候变化给小岛屿发展中国家（主要是加勒比海和太平洋地区）带来自然灾害，要加强城市管理在抵御气候变化方面的能力，尤其是要加强对贫穷者的管理和帮助。布格赫迪尔（Boughedir，2015）对阿尔及利亚的灾害风险进行了评估，建立了灾害信息系统，研究气候变化对密集的住宅和产业空间的影响，提出从改善区域风险灾害管理能力方面提高适应气候变化的策略。

　　不同的社会群体和部门对气候变率和变化影响的适应能力具有差异性，其中城市水资源系统是对气候变化影响较为敏感的要素之一，建立可持续的水管理对适应气候变化极为重要（Jonsson et al.，2015）。水资源系统适应气候变化的策略包括：大型水生产设施及分配网络，当地水资源的开发，监管手段，水机构改革，研究和制定水需求管理方案（Laves et al.，2014）。佩顿等（Paton et al.，2014）应用多目标进化算法对温室气体排放和城市水资源消耗之间的关系进行计算，结果表明，温室气体排放在适应气候变化方面需要和风险防灾、经济成本之间、水供应之间达成需求平衡。适应气候变化需要技术体系的集成创新机制（潘韬等，2012）。

　　适应气候变化要求不同部门共同协作与公众参与。参与式的适应性城市规划有助于了解结构性的不平等，获得相关机构的支持，其基本的要求就是将气候变化信息纳入城市规划的过程（Castán Broto et al.，2014）。适应气候变化是多层次多方面的，社区是适应气候变化的基础单位，是地方和国家适应政策框架的组成部分之一，应当确保利益相关者参与适应气候变化的政策中，了解最新动态（Archer et al.，2014）。我国城市因快速发展面临人口膨胀、交通拥堵、环境污染、资源短缺、贫困人口等问题（陈哲等，2012），这使得气候变化的影响可能被放大，因此需要加强灾害风险管理和适应性建设以降低在气候变化不利影响下的暴露度（谢来辉等，2013），未来需要进一步提高适应研究能力，推动国家和各地的适应行动（巢清尘等，2014）。

1.3 气候变化与城市规划

城市规划领域应对气候变化的研究分为低碳导向的城市规划和适应性城市规划两类。对《城市规划学刊》《城市规划》《城市发展研究》《国际城市规划》《规划师》《现代城市研究》等国内主流的城市规划期刊进行检索，得到每个期刊关于气候变化的论文数量，结果表明(图 1-4)，尽管对"气候变化"这一议题已经有所关注，但以减缓为主的"低碳"城市研究居多，以"适应气候变化"为题的研究论文数量仅有 10 篇；以"climate change adaptation"(适应气候变化)为标题词，选择国际城市规划领域影响因子最高的期刊，根据科学引文索引(Science Citation Index，SCI)期刊检索结果(图 1-5)，截至 2015 年 7 月，有 9 种期刊发表了 30 篇与此相关的论文。2006 年之前尚无该主题论文，这说明适应气候变化的研究在全球范围内开展较晚。此外，目前国内城市规划领域对适应局地气候的设计方法研究较多，而对适应"气候变化"的规划研究较少(刘伟毅，2006；王振，2008；黄

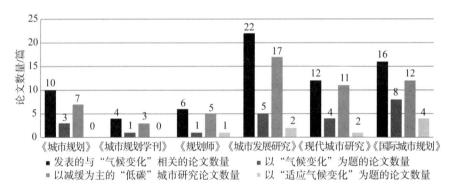

图 1-4　截至 2015 年 7 月国内 6 种城乡规划期刊对于气候变化研究的论文数量情况

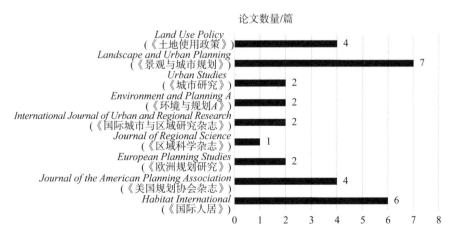

图 1-5　截至 2015 年 7 月国际 9 种城市规划期刊对于"climate change adaptation"
(适应气候变化)研究的论文数量情况

媛,2010;曾忠忠,2011;周雪帆,2013),这进一步表明在我国城市规划领域开展适应气候变化研究的必要性。

1.3.1 减缓气候变化的低碳导向城市规划

应对气候变化对城市规划提出新的要求。城市规划应该关注气候变化的显著影响(表1-3)(Bedsworth et al.,2010),并做出及时反馈。从减缓气候变化的角度来看,低碳的土地利用规划、低碳城市能源规划、零碳排放社区规划、低碳交通规划、多样性发展、交通、紧凑社区、绿色建筑等(Bassett et al.,2010)均是重要的内容。从适应气候变化的角度来看,要发挥城市规划公共政策属性的调节功能,建立科学的预测系统及指标监测系统,制定符合地方条件的气候适应目标;将地方政府的气候承诺植入城市规划目标和行动计划中,制定并指导相关行动计划;通过多方合作提供更健全的行动保障体系(宋彦等,2011),以提高城市对未来气候变化的适应能力。基于气候变化的城市规划创新成为关键的科学问题之一(顾朝林,2013)。结合我国的城乡规划制度、政府和社会公众的角色,将适应气候变化与气候风险管理纳入城乡规划(郑艳,2012),构架具有可操作性的城市应对气候变化的规划体系。其中,从城市空间要素的优化和合理布局的角度探讨适应气候变化的策略,是本书研究的出发点之一。

表1-3 城市规划关注的气候变化影响

领域	气候变化的影响
水供应	积雪减少、降水率增加、不确定的水供应、人口增加会导致出现用水需求问题
洪水控制	城市地区不透水地面加剧了洪涝灾害
电力	增加了夏季能源需求,电路输配线风险增大
沿海资源	海平面上升和风暴潮威胁沿海的基础设施、经济发展、公共资源和生态系统
空气质量	高温直接或间接地影响了空气质量
公共健康	增加了对紧急设施的需求,疾病、火灾、死亡发生频率提高
生态资源	影响生物种群的生长与栖息

为了减缓气候变化,传统的理性规划理论与方法开始向应对气候变化的规划理论与方法创新转变。减缓气候变化的城市规划响应措施包括:能源使用端减排,即通过土地的紧凑使用和混合使用及倡导公共交通等手段进行;能源供应端减排,即通过使用新型清洁能源予以改善;增加碳汇,即提高城市环境的碳汇能力(洪亮平等,2013)。低碳导向的城市规划研究集中在以下几个方面:

(1)低碳城市模式。低碳城市是指以低碳经济为发展模式和发展方向、市民以低碳生活为理念和行为特征、政府公务管理层以低碳社会为建设标本,在经济健康发展的前提下,保持能源消耗和二氧化碳(CO_2)排放处于低水平的城市(顾朝林,2013)。以"低碳"为导向的城市发展模式将建立在对传统城市发展模式重新审视的基础之上,所带来的或许是城市生活方式与空间组织模式的根本性变革:紧凑的城市空间结构以及与之相适应的土地利用和交通模式,公共交通尤其是轨道公共交通成为城市交通的主角,土地利用方面形成适度的功能混合,经过优化的城市绿化系统可以吸收部分二氧化碳(CO_2)。城市中心区、生活居住区、产业园区等不同类型的社会也采用不同的侧重点和途径(顾朝林,2013)。城市紧凑发展也是低碳城市的模式之一(毛广雄等,2009)。

(2)低碳交通。低碳交通以减少汽车尾气排放的减碳技术为主要举措。通过建立城市低碳交通模型,对交通碳排放总量及不同交通方式的碳排放现状进行量化分析,基于低碳交通的碳排放目标制定合理的交通结构、交通方式及管理措施,确定民用交通、公共交通和城市对外交通量的控制(陈飞等,2009)。

(3)低碳经济。低碳经济体现为加快城市经济结构的调整与升级,加大污染工业、企业和设备的退出力度,全面完成城区高污染企业的退出;提高各类企业的能源使用效率和排放标准;提高钢铁、有色金属、建材、化工和电力等高能耗行业的规划准入标准;制定低碳产业规划战略,将可再生资源、高新技术产业作为产业发展的重点,大力发展现代服务业等(陈群元等,2010)。

(4)低碳城市规划。叶祖达(2009b)认为要"以低碳城市为目标整合城市规划决策体制框架,对目前传统城市规划过程做出目标及方法上的修改,以达到控制气候变化及温室气体排放的城市规划目的"。顾朝林等(2000)从低碳城市系统构建创新、大城市地区规划低碳编制技术创新、城市总体规划低碳编制技术创新、详细规划与城市设计低碳编制技术创新等四个方面提出了低碳城市规划的设想。潘海啸等(2008)在区域层面提出以区域公共交通为导向的走廊式发展模式;在总体规划层面提倡绿色交通支撑的空间结构,实现短路径的土地混合使用,适合人与自行车的地块尺度,以公共交通可达性确定开发强度;在详细规划层面主要以居住区规划为例,建议限定居住小区规模,避免大街区空间,以促进步行和自行车的使用。叶祖达(2009b)提出通过碳审计的方法,在总体规划阶段就纳入城市低碳化的控制目标,将现有能源规划研究模型发展为城市空间规划方法;以碳排放模型卡亚(Kaya)公式为基础,把能源需求模块分解为三个部门,即建筑部门、交通部门和工业部门,根据对常规模式和低碳模式的分析,得到各部门在各模式下的能源结构和使用量;并根据政府间气候变化专门委员会(IPCC)对各类能源排放强度定义的缺省值,计算出各部门在常规模式和低碳模式下的总排放量。在控制性详细规划层面,叶祖达等(2010)通过分析城市热岛效应与城市规划的关系,在"城市区域动态热气候预测模型"的基础上,建立了城市规划方案热岛效应预测模型,从城市规划的操作应用角度提出了热岛效应的控制指标,并进一步分析了规划设计方案的实施可能对气候产生的潜在影响,以指导城市详细规划的编制。

1.3.2 适应气候变化的城市规划研究

与适应气候变化直接相关的规划文献较少见(顾朝林,2013),最早的是 1991 年泰特斯等(Titus et al.,1991)在《沿海管理》(*Coastal Management*)发表的一篇关于适应气候变化的创新性文章,他主张在长期性项目中采取前瞻性的步骤,设定优先级,并进行战略性评价以应对气候变化。适应气候变化的适应性规划研究目前还处于发展阶段,它和一个新兴的规划研究领域——自然灾害的缓解——有着密切关系,这一研究在规划理论、土地利用和基础设施系统的核心领域认同气候适应的重要性(顾朝林,2013)。塞拉奥—诺伊曼等(Serrao-Neumann et al.,2015)认为,减轻灾害风险和气候变化的适应性规划具有协同效应,空间规划、跨部门规划、社会/社区规划和战略/远期规划能够使适应性规划在降低气候变化灾害风险上有促进作用(两者的协同效应见图 1-6)。

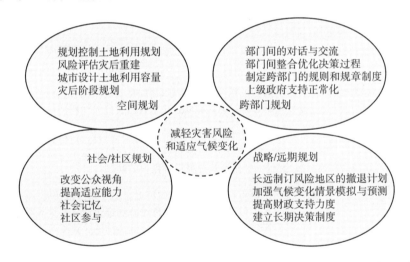

图 1-6 基于多部门利益相关者视角的减轻灾害风险与适应气候变化协同效应示意

政府间气候变化专门委员会(IPCC,2007a)的报告认为,将气候变化对土地利用政策和制度的影响考虑进移民和基础设施规划中是非常必要的。《欧盟发展白皮书》指出,规划的角色在适应气候变化中相当重要,在大范围陆域和海域内制定更具战略性的和长远的规划十分必要,包括交通、区域发展、工业、旅游业和能源政策等。从宏观政策制定中将气候变化适应框架纳入,再到地方发展规划中气候适应规划的制定、空间发展应对政策的整合,以及规划过程的可持续评估和气候影响分析框架环节的融入,都使英国城市领域成为当今国际较早且系统关注气候变化并将其实际应用到城市规划领域的先例(姜允芳等,2011)。美国地方政府在应对气候变化方面调查并了解当地的气候环境情况,以确定符合地方实情的气候目标;探索长远的、适应目标的、可操作性强的气候行动;通过多方合作,协调推动气候行动实施(宋彦等,2011);应对气候变化的适应性规划主要从规划、工程和管理维护三个方面对应长期、短期和近期三个不同的时间阶段对现有的设施进行适应性调整,考虑了洪水、海平面上升和极端温度等气候变化给人类社会带来的影响及应对方法(Peng et al.,2011)。欧洲环境署(EEA,2012)提出欧洲城市适应性规划分为准备阶段、气候变化的风险和脆弱性评估阶段、气候变化适应措施识别阶段、评估和优化适应措施阶段、实施适应性规划阶段、监测和评价适应性行动阶段等几个阶段(表1-4),并将实施作为规划的组成部分之一。

表1-4 欧洲城市应对气候变化的适应性规划阶段

规划阶段	主要内容
准备阶段	帮助决策者回答全球气候变化、温室气体排放、气候变化的影响及灾害等问题,弄清规划的目标、流程、技术、方法等
气候变化的风险和脆弱性评估阶段	就气候变化对建成环境、交通网络、关键性基础设施(电力、水供应)等系统的影响展开研究,针对成本效益、优先区域等进行研究
气候变化适应措施识别阶段	提出灰色基础设施、绿色基础设施和软措施在适应气候变化方面的作用,分别展开分析,评估其可行性
评估和优化适应措施阶段	对所选取的措施进行潜力评估,看其是否能够达到适应气候变化的目标,对选择的适应性措施进行弹性评估
实施适应性规划阶段	借助整个欧洲、国家、城市等不同层面的力量,从技术、工程、政策、法律等方面将规划提出的各项措施运用于城市建设的实践中,并有效解决实施过程中的问题
监测和评价适应性行动阶段	建立长期的监测和评价适应行动是必不可少的步骤,对方案进行优化和调整,如监测灰色设施和绿色设施长期发挥的作用及其缺陷;环境影响评估是检测实施的重要工具之一

国外适应气候变化的规划设计过程强调公众认知和参与。加拿大魁北克市在进行一个社区规划时,对居民关于河道自然化、城市绿色网络、大型公园、街道小品、混合土地利用、建筑保护系统、污水管理、建筑遮阴设备、绿色屋顶、自然通风道、本地植物和树种、反射表面等方面的知识开展了调查,并将结果反馈应用于规划过程中(Cloutier et al.,2015)。亨塞克等(Henseke et al.,2015)对居民的调查研究表明,不同地区表面绿化覆盖率和人口特征的不同对于气候变化至关重要,会影响当地居民对适应气候变化的信任能力,因此在规划中将绿化潜力引入规划决策支持具有重要的作用。从设计角度来看,为了适应城市热岛效应和气候变化,提高城市的

舒适度,街道的几何形状和方位、街道建筑的高度和宽度比例、开放的绿地斑块大小都是适应气候变化规划设计的核心举措之一(Cinar,2015)。此外,雷金等(Reckien et al.,2015)的调查研究结果表明,失业率、炎热的夏季环境、靠近海岸等因素是影响城市适应气候变化的屏障,而未来气候变化的主战场是大型的繁华都市,智慧的城市经济体制对于适应气候变化必不可少。

我国适应气候变化的规划研究起步较晚,基本仍停留在理论探讨阶段。国内适应气候变化的系统且全面的规划编制以及规划体系的整合发展还处于空白(姜允芳等,2011)。将传统城市规划融入适应气候变化研究中,华虹等(2011)提出城市应对气候变化的规划包括导向型规划、转型型规划、综合型规划;周全(2013)提出应对气候变化的城市规划"3A"方法,即事前评估、事中应用、事后评价的工作思路与方法。洪亮平等(2013)指出,我国地域辽阔,拥有不同的气候区,城市规划不能仅凭一个"风玫瑰图"把气候问题简单化,城市规划应当对极端气候灾害做出响应,并提出适应地域气候的城市规划设计方法。王宝强(2014)提出将城市规划与应对气候变化的目标相结合,既可以进行单独的规划编制,也可以将应对气候变化的举措融入传统的法定规划体系。

专项型适应性城市规划是以应对各种气候灾害为目标的规划,居辉等(2010)建立了适应气候变化的行动实施框架,包含气候风险、适应目标、适应措施、技术优化、实施示范和监测评估六个核心步骤,主要是从制定气候变化政策和政策实施的角度展开的。祁豫玮等(2011)指出,从城市灾害的评价指标来看,它与城市规划、城市发展、城市经营、城市规模、城市建筑风格、生产力水平、居民生活习惯等多因素相关,其中对于应对气候变化城市规划的灾害风险评价来说,首要任务是构筑完善的城市基础设施,主要内容包括城市防灾减灾预警、城市基础设施规划、应急避难场所设置。黎兴强等(2014)提出适应气候变化的空间规划模型——回归城市,强调永续发展、紧凑发展和绿色发展三者的包容性发展。祁豫玮等(2011)认为,我国城市应对气候变化应该着手于控制城市化强度、限制城市边界的无序蔓延;平衡生态系统、保护绿地和生态脆弱区;提高抵御自然灾害的能力、保障城市安全和可持续发展;发展可持续的低碳经济和绿色交通。与此相适应的是可持续的弹性规划方法,包括空间开发适宜性评价方法、重要生态功能保护区域识别技术、灾害风险评价与预警、清洁生产与节能减排。彭仲仁等(2012)提出适应性规划框架包括气候变化趋势预测、影响的脆弱性和风险分析、适应规划方案的制定、适应方案的成本效益分析、适应方案的优选、适应方案的实施和日常监测及适应方案的评估等步骤,并指出短期气候变化预测的不确定性、适应性规划的效益和未来气候变化风险的权衡,制度和法律问题,技术、经济、实施和协作等方面的问题,使得适应性规划面临着一系列挑战。

1.4 上海的局地气候变化研究进展

位于海岸带和江河平原的地区、经济与气候敏感性资源联系密切的地区、极端天气事件易发的地区以及城市化快速发展的地区是全球气候变化的脆弱区(IPCC,2001)。大城市是城市应对气候变化的主战场。本书以上海为例,探讨局地气候变化与城市空间适应的若干议题。作为一个典型的河口城市,上海具有河口自然生态系统的脆弱性特征,极易受到海平面上升、极端气候事件、盐水入侵等影响(王原,2010);加之上海人口密度高、自然资源相对贫乏、人为干扰强烈(左本荣等,2007)、人口数量增长快、资源消耗量大等特征,对气候变化在内的各种外界环境变化和人为活动变化极为敏感。根据世界自然基金会(World Wide Fund for Nature,WWF)2009 年11 月发布的《巨型城市面对的巨大压力:亚洲主要海岸带城市气候脆弱性排名》,脆弱性指数包括环境暴露度、社会经济敏感性、适应能力三个方面,其中环境暴露度包括风暴威胁、海平面上升、洪灾/干旱三个评价指标,社会经济敏感性包括人口与资产两个评价指标,适应能力采用国内生产总值(Gross Domestic Product,GDP)来衡量。其中上海的环境暴露度在11 个亚洲城市中位列第三,气候变化显著;经济社会敏感性位列第二,对气候变化具有极高的敏感性;总体气候变化脆弱性居于中等,易受到风暴潮、洪水和干旱风险、海平面上升、高温的影响(WWF,2009)。尽管如此,上海在应对气候变化的策略制定上仍然集中在减缓对策,适应气候变化的行动开展较为滞后,目前已经发布的《上海市节能和应对气候变化"十三五"规划》从产业结构调整、能源结构优化、工业节能低碳、绿色低碳交通发展、节能低碳建筑发展、农业和废弃物处置、碳汇能力提升、低碳社会建设、节能低碳产业与技术发展、重要机制制度的完善与创新等方面提出了低碳城市建设的重要举措,也提出了适应气候变化的若干对策,但是相较于伦敦、巴黎、纽约等国际大都市的关注度和研究深度相对较弱。

1.4.1 上海气候变化的事实依据

上海气候变化是与全球、全国、长三角息息相关的。1959—2005 年,长三角气温显著升高,相对湿度、风速和日照时数都显著减少(史军等,2008),其中上海及杭州湾升温较快(江俊杰等,2012)。60 多年来上海的气温演变与全球温暖化趋势一致,自20 世纪80 年代以来增温最为明显(申倩倩等,2010),且呈现干热变化趋势;存在长短周期的冷暖变化,冬季增温明显,夏季增温趋缓(周巧兰等,2013)。研究表明,上海7 月份、8 月份的最高气温和最低气温总体上不会长期呈上升趋势,它们的变化会围绕其均值波动(王红瑞等,2010),高温日数表现为少—多—少—多的年代际变化特征(史军等,2009)。造成这些变化的原因除了与自然要素有关外,局地人口增加、土地利用变化等因素也对上海气温起到了一定的增温作用(周伟东等,2013),这说明城市化对上海气温的增加具有显著影响(葛向东等,1999;朱飞鸽,2011;成丹,2013)。上海局部地区的温度增加与全市的总体趋势一致,且存在较大的城郊温差(罗毅,2008;朱超,2008;沈续雷,2011)。

上海气候变化的另一重要因素是降水。已有研究表明,自 1873 年以来,上海汛期的降水总量、降水总日数、暴雨频次、持续性降水频次存在明显的年代际变化,但长期变化趋势不甚明显(梁萍等,2009)。自 1995 年以来,上海地区暴雨逐渐向强、局部、特短时间方向变化,而全区暴雨、特长暴雨在进入 21 世纪之后便逐渐减少(梁萍等,2008;贺芳芳,2012)。极端降水诱发了上海洪涝灾害的发生。总体来看,洪灾发生率较高,发生不均匀,洪灾次数随时间推移呈不断增加的趋势;洪灾类型以内涝型为主;内涝型洪灾和风暴潮型洪灾次数均随着时间变化呈较明显的上升趋势,并且内涝型洪灾次数曲线与洪灾总次数曲线的走势最接近(权瑞松,2012)。此外,上海地区雷暴的年际变化呈较明显的下降趋势;其空间分布主要呈现市区少、郊区多的特点,上海地区的城市热岛效应可能会增加城区和城乡交界地区雷暴的发生频数(胡艳等,2006)。

1.4.2 上海气候变化的影响研究

气候变化对上海的影响是方方面面的。对水资源的影响包括影响水资源的数量、质量及其时空分布,水资源开发利用程度,产水、供水、用水、耗水、排水结构和方式(陶涛等,2008);气候变化背景下的台风、雷电、暴雨、干旱、大风、高温等高影响天气事件频发,加重了对社会经济的影响(顾品强,2008);海平面上升、海岸侵蚀、水体温度/盐度变化导致自然保护区、湿地损失和生物多样性降低(田波等,2010;蔡音亭等,2011);影响空气质量(周伟东等,2013);土壤低湿、土壤盐碱化趋势更加明显(张德顺等,2010);植物初级生产力下降等(王原,2010)。

上海具有较高的气候变化脆弱性。世界自然基金会(WWF,2009)对新加坡的新加坡市、中国的香港地区和上海市、菲律宾的马尼拉市等亚洲11 个城市的气候变化脆弱性进行评估,其中上海的环境暴露度、经济社会敏感性均较高,气候变化脆弱性为 6 分,在 11 个城市中居于中等,属于中度脆弱,但易受气候变化影响的现实仍然不容小觑,尤其是容易受到风暴潮、洪水和干旱风险、海平面上升的影响。王佩菁(2012)指出上海的脆弱性表现在海平面上升(葛珊珊等,2011)、气候变化、人口过密、城市经济快速扩张等方面。王原(2010)把气候变化脆弱性归纳为系统属性、时间标识、空间尺度三个特征要素,并从风险度、敏感度和适应度三个方面对上海市进行了气候变化脆弱性评价。

对上海的脆弱性进行分区是一项重要的工作。从生态影响的区划来看，一级脆弱区主要分布在崇明东滩、东平国家森林公园、佘山国家森林公园、受长江口南支影响的湿地、淀山湖一带的淀泖洼地、黄浦江上游水源地保护区、黄浦江及沿岸缓冲区；二级脆弱区主要分布在崇明岛北部、崇明岛主要水系(南横引河)、横沙、长兴两岛、南汇口、杭州湾沿海滩涂湿地和上海的主要水系；三级脆弱区主要分布在崇明岛南带、宝山区、浦东新区及闵行区、上海市中心区和金山区西部；四级/五级脆弱区主要分布在嘉定区、奉贤区东部、南汇区、金山区东南部、青浦区北部和奉贤区西部和南汇区南部(王祥荣等，2012)。针对洪涝灾害的风险性区划研究(尹占娥等，2011)和碳源、碳汇的分区模拟(郭茹等，2009；赵敏，2010)是上海降水等要素脆弱性评价的主要内容。

1.4.3 上海应对气候变化的策略研究

目前对上海应对气候变化的适应性对策研究较少，主要还是基于产业结构调整进行的以控制碳排放为主的减缓对策。在气候变化背景下，上海表现出高度依赖能源的城市经济增长方式；作为区域与国家经济发展中的重要角色，上海在相当长一段时间内还将依靠"效率份额"而非"结构份额"促进城市产业能耗的降低；在上海产业空间重构下，由于新兴产业空间与生态脆弱空间的高度重叠，上海面临海岸带空间产业集聚下潜在生态安全的巨大风险。从理性看待城市产业结构调整的低碳路径的角度来看，上海为实现低碳城市功能目标需要选择以现代服务业和先进制造业为主体的多元化产业发展战略，在促进产业结构向高级化、产品结构向低能耗转变的同时，将在相当长一段时间内依靠"效率份额"促进城市产业能耗的降低，包括：加大第二产业内部结构性调整的力度，大力发展先进制造业，降低单位产品能耗；全面地、创新性地升级和调整产业生产工艺，并淘汰落后技术和工艺；制定和规范产业的能源消耗标准，减少单位产品的能源消耗值和二氧化碳排放水平(陈蔚镇等，2011)。金桃(2012)以压力—状态—响应模型为基础，建立了评估城市应对气候变化能力的指标体系，确定影响城市应对气候变化的七个主要因素，即环境、教育、公众能耗、产业结构、清洁生产、人口和信息，结果显示上海的整体适应能力较强。殷杰等(2013)根据上海沿海多站点水文频率分析结果发现，由于高标准海塘的防护，上海发生风暴潮漫堤淹没的事件概率较小，未来需重点关注全球气候变化可能导致的极端台风风暴潮事件。

1.5 相关概念界定

1.5.1 气候变化的脆弱性

脆弱性本意是指伤害的容量，即系统对灾害暴露产生伤害的程度

(Turner et al.，2003)。某一系统的脆弱性对其可持续性具有负面影响。气候变化的脆弱性是指自然或社会系统容易遭受来自气候变化(包括气候变率和极端气候事件)持续危害的范围或程度,是系统内的气候变率特征、幅度和变化速率及其敏感性和适应能力的函数(IPCC,2001)。

在气候变化脆弱性评估中,了解系统对气候胁迫的暴露度、敏感度及适应度是非常重要的。环境胁迫是指环境对生物体所处的生存状态产生的压力,气候胁迫即气候因子产生的各种气象、气候灾害对人类和自然界产生的压力。这里所说的暴露度是指影响系统的灾害或环境压力发生的概率、程度、滞留时间以及灾害的强度范围等因素(Clark et al.,2000);敏感度是指一个系统在受到某种气候变化胁迫压力或一系列胁迫压力作用下所受的损害或遭受影响的程度(IPCC,2007a);系统的适应度是指系统调整和减缓由于受到环境变化可能造成的损害或充分利用可能产生的机会的本领或能力(IPCC,2007a)。

气候变化的脆弱性是自然和人类各种系统长期暴露于环境胁迫压力之下并受其影响的结果。城市对气候变化的脆弱性通常被看作城市暴露于相关的气候、环境因素及社会经济等条件下时可能遭受灾害的风险,是暴露度、敏感度及适应度的函数。一般可以通过系统属性、时间标识和空间尺度三个基本特征要素进行气候变化的脆弱性评估(王原,2010)。根据政府间气候变化专门委员会(IPCC,2007a)对气候变化脆弱性的定义,气候变化的脆弱性＝f(暴露度,敏感度,适应度);气候变化的影响通过暴露度与敏感度来评估,即气候变化的影响＝f(暴露度,敏感度)。

1.5.2 减缓与适应

减缓本意为速度变慢、程度减轻,在气候变化研究领域是指实施相关政策以减少温室气体排放并增强碳汇功能,减少温室气体源和排放量,提高温室气体回收,从而缓解气候系统的大气压力(IPCC,2007b),目前广泛开展低碳城市建设就是减缓气候变化的应对策略之一。简而言之,减缓气候变化就是通过控制人类活动产生的温室气体排放,减轻对全球气候的胁迫。

适应一词本意来源于生物学,是指当环境改变时,机体的细胞、组织或器官通过自身的代谢、功能和结构的相应改变,避免环境的改变所引起的损伤,这个过程被称为适应。"适应"在不同的场合有不同的词意,其基本含义就是指某一系统或个体对周边环境的变化通过自我调整从不平衡状态达到重新平衡状态的过程;在遗传学中是指人类或生物种群通过遗传和变异与新的环境变化条件相协调;在生理学中是指生命有机体在环境变化下生理特性的变化;在心理学中是指生命有机体由于感受到刺激物的持续作用而使分析器的性能发生变化;在哲学意义上是指有机体与环境之间的一种平衡状态,通过主体与客体的相互作用,由一个较低水平的平衡过渡到较高水平的平衡。这种不断地从平衡到不平衡，又到新平衡的过程就是适应的过程（陈玮，2010）。对环境的适应概念来自种群生态学和进化生态学，是指与变化的环境相协调的调整，或是指为使物种在栖息环境中得以生存的遗传改变，使物种面对环境扰动具有持续生存的能力（Satake et al.，2001）。适应能力也被广泛应用于评价适应程度。在城市研究领域，适应的概念不断得到拓展，如城市空间与景观环境体系、绿化网络之间的适应体现为城市拓展与环境的协调共生（徐坚，2006），城市住宅对环境的适应（撒莹，2005；李珊珊，2006；焦洋，2008）体现为住宅空间的多适性、灵活性、可变性、开放性和可参与性等特性，交通与城市形态的适应体现为城市交通能够满足城市的发展需求（戢晓峰等，2010），城市空间发展与产业布局的适应体现为其功能和空间的匹配（王学海，2008；康君，2009；朱晓青等，2010）。此外，城市也具有自适应的机制，城市空间在无规划的情况下，通过自适应调整原有空间格局、动态适应外界环境的构筑行为来优化自身的功能，并为生活在其中的人们提供环境支撑的现象就是城市自适应现象，其衍生的空间被称为自适应空间（左龄，2007）。城市规划设计的适应性则体现为不同层次的规划能够满足城市的发展要求（令晓峰，2007；环志中等，2007；孙勇，2008）。可见，城市系统适应的元素是多样且丰富的，包括城市与外界环境之间、城市各子系统之间、城市发展政策与城市发展之间的适应等。

适应度是对这一过程属性的能力或强度的描述。城市的发展过程就是城市对周边自然环境和人工环境的适应过程。在城乡规划领域，空间适应性是指城镇空间对其所处的自然、人工环境的适应（陈玮，2010），是一种生态哲理性的认知。在气候变化研究领域，气候适应性是指"降低自然和人类系统对气候变化的实际或预期影响的脆弱性的行动和措施"（IPCC，2007a）。简而言之，适应气候变化是在承认气候进一步变化的前提下，通过主动和被动的措施来降低各种不利影响。

城市对气候变化的适应能力是指城市系统的实施、运作过程或城市结构在未来可能或实际的气候变化条件下能够做出调整的程度或城市系统所具备的应变能力（IPCC，1996）；换句话说，就是城市系统努力争取降低气候对自身安全带来的不利影响，同时合理利用气候环境提供的有利条件（Burton，1992）；或者是城市系统通过对短期和长期的气候变化以及极端灾害天气采取调整措施，以增强城市经济社会活动的生存能力，降低城市系统对气候变化的脆弱性。适应意味着任何调整措施无论是主动的还是被动的，其目的都在于减少气候变化对城市产生的不利影响（Stakhiv，1993）。

减缓气候变化与适应气候变化相互区别又相互联系。本书按照政府间气候变化专门委员会（IPCC）对减缓和适应的定义，将其作为应对气候变化的两个方面，重点讨论适应气候变化的城市空间发展策略，即适应性城市空间格局构成要素及构建问题。

1.5.3　城市空间格局

对城市空间格局的研究存在两种范式：

一种是把城市看成区域空间的点，重点研究城市外部空间结构，内容包括城镇体系、城市群、大都市带、城市连绵区内部各城镇形成的总体布局。此类研究往往以城市发展水平测试为主线，利用经济、社会、交通等统计数据建立评价模型，研究区域城市格局的空间分异，并从统计变量的相关性中探求其空间格局与过程的形成机理和城市发展水平的空间化（钟业喜，2012；Deng et al.，2015）、区域范围内的城市空间分布特征（葛莹等，2014）。区域范围内城市空间格局演化的原因在于区域自然和经济条件差异、行政因素和经济发展（管驰明等，2004）。

另一种是将城市当成面，研究城市的内部结构，如城市市场空间、郊区化、城市商业空间（蒋海兵等，2015）、城市社会空间、城市建设用地扩展、城市平面布局（康泽恩，2011）等，往往研究城市形态的演变、结构的变迁等空间规模，对形成城市内部空间的模式及其动力进行探索。城市空间格局主要从空间角度探索城市土地利用结构在城市内部的表达方式（Estoque et al.，2015），在内涵上是指各种经济社会要素在城市这个空间范围内的分布和连接状态，是城市经济结构的空间投影（顾朝林等，2000）。汪劲柏（2006）认为城市空间格局是指城市功能用地、物质实体及其所限定的可容纳虚实的位置布局及结构关系，即在城市用地布局的基础上增加空间维和相互关系的描述，并将城市空间格局分为城市空间结构、城市通路格局、居住空间格局、公共生活空间格局、生产空间格局、辅助设施空间格局，其中城市空间结构是对城市空间整体关系的综合和抽象把握，其他是对城市空间子系统位置布局的总结。姜丽丽（2011）对港城城市空间格局进行研究，认为城市空间格局是指城市发展状态及其形成的用地空间布局。申淑娟等（2011）将城市空间格局分为外部轮廓格局和内部功能要素格局，前者是指城市形成的组团外部轮廓，后者分为道路、公共空间、城市中心、城市轴线、自然要素。张振龙等（2010）采用城市斑块面积、城市斑块边界密度、平均斑块大小、斑块面积变异系数、城市斑块数目、斑块平均分维数来测度城市空间格局。此外，城市空间格局也应与城市蔓延（Al-Sharif et al.，2015）、城市温室气体排放（Baur et al.，2015）等相结合进行研究。

本书对城市空间格局的定义基于第二种范式，即认为城市空间格局是指城市各种空间要素和空间因子的位置、组合及相互关系。剖析城市空间格局的构成，不仅要关注其物质实体要素，如建筑、道路、城市用地等，而且要关注影响这些实体要素变化的经济社会要素，如产业、人口、能源消费等。城市空间格局研究属于城市空间研究的一部分，主要关注城市物质空间的布局关系，对于经济、社会、环境等非物质要素的关注则作为城市物质空间的影响要素来考虑,明确划分城市物质空间和非物质空间的研究几乎是不可能的。城市空间格局的构成要素是城市的各种物质体,其本身又具有时间意义,也就是说随着时间的推移不断演变,某个时间点的城市空间格局到下一个时间点会发生结构和关系的变化,因此需要从时间和空间两个维度来考查城市空间格局的演变。

本书研究的核心点在于分析局地气候变化与城市空间格局之间的关联,重点探讨适应性城市空间格局的构建,因此需要厘清对于减缓气候变化负面作用(即适应气候变化)的空间要素及其空间布局,这不仅需要考虑城市土地利用、建筑、道路等物质要素,而且需要考虑经济、社会等非物质要素。由于城市空间格局具有时间和空间意义,本书对城市空间格局的测度也强调从时间尺度的演变和空间尺度的分异两个层面展开(图1-7)。

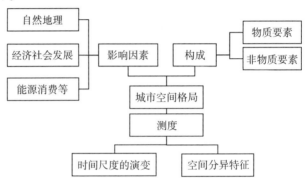

图 1-7　本书对城市空间格局的界定

1.5.4　适应性城市空间格局

城市空间作为城市发展的主要载体,是包容于自然和丰裕空间中的人类定居圈(岸根卓郎,1990),是城市建设所直接涉及的人类聚居场所(杨培峰,2002),是承托与容纳城市活动的载体和容器(黄亚平,2002),具有动态性和时空性(王振亮,1998)。从横向来看,城市空间并不是纯粹的物质实体空间,而是包括社会、经济、自然等空间要素的复杂开放系统;从纵向来看,城市空间在动态演进过程中不断获得发展的动力和活力(赵珂,2007)。城市空间具有生态学意义,可以按照地域、行政、土地利用方式等划分为若干空间单元,而每个空间单元都具有生态系统的结构功能,其中发展就是不断寻求最适生态位的过程。每个空间单元内存于不同的食物链结构、资源利用链结构以及生命与环境相互作用结构等(杨培峰,2002)。本书所指的城市空间是指在特定地理边界约束下,在空间上分布,结构有序和功能互补的要素在地理空间上相互作用形成的一个空间集合,包含了物质空间及其作为载体的经济、社会活动。

格局本意为图案或形状、格式布局,在地理空间研究中是指不同的地理或景观单元的空间关系,可从大小、形状、数量、类型和空间组合上进行描述。这些描述格局的表征有其本身的地理学意义。从空间组合的角度描述格局可以反映出它们的空间结构特征、地带性和非地带性的规律(傅伯杰,2014)。城市空间格局是指城市各种空间要素和空间因子的位置、组合及相互关系。从城市功能用地的角度来看,城市空间格局是指城市功能用地、物质实体及其所限定的可容纳虚空的位置布局及结构关系,即在城市用地布局的基础上增加空间维和相互关系的描述(陈鸿,2013)。城市空间格局具有时间和空间维度的变化,随着时间发展演变,在空间上表现出各种要素和因子的地域差异性。城市空间格局研究关注城市物质空间的布局关系,对于经济、社会、心理、人口等非物质要素的关注主要是作为城市物质空间的影响要素来考虑的(汪劲柏,2006)。

本书既借鉴了城市空间格局的概念,又考虑到与气候变化影响评估相关联的主要概念,将"应对气候变化的适应性城市空间格局"(Adaptive Urban Spatial Layout to Climate Change, AUSLCC)定义为:面对未来长期或短期的全球和局地气候变化,通过综合措施所获得的能够降低城市对气候变化的暴露度、敏感度以及提高其适应度(降低脆弱性)的城市空间布局。"应对气候变化的适应性城市空间格局"在本书中简称为"适应性城市空间格局"。

适应性城市空间格局与当前开展的低碳城市空间相辅相成,但又互相区别。两者的共同点在于使城市能够更好地应对气候变化。不同点在于,低碳城市空间通过城市空间要素的优化减少温室气体的排放,从而达到减缓气候变化的目标;适应性城市空间格局则是在承认和尊重气候变化已成事实,且未来不可避免的情况下,假定其对城市的经济、社会、生态系统将产生一系列负面影响,通过城市空间要素的合理布局和优化配置,主动地去适应这些影响,将可能产生的损失和风险降低到最小。

1.6 本书研究内容与方法

1.6.1 研究目标

1)延伸城市适应气候变化的研究

继减缓气候变化的低碳策略达成广泛共识后,适应气候变化的策略越来越受到重视,但多从产业、交通、能源、建筑等层面出发,对城市空间要素布局、城市空间开发强度调控等适应性策略研究较少。本书提出适应性城市空间格局的研究,主要从与适应气候变化相关的空间要素及其布局、相互关系的角度提出应对气候变化的适应策略,是适应气候变化研究的延伸(图1-8)。

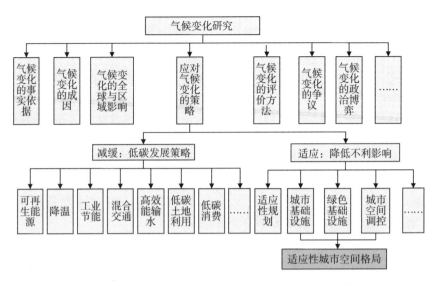

图 1-8　本书的研究与应对气候变化策略相关研究的关系

2）拓展城市规划领域应对气候变化的研究

城市规划领域对适应气候变化的研究较减缓研究晚,多集中在理念、框架层面,更多依附于城市防灾规划,缺乏战略思考和科学分析;研究对象也主要是将区域、城市作为一个整体,缺乏更微观视角的探讨,难以指导具体的城市规划实践。本书将适应气候变化的主题引入城市规划学科研究,发挥城市规划在中观、微观视角研究的长处,旨在探讨和揭示城市空间发展与气候变化之间的相互关系,继而探讨适应性城市空间格局构建的若干举措,突出城市规划学科在空间资源配置方面的优势,弥补城市规划学科对应对气候变化研究不足的缺陷。本书的研究也可以看作城市规划领域中应对气候变化研究的分支之一(图 1-9)。

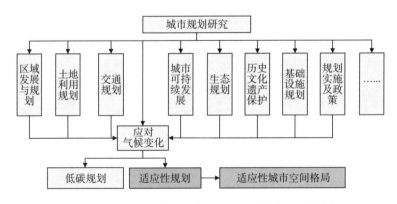

图 1-9　本书的研究在城市规划研究中的拓展示意图

3）为城市制定应对局地气候变化的策略提供基础支撑

本书以河口巨型城市上海为例进行实证与应用研究,不仅具有代表性,而且具有现实必要性。随着人口规模和城市建设用地规模的进一步增长,城市空间开发强度的提高,土地增量向存量的转变,上海面临城市产业转型、全球城市建设等一系列新的机遇和挑战,环境污染、气候变化等自然灾害又加剧了这些经济社会方面的不确定性和风险性。极端高温造成的人员伤亡、城市洪涝的发生、海平面的上升等都考验着上海可持续发展的能力。因此,本书对上海局地气候变化特征、适应局地气候变化的城市空间格局进行研究,对上海编制城市总体规划、防灾规划、构建弹性城市、智慧城市、生态城市,迈向可持续之路具有一定的实践意义,具有理论基础支撑的作用。

1.6.2 研究内容

首先,应对气候变化是 21 世纪全球共同面临的挑战之一,近 10 多年来有关气候变化的研究蓬勃发展,很多学科将气候变化研究作为学科发展方向之一,丰富了应对气候变化的研究内容。这些研究既有自然科学的研究,又有社会科学的介入,体现了这一学科研究的复杂性和系统性,其中气候学、生态学、环境学、经济学、政治学、地理学、建筑学、城乡规划学等学科都有所涉猎。其次,应对气候变化不仅是一个技术问题,而且是战略、政策问题,因此已有研究不仅在学术界展开,而且在国家和地方的政策中悄然兴起。再次,从学术研究层面来看,对气候变化的研究可以大致分为两类,即气候变化的历史与未来变化及其影响,应对气候变化的措施。前者立足于对已有气候变化事实的跟踪、影响评价和情景预测,后者从减缓和适应气候变化的角度展开,使全球范围内兴起了"低碳研究热"。最后,相对于自然生态系统的研究,对城市复合生态系统受气候变化的影响和应对措施的研究起步相对较晚,但已经得到了长足发展,对如何适应气候变化的研究还存在极大不足,尤其是城市层面中微观的适应性策略研究才刚刚起步。

从研究方法来看,定性与定量方法相结合。其中对于气候变化历史事实的研究多采用量化统计和定性描述;对气候变化的影响评价以定性分析为主;减缓气候变化研究中常采用与碳核算有关的方法;适应气候变化研究多以定性描述为主,并采用用于气候变化的影响评价工具和用于政策分析的适应评价工具进行论证。显然,对城市系统、城市土地利用、城市空间的关注依然不足,空间分析法等没有得到很好的应用。

就城市规划领域的研究来看,国外气候变化已经成为城市规划的主流之一,但是国内规划界则关注较少。尽管以减缓气候变化为目标的低碳规划在我国蓬勃发展,并从城市低碳发展到低碳城市规划编制进行了一系列深远的、有意义的、颇有建树的研究,但是对于适应气候变化而言,城市规划则准备不足,尤其是对城乡空间、土地利用在适应气候变化方面的机制和设施资源的布局配置研究还未展开。造成这一不足的主要原因是城市规划研究长期局限于城市规划编制的时间和空间限定的范围内,对可持续发展、战略性、长远性的城市发展政策,以及对适应气候变化的现实需求未引起足够的重视。

上海适应气候变化的空间策略研究不足。尽管目前大量的研究揭示了上海的气候变化情况,并将其与城市发展之间的相关性进行了探讨,也从时间和空间尺度对上海地区的脆弱性进行了评估,但是定量分析的方法还有待加强,从城市空间格局视角探讨适应气候变化的空间策略还处于空白。

必须深刻认识到,气候变化的不可避免性势必会给当前的城市发展带来一定的影响,而这种影响大多是不利的;城市在响应这些影响方面需要一定的时间。城市规划作为统筹城乡空间资源配置的最重要手段,要参与和贡献于城市应对气候的变化中。依赖于低碳城市建设遏制气候变化是远远不够的,必须未雨绸缪,做好应对气候变化所带来的风险的打算,提高城市应对气候变化的弹性,降低城市对气候变化的脆弱性,变被动为主动,从而保障城市的安全和可持续发展。城市规划关系到城市空间资源利用、城市居民生产和生活安全、城市可持续发展等,因此必须在应对气候变化这一议题上具有前瞻性。本书将重点讨论以下内容:

(1)城市化与局地气候变化的耦合关系。从城市化对局地气候变化的胁迫、气候变化对城市系统的影响、城市对气候变化的适应三个角度阐释城市化与局地气候变化之间的关系。

(2)局地气候变化的时空特征。以上海为例,探讨近几十年来上海城市发展过程中气候要素的变化趋势。

(3)局地气候变化与城市空间发展的相关性。通过构建定量分析模型,对城市建设过程中各种要素的变化对局地气候变化的影响进行分析,探讨两者之间的内在关联。

(4)局地气候变化的影响及评估。从定性和定量两个维度探讨上海局地气候变化对未来城市发展的影响,并构建定量评价模型。

(5)适应性城市空间格局理论构建模型及适应性评估。结合当前气候变化脆弱性、适应性、韧性等研究,提出城市空间适应局地气候变化的理论模型,并定量评价上海现有要素的气候变化适应度。

(6)适应性城市空间格局构建及规划响应。本书的核心研究目标是"如何通过城市空间要素的优化配置和合理布局,使得城市能够降低对气候变化的暴露度、敏感度,提高对气候变化的适应度",其中空间要素主要是指对适应气候变化具有关键作用的要素。为此,在借鉴低碳城市空间、适应性规划等概念的基础上,本书提出"适应性城市空间格局"的概念,它是从城市空间的角度探讨适应气候变化的策略,既是对适应性规划的延伸,也是与低碳城市空间具有关联的、相互区别的应对气候变化的策略(图1-10)。

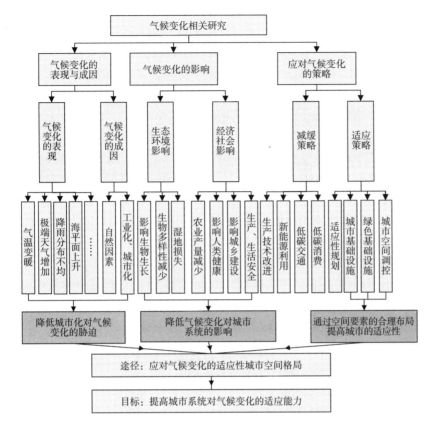

图 1-10　本书研究与已有相关研究的关系

1.6.3　研究假设

本书的研究基于城市局地气候变化与城市空间适应的角度,基本的假设为:城市空间与气候变化之间具有关联性;气候变化的不可避免性;适应性城市空间格局构建的可能性。

假设一,城市空间与气候变化之间具有关联性。城市空间是城市社会—经济—自然复合生态系统的组成部分,也是各种活动发生的载体。在城市地区,气候的变化不仅受到全球和区域气候整体环境的影响,而且与城市地区的自然环境、气象条件、水文条件、城市建设密度、人口分布等息息相关,而这些要素是通过城市空间这一载体表现出来的,因此可以推断城市空间与气候变化之间具有关联性。这一假设的启示在于:通过城市空间各种要素的合理布局,一方面可以降低气候变化发生的程度,另一方面也可以促进城市应对气候变化、提高城市系统的适应能力。

假设二,气候变化的不可避免性。气候变化仍然是一个具有争议性的话题(所罗门,2011),其影响因素中自然要素和人为活动影响所占的比重依然很难科学界定。唯一确定的是,近百年来全球气温的确出现了较快的上升趋势。这种不确定性的存在使各类评估结果的可信度存在疑问,降低了应对气候变化在公共政策决策体系中的影响力。在这一点上,我国和其他国家的科学家面临着同样的难题(高云等,2003)。另外,导致全球气候变化的原因是多样且复杂的。从自然科学的角度来看,太阳活动强度的变化、大气气溶胶浓度的变化、土地利用方式的改变与土地覆被状态的变化和海洋的作用是导致全球气温升高的因素(丁仲礼,2009)。其中土地利用方式的改变和大气气溶胶浓度的变化是人类活动对气候变化影响的重要体现。这些不确定性使得仅仅采取减缓气候变化的措施是难以奏效的,城市必须有能力应对未来各种可能产生的灾害和风险。适应性城市空间格局的研究基于承认气候变化的不可避免性和不确定性,探讨如何通过空间要素的布局和优化来提高城市系统应对气候变化的能力。

假设三,适应性城市空间格局构建的可能性。这里提出的适应性城市空间格局构建,并不是改变城市目前的空间形态和结构,重新构建一个新的城市形态,而是指在适应气候变化的导向下,针对目前城市的发展现状和趋势,将与降低城市对气候变化的暴露度、敏感度和提高适应度相关联的要素合理布局,提高城市预防气候变化灾害的能力,形成具有降低气候变化脆弱性的城市空间布局。为了降低气候变化的不利影响,城市系统可以主动或被动地采取一系列措施减缓受损的程度。一方面通过削减温室气体的排放,减缓温室气体浓度在大气中的上升速率,从而遏制气候变化的幅度;另一方面使城市社会、经济部门和生态系统能够通过调节自身行为或结构来适应日趋变暖的地球,试图调节和完善城市系统的属性,以提高其适应能力,降低气候变化可能给城市系统带来的风险和灾害损失。根据复杂适应理论,系统中的成员被称为具有适应性的主体,主体在与环境以及其他主体的交互作用中"学习"或"积累经验",并反过来改变自身的结构和行为方式,以适应环境的变化以及与其他主体协调一致,从而促进整个系统的发展、演化或进化(高伟等,2012)。以上属性奠定了城市空间要素的调控能够促进整个系统在应对气候变化方面更具能动性和可能性。城市绿地系统可以长期有效地通过生态系统服务来调节气候、涵养水源、控制污染,城市排水设施能够在较短时间内排除雨水,通信设施、环卫设施、电信设施、综合交通设施是灾害预警和应急系统的重要保障,医院、诊所等公共设施能够在短时间内对受到伤害的人员予以救治,这些都是城市对气候变化适应能力的体现。

1.6.4 研究方法

理论研究部分主要采用定性研究方法,在已有关于气候变化与城市关系理论研究的基础上,通过归纳与综合,演绎出局地气候变化与城市空间适应的内在关系,提出适应性城市空间格局的概念模型,并将其研究过程解析为子模块。实证研究部分主要采用定性和定量相结合的研究方法。

1）文献分析法

运用文献分析法可对已有的研究文献、报告等资料进行收集、汇总、分析，了解最新进展和相关理论基础。本书对国内外气候变化的事实与依据、气候变化的成因、气候变化的影响及评估、气候变化的应对措施、适应性规划、城市空间格局等相关文献资料进行归纳与总结，了解国内外在该领域的研究进展与研究不足，为本书的研究奠定基础。应用已有研究的同时发现新的问题并予以改进。对上海气候变化影响的定性辨识也采用文献综述法。主要的文献资料来源包括学术期刊、国内外相关研究报告、高校学位论文、政府统计数据库、报纸杂志、网络文献等。

2）数理统计分析法

数理统计分析法是定量分析事物之间关系的重要方法。本书应用统计产品与服务解决方案（Statistical Product and Service Solutions，SPSS）数理统计分析软件，采用多种统计学分析方法进行研究，具体包括：上海城郊年平均气温、降水、相对湿度、日照时数、海平面上升等的时间序列分析；气候变化要素与城市空间发展要素之间的因子分析；城市空间发展强度评价中指标体系选取时的主成分分析等。在各评价指标体系权重确定的过程中采用了层次分析法等。

3）地理信息系统空间分析法

地理信息系统（Geographic Information System，GIS）结合地理学与地图学，是用于输入、存储、查询、分析和显示地理数据的计算机系统（Heywood et al.，2006）。空间分析是地理信息系统（GIS）的主要功能，是指从空间物体的空间位置、联系等方面研究空间事物，以及对空间事物做出定量的描述（Longley et al.，2005；汤国安等，2006）。本书采用地理信息系统（GIS）软件 ArcGIS 9.3建立上海城市空间数据库，其中空间数据包括土地利用数据、地形地貌数据、气象灾害分布数据等；属性数据包括人口、经济社会数据等。在具体的分析过程中，气候变化的空间分布特征分析采用了空间插值分析方法，气候变化影响的空间差异评估采用了空间叠置、缓冲区分析、栅格计算等方法，适应性城市空间格局构建采用了地表分析、叠加分析、成本距离分析等方法。

4）德尔菲法

德尔菲法是一种采用通信方式分别将所需解决的问题单独发送到各个专家手中，征询意见，然后回收汇总全部专家的意见，并整理出综合意见，随后将该综合意见和预测问题再分别反馈给专家，再次征询意见，各专家依据综合意见修改自己原有的意见，然后再汇总（Turoff，1970）。这样多次反复，逐步取得比较一致的预测结果的决策方法（Rowe et al.，1999），适用于建立对某事物的评价指标及其权重。本书在确定极端气候的影响评价指标和权重的过程中，借鉴了上海市浦东新区气象防灾规划编制过程中关于气象灾害认识的专家问卷，以确定极端高温和洪涝灾害等气象灾害对农业生产、工业、综合交通、人类健康和安全等方面的影响因子及其重要性,保证指标体系确定的相对科学性。

此外,本书也采用了比较分析法、系统分析法、跨学科研究法、指标体系评价法等多种方法,采用定量与定性相结合的研究方法,试图对应对气候变化的适应性城市空间格局研究有更为科学的认识。

第1章参考文献

岸根卓郎,1990. 迈向21世纪的国土规划:城乡融合系统设计[M]. 高文琛,译. 北京:科学出版社.

蔡音亭,唐仕敏,袁晓,等,2011. 上海市鸟类记录及变化[J]. 复旦学报(自然科学版),50(3):334-343.

巢清尘,刘昌义,袁佳双,2014. 气候变化影响和适应认知的演进及对气候政策的影响[J]. 气候变化研究进展,10(3):167-174.

陈飞,诸大建,2009. 低碳城市研究的理论方法与上海实证分析[J]. 城市发展研究,16(10):71-79.

陈鸿,2013. 基于安全的城市空间格局优化研究[D]. 上海:同济大学.

陈群元,喻定权,2010. 低碳城市建设的城市规划手段[J]. 城市(10):29-32.

陈玮,2010. 现代城市空间建构的适应性理论研究[M]. 北京:中国建筑工业出版社.

陈蔚镇,韩青,2011. 基于产业能耗与产业空间分析视角下的上海低碳城市发展[J]. 现代城市研究,26(11):15-21.

陈哲,刘学敏,2012. "城市病"研究进展和评述[J]. 首都经济贸易大学学报,14(1):101-108.

成丹,2013. 中国东部地区城市化对极端温度及区域气候变化的影响[D]. 南京:东南大学.

丁一汇,2009. 中国气候变化:科学、影响、适应及对策研究[M]. 北京:中国环境科学出版社.

丁仲礼,2009. 试论应对气候变化中的八大核心问题[R]. 北京:全球变化四大研究计划的中国国家委员会(CNC‐WCRP, CNC‐IGBP, CNC‐IHDP, CNC‐DIVERSITAS)2008年联合学术大会.

傅伯杰,2014. 地理学综合研究的途径与方法:格局与过程耦合[J]. 地理学报,69(8):1052-1059.

高伟,龙彬,2012. 复杂适应系统理论对城市空间结构生长的启示:工业新城中工业社区适应性空间单元的研究与应用[J]. 城市规划,36(5):57-65.

高云,毛留喜,程磊,2003. 关于气候变化科学研究的若干问题[J]. 中国软科学(12):90-94.

葛珊珊,李倩,张韧,等,2011. 全球气候变化背景下海平面上升的潜在影响与风险评估[C]// 中国气象学会. 第28届中国气象学会年会论文集. 厦门:中国气象学会.

葛向东,赵咏梅,1999. 城市化对上海的增温效应[J]. 云南地理环境研究,11(1):44-50.

葛莹,朱国慧,王华辰,等,2014. 基于Ripley's K函数浙江城市空间格局及其影响分析[J]. 地理科学,34(11):1361-1368.

顾朝林,2013. 气候变化与低碳城市规划[M]. 2版. 南京:东南大学出版社.

顾朝林,甄峰,张京祥,2000. 集聚与扩散:城市空间结构新论[M]. 南京:东南大学出版社.

顾品强,2008. 2001—2005 年奉贤地区气候变化、高影响天气事件对社会经济的影响及防灾对策的思考[C]//中国气象学会. 第 28 届中国气象学会年会论文集. 厦门:中国气象学会.

管驰明,崔功豪,2004. 100 多年来中国城市空间分布格局的时空演变研究[J]. 地域研究与开发,23(5):28-32.

郭茹,曹晓静,李严宽,等,2009. 上海市应对气候变化的碳减排研究[J]. 同济大学学报(自然科学版),37(4):515-519.

过寒超,秦琳琳,牛凤霞,等,2011. 宜昌市近 59 年来的气候变化趋势分析[J]. 三峡大学学报(自然科学版),33(5):26-30.

贺芳芳,2012. 1980 年代以来上海地区暴雨的气候变化特征[C]// 中国气象学会. 城市气象论坛(2012 年)·城市与气候变化论文集. 深圳:中国气象学会.

洪亮平,华翔,蔡志磊,2013. 应对气候变化的城市规划响应[J]. 城市问题(7):18-25.

胡艳,端义宏,2006. 上海地区雷暴天气的气候变化及可能影响因素[J]. 中国海洋大学学报(自然科学版),36(4):588-594.

华虹,王晓鸣,2011. 城市应对气候变化规划初探[J]. 城市问题(7):16-19.

环志中,周军,马健,等,2007. 如何提高城市控制性详细规划的适应性[J]. 城市(8):44-46.

黄亚平,2002. 城市空间理论与空间分析[M]. 南京:东南大学出版社.

黄媛,2010. 夏热冬冷地区基于节能的气候适应性街区城市设计方法论研究[D]. 武汉:华中科技大学.

戚晓峰,何增辉,2010. 城轨线网与城市空间形态的适应性评价[J]. 城市轨道交通研究,13(9):25-28.

江俊杰,孙卫国,裴兴云,2012. 近 51 年长江三角洲地区气候变化及可能原因[J]. 气象与减灾研究,35(4):17-25.

姜冬梅,张孟衡,陆根法,2007. 应对气候变化[M]. 北京:中国环境科学出版社.

姜丽丽,2011. 辽宁省港口城市空间格局及整合发展研究[D]. 长春:东北师范大学.

姜允芳,兰格,石铁矛,等,2011. 城市规划应对气候变化的适应发展战略:英国等国的经验[J]. 现代城市研究,27(1):13-20.

蒋海兵,张文忠,余建辉,2015. 杭州生产性服务业的时空格局演变[J]. 经济地理,35(9):103-111.

焦洋,2008. 传统庭院空间的当代适应性表达[J]. 低温建筑技术,30(1):29-30.

金桃,2012. 中国城市应对气候变化能力评估[D]. 上海:上海师范大学.

居辉,李玉娥,许吟隆,等,2010. 气候变化适应行动实施框架[J]. 气象与环境学报,26(6):55-58.

康君,2009. 产业结构转型中的加格达奇城市空间结构适应性发展研究[D]. 哈尔滨:哈尔滨工业大学.

康泽恩,2011. 城镇平面格局分析:诺森伯兰郡安尼克案例研究[M]. 宋峰,许立言,侯安阳,等译. 北京:中国建筑工业出版社.

黎兴强,田良,2014. 回归城市:一种适应气候变化的空间规划新概念[J]. 现代城市研究,29(1):42-49.

李珊珊,2006. 夏热冬冷地区居住社区公共空间气候适应性设计策略研究[D]. 武汉:

华中科技大学.

梁萍,陈葆德,陈伯民,2009. 上海 1873 年至 2007 年汛期水资源的气候变化特征[J].
　　资源科学,31(5):714-721.

梁萍,丁一汇,2008. 上海近百年梅雨的气候变化特征[J]. 高原气象,27(B12):76-83.

林而达,2010. 气候变化与人类:事实、影响和适应[M]. 北京:学苑出版社.

令晓峰,2007. 控制性详细规划控制体系的适应性编制研究[D]. 西安:西安建筑科技
　　大学.

刘伟毅,2006. 夏热冬冷地区城市广场气候适应性设计策略研究[D]. 武汉:华中科技
　　大学.

罗毅,2008. 上海金山区近 44 年气候变化分析[C]// 中国气象学会. 第 28 届中国气
　　象学会年会论文集. 厦门:中国气象学会.

毛广雄,丁金宏,曹蕾,2009. 城市紧凑度的综合测度及驱动力分析:以江苏省为例[J].
　　地理科学,29(5):627-633.

潘海啸,汤諹,吴锦瑜,等,2008. 中国"低碳城市"的空间规划策略[J]. 城市规划学刊
　　(6):57-64.

潘韬,刘玉洁,张九天,等,2012. 适应气候变化技术体系的集成创新机制[J]. 中国人
　　口·资源与环境,22(11):1-5.

彭仲仁,路庆昌,2012. 应对气候变化和极端天气事件的适应性规划[J]. 现代城市研
　　究,27(1):7-12.

祁豫玮,顾朝林,2011. 快速城市化地区应对气候变化的城市规划探讨:以南京市为例
　　[J]. 人文地理,26(5):54-59.

仇保兴,2009. 我国城市发展模式转型趋势:低碳生态城市[J]. 城市发展研究,16(8):
　　1-6.

权瑞松,2012. 典型沿海城市暴雨内涝灾害风险评估研究[D]. 上海:华东师范大学.

撒莹,2005. 川西传统低层住居空间适应性研究初探[D]. 成都:西南交通大学.

尚志海,丘世钧,2009. 当代全球变化下城市洪涝灾害的动力机制[J]. 自然灾害学报,
　　18(1):100-105.

申倩倩,束炯,王行恒,2010. 上海近 136 年气温变化的多尺度分析[C]//浙江省科学
　　技术协会,上海市科学技术协会,江苏省科学技术协会. 长三角气象科技论坛论
　　文集. 嘉兴:浙江省科学技术协会.

申淑娟,孙毅中,赵晓琴,2011. 基于 GIS 的城市空间格局要素研究与表达[J]. 地理信
　　息世界,18(1):82-87.

沈续雷,2011. 气候变化对大城市能源消费的影响研究:以上海为例[D]. 上海:复旦
　　大学.

史军,崔林丽,田展,2009. 上海高温和低温气候变化特征及其影响因素[J]. 长江流域
　　资源与环境,18(12):1143-1148.

史军,崔林丽,周伟东,2008. 1959 年—2005 年长江三角洲气候要素变化趋势分析[J].
　　资源科学,30(12):1803-1810.

宋彦,刘志丹,彭科,2011. 城市规划如何应对气候变化:以美国地方政府的应对策略为
　　例[J]. 国际城市规划,26(5):3-10.

孙勇,2008. 控制性详细规划控制指标的适应性研究[D]. 武汉:华中科技大学.

所罗门,2011. 全球变暖否定者[M]. 丁一,译. 北京:中国环境科学出版社.

谭灵芝,王国友,2012. 气候变化对社会经济影响的风险评估研究评述[J]. 西部论坛,

22(1):74-80.

汤国安,杨昕,2006. ArcGIS 地理信息系统空间分析实验教程[M]. 北京:科学出版社.

陶涛,信昆仑,刘遂庆,2008. 气候变化下 21 世纪上海长江口地区降水变化趋势分析[J]. 长江流域资源与环境,17(2):223-226.

田波,马剑,王祥荣,等,2010. 崇明东滩鸟类自然保护区气候变化脆弱性分析与评价[C]//中国气象学会. 第 27 届中国气象学会年会论文集. 北京:中国气象学会.

汪劲柏,2006. 城市生态安全空间格局研究[D]. 上海:同济大学.

王宝强,2014.《欧洲城市对气候变化的适应》报告解读[J]. 城市规划学刊(4):64-70.

王红瑞,冯启磊,林欣,等,2010. 上海气温变化过程遍历特征分析[J]. 天津大学学报,43(1):55-63.

王佩菁,2012. 上海为什么"脆弱"[J]. 新商务周刊(4):80-82.

王伟光,郑国光,2012. 应对气候变化报告(2012):气候融资与低碳发展[M]. 北京:社会科学文献出版社.

王祥荣,凌焕然,黄舰,等,2012. 全球气候变化与河口城市气候脆弱性生态区划研究:以上海为例[J]. 上海城市规划(6):1-6.

王学海,2008. 城市空间布局对产业发展的适应性研究:基于昆明城市总体规划上的思考[D]. 重庆:重庆大学.

王原,2010. 城市化区域气候变化脆弱性综合评价理论、方法与应用研究:以中国河口城市上海为例[D]. 上海:复旦大学.

王振,2008. 夏热冬冷地区基于城市微气候的街区层峡气候适应性设计策略研究[D]. 武汉:华中科技大学.

王振亮,1998. 城乡空间融合论:我国城市化可持续发展过程中城乡空间关系的系统研究[D]. 上海:同济大学.

魏薇,秦洛峰,2012. 德国适应气候变化与保护气候的城市规划发展实践[J]. 规划师,28(11):123-127.

谢来辉,刘昌义,2013. 美国学者视角下的中国气候规制研究[J]. 国外理论动态(11):77-86.

徐坚,2006. 山地城市空间格局建构的生态适应性:以滇西地区为例[J]. 城市问题(6):21-25.

杨培峰,2002. 城乡空间生态规划理论与方法研究[D]. 重庆:重庆大学.

叶祖达,2009a. 城市规划管理体制如何应对全球气候变化[J]. 城市规划,33(9):31-37.

叶祖达,2009b. 碳审计在总体规划中的角色[J]. 城市发展研究,16(11):58-62,8.

叶祖达,刘京,王静懿,2010. 建立低碳城市规划实施手段:从城市热岛效应模型分解控规指标[J],城市规划学刊(6):39-45.

殷杰,尹占娥,于大鹏,等,2013. 基于情景的上海台风风暴潮淹没模拟研究[J]. 地理科学,33(1):110-115.

殷永元,王桂新,2004. 全球气候变化评估方法及其应用[M]. 北京:高等教育出版社.

尹占娥,暴丽杰,殷杰,2011. 基于 GIS 的上海浦东暴雨内涝灾害脆弱性研究[J]. 自然灾害学报,20(2):29-35.

於琍,曹明奎,李克让,2005. 全球气候变化背景下生态系统的脆弱性评价[J]. 地理科学进展,24(1):61-69.

曾忠忠,2011. 基于气候适应性的中国古代城市形态研究[D]. 武汉:华中科技大学.

张德顺,有祥亮,王铖,2010. 上海应对气候变化的新优树种选择[J]. 中国园林,26 (9):72-77.

张建云,2012.城市化与城市水文学面临的问题[J].水利水运工程学报(1):1-4.

张可慧,刘剑锋,刘芳圆,等,2012. 1956—2007年河北地区气候变化时空特征研究 [J]. 安徽农业科学,40(1):416-418,450.

张振龙,马国强,2010. 基于景观生态学的城市空间格局变化研究:以南京都市区为例 [J]. 生态经济(6):35-38.

赵珂,2007. 城乡空间规划的生态耦合理论与方法研究[D]. 重庆:重庆大学.

赵敏,2010. 上海碳源碳汇结构变化及其驱动机制研究[D]. 上海:华东师范大学.

郑艳,2012. 适应型城市:将适应气候变化与气候风险管理纳入城市规划[J]. 城市发 展研究,19(1):47-51.

钟业喜,2012. 城市空间格局的可达性研究:以江苏省为案例[M]. 南京:东南大学出 版社.

周巧兰,鲁小琴,2013. 上海市1951—2010年气温演变的结构性分析[J]. 浙江大学学 报(理学版),40(6):693-697.

周全,2013. 应对气候变化的城市规划"3A"方法研究[D]. 武汉:华中科技大学.

周伟东,梁萍,2013. 风的气候变化对上海地区秋季空气质量的可能影响[J]. 资源科 学,35(5):1044-1050.

周伟东,朱洁华,梁萍,2010. 近134年上海冬季气温变化特征及其可能成因[J]. 热带 气象学报,26(2):211-217.

周雪帆,2013. 城市空间形态对主城区气候影响研究:以武汉夏季为例[D]. 武汉:华中 科技大学.

朱超,2008. 近60年长江三角洲气候变化初步研究[C]// 中国气象学会. 第28届中 国气象学会年会论文集. 厦门:中国气象学会.

朱飞鸽,2011. 上海城市化过程中城市热岛的时空动态变化研究[D]. 上海:华东师范 大学.

朱晓青,王竹,应四爱,2010. 混合功能的聚居演进与空间适应性特征:"浙江模式"下的 产住共同体解析[J]. 经济地理,30(6):933-937.

左本荣,曹同,陈坚,2007. 生态型城市建设的安全格局与保障:以上海为例[J]. 现代 城市,2(1):36-41.

左龄,2007. 城市中的自适应性空间[J]. 规划师,23(12):107-110.

AL-SHARIF A A A, PRADHAN B, 2015. A novel approach for predicting the spatial patterns of urban expansion by combining the chi-squared automatic integration detection decision tree, Markov chain and cellular automata models in GIS[J]. Geocarto international,30(8):858-881.

ARCHER D,ALMANSI F,DIGREGORIO M,et al,2014. Moving towards inclusive urban adaptation:approaches to integrating community-based adaptation to climate change at city and national scale[J]. Climate and development,6(4):345-356.

BAEUMLER A,IJJASZ-VASQUEZ E,MEHNDIRATTA S,2012. Sustainable low-carbon city development in China[M]. Washington, D. C. :The World Bank.

BASSETT E,SHANDAS V,2010. Innovation and climate action planning:perspectives from municipal plans[J]. Journal of the American planning association,76(4):

435-450.

BAUR A H, FÖRSTER M, KLEINSCHMIT B,2015. The spatial dimension of urban greenhouse gas emissions:analyzing the influence of spatial structures and LULC patterns in European cities[J]. Landscape ecology,30(7):1195-1205.

BEDSWORTH L W, HANAK E,2010. Adaptation to climate change: a review of challenges and tradeoffs in six areas[J]. Journal of the American planning association,76(4):477-495.

BHATTI J S,LAL R,APPS M J,et al,2006. Climate change and managed ecosystems [M]. Boca Raton:Taylor and Francis,CRC Press.

BOUGHEDIR S, 2015. Case study:disaster risk management and climate change adaptation in Greater Algiers:overview on a study assessing urban vulnerabilities to disaster risk and proposing measures for adaptation [J]. Current opinion in environmental sustainability,13:103-108.

BROOKS N, 2003. Vulnerability, risk and adaptation: a conceptual framework[R]. Norwich:Tyndall Centre for Climate Change Research.

BURTON I,1992. Adapt and thrive:report of environment Canada[R]. Downview, Ontario:[s. n.]:135-168.

BUTCHER-GOLLACH C,2015. Planning, the urban poor and climate change in small island developing states (SIDS):unmitigated disaster or inclusive adaptation[J]. International development planning review,37(2):225-248.

CARTER J G,CAVAN G,CONNELLY A, et al,2015. Climate change and the city: building capacity for urban adaptation[J]. Progress in planning,95:1-66.

CASTÁN BROTO V, BOYD E, ENSOR J, 2014. Participatory urban planning for climate change adaptation in coastal cities:lessons from a pilot experience in Maputo,Mozambique[J]. Current opinion in environmental sustainability, 13: 11-18.

CINAR I,2015. Assessing the correlation between land cover conversion and temporal climate change:a pilot study in coastal mediterranean city, Fethiye, Turkey[J]. Atmosphere,6(8):1102-1118.

CLARK W C, et al, 2000. Assessing vulnerability to global environmental risks[Z]. Cambridge:Harvard University.

CLOUTIER G,JOERIN F,DUBOIS C,et al,2015. Planning adaptation based on local actors' knowledge and participation:a climate governance experiment[J]. Climate policy,15(4):458-474.

Committee on Climate Change, U. S. Transportation,Transportation Research Board, et al, 2008. Potential impacts of climate change on U. S. transportation[R]. Washington, D. C. :Transportation Research Board of the National Academics.

DENG Y,LIU S H,CAI J M, et al,2015. Spatial pattern and its evolution of Chinese provincial population:methods and empirical study[J]. Journal of geographical sciences,25(12):1507-1520.

DOHERTY R M,HULME M,JONES C G,1999. A gridded reconstruction of land and ocean precipitation for the extended tropics from 1974 to 1994[J]. International journal of climatology,19(2):119-142.

EEA,2010. The European environment:state and outlook 2010:synthesis[Z].
Copenhagen:European Environment Agency.

EEA,2012. Urban adaptation to climate change in Europe:challenges and opportunities
for cities together with supportive national and European policies [Z].
Copenhagen:European Environment Agency.

ESTOQUE R C,MURAYAMA Y,2015. Intensity and spatial pattern of urban land
changes in the megacities of Southeast Asia[J]. Land use policy,48:213-222.

FRICH P,ALEXANDER L V, DELLA-MARTA P, et al,2002. Observed coherent
changes in climatic extremes during the second half of the twentieth century[J].
Climate research,19:193-212.

HENSEKE A,BREUSTE J H,2015. Climate-change sensitive residential areas and
their adaptation capacities by urban green changes:case study of Linz,Austria [J].
Journal of urban planning and development,141(3):1-18.

HEYWOOD I,CORNELIUS S,CARVER S, 2006. An introduction to geographical
information systems[M]. 3rd ed. Harlow:Prentice Hall.

HURRELL J M, BROWN S J, TRENBERTH K E, et al, 2000. Comparison of
tropospheric temperatures from radiosondes and satellites:1979-1998[J]. Bulletin
of the American meteorological society,81(9):2165-2177.

IEA,2009. World energy outlook 2009[Z]. Paris:Organisation for Economic Co-
operation and Development.

IGLESISA A,ERDA L,ROSENZWEIG C,1996. Climate change in Asia:a review of
the vulnerability and adaptation of crop production[J]. Water, air, and soil
pollution,92:13-27.

IPCC,1996. Climate change 1995:impacts,adaptations,and mitigation of climate change
[M]. Cambridge:Cambridge University Press.

IPCC,2001. Climate change 2001:impacts, adaptation, and vulnerability [M].
Cambridge:Cambridge University Press.

IPCC,2007a. Climate change 2007:the physical science basis,contribution of working
group I to the fourth assessment report of the intergovernmental panel on climate
change[M]. Cambridge:Cambridge University Press.

IPCC,2007b. Summary for policymakers[M]// IPCC. Climate change 2007:mitigation
of climate change. Cambridge:Cambridge University Press.

IPCC, 2014. Climate change 2014:impacts, adaptation, and vulnerability [M].
Cambridge:Cambridge University Press.

JONSSON A C,RYDHAGEN B,WILK J, et al,2015. Climate change adaptation in
urban India:the inclusive formulation of local adaptation strategies[J]. Global nest
journal,17(1):67-71.

KARL T R,KNIGHT R W,1998. Secular trends of precipitation amount,frequency,
and intensity in the United States[J]. Bulletin of the American meteorological
society,79(2):231-241.

LAVES G,KENWAY S,BEGBIE D,et al,2014. The research-policy nexus in climate
change adaptation:experience from the urban water sector in South East
Queensland,Australia[J]. Regional environmental change,14(2):449-461.

LONGLEY P A, GOODCHILD M F, MAGUIRE D J, et al, 2005. Geographic information systems and science[M]. Chichester: Wiley.

LONTZEK T S, NARITA D, 2010. Climate change mitigation and ecosystem services: a stochastic analysis[Z]. [S. l.]: Kiel Working Paper.

LOWE E A, 2001. Eco-industrial park handbook for Asian developing countries[R]. Oakland: Environment Department, Indigo Development.

MAIMAITIYIMING M, GHULAM A, TIYIP T, et al, 2014. Effects of green space spatial pattern on land surface temperature: implications for sustainable urban planning and climate change adaptation[J]. ISPRS journal of photogrammetry and remote sensing, 89: 59-66.

National Research Council, 2010. America's climate choices[Z]. Washington, D. C.: National Research Council.

NICHOLLS R J, HANSON S, HERWEIJER C, et al, 2008. Ranking port cities with high exposure and vulnerability to climate extremes[Z]. Paris: Organisation for Economic Co-operation and Development.

OECD, 2009. OECD regions at glance 2009[Z]. Paris: Organisation for Economic Co-operation and Development.

Office of the Deputy Prime Minister, 2004. The planning response to climate change: advice on better practice [Z]. London: Oxford Brookes University.

PATON F L, MAIER H R, DANDY G C, 2014. Including adaptation and mitigation responses to climate change in a multiobjective evolutionary algorithm framework for urban water supply systems incorporating GHG emissions[J]. Water resources research, 50(8): 6285-6304.

PENG Z R, SHEN S W, LU Q C, et al, 2011. Transportation and climate change[M]// KUTZ M. Handbook of transportation engineering. New York: McGraw-Hill.

RECKIEN D, FLACKE J, OLAZABAL M, et al, 2015. The influence of drivers and barriers on urban adaptation and mitigation plans: an empirical analysis of European cities[J]. PLoS one, 10(8): 1-21.

REILLY J, 1996. Climate change, global agriculture and regional vulnerability[R]. Rome: Food and Agriculture Organization of the United Nations.

ROWE G, WRIGHT G, 1999. The Delphi technique as a forecasting tool: issues and analysis[J]. International journal of forecasting, 15(4): 353-375.

SATAKE A, SASAKI A, IWASA Y, 2001. Variable timing of reproduction in unpredictable environments: adaptation of flood plain plants [J]. Theoretical population biology, 60(1): 1-15.

SERRAO-NEUMANN S, CRICK F, HARMAN B, et al, 2015. Maximising synergies between disaster risk reduction and climate change adaptation: potential enablers for improved planning outcomes[J]. Environmental science & policy, 50: 46-61.

SMITH J B, BHATTI G, MENZHULIN R, et al, 1996. Adaptation to climate change: assessments and issues [M]. New York: Springer-Verlag.

SMITH P F, 2010. Building for a changing climate: the challenge for construction, planning and energy[M]. London: Earthscan.

STAKHIV E Z, 1993. Evaluation of IPCC adaptation strategies[R]. Washington,

D. C. : Institute for Water Resource and U. S. Army Corps of Engineers.

SUAREZ P,ANDERSON W,MAHAL V,et al,2005. Impacts of flooding and climate change on urban transportation: a systemwide performance assessment of the Boston metro area[J]. Transportation research part D:transport and environment, 10(3):231-244.

TITUS J G,PARK R A,LEATHERMAN S P,et al,1991. Greenhouse effect and sea level rise,the cost of holding back the sea[J]. Coastal management,19(2):171-204.

TURNER B L,KASPERSON R E,MASTON P A,et al,2003. A framework for vulnerability analysis in sustainability science[J]. Proceeding of the national academy of sciences,100(14):8074-8079.

TUROFF M,1970. The design of a policy Delphi[J]. Technological forecasting and social change,2(2):149-171.

UN,1994. The united nations framework convention on climate change[Z]. New York: United Nations.

UNFPA,2007. State of world population 2007:unleashing the potential of urban growth[Z]. New York:United Nations Population Fund.

WWF,2009. Mega-stress for mega-cities:a climate vulnerability ranking of major coastal cities in Asia[Z]. Gland:World Wildlife Fund.

ZHAI P M,SUN A J,REN F M, et al, 1999. Changes of climatic extremes in China [J]. Climatic change,42(1):203-219.

第1章图表来源

图 1-1 源自:政府间气候变化专门委员会(IPCC)第四次全球气候变化评估综合报告.

图 1-2 源自:赫磊绘制.

图 1-3 源自:笔者绘制.

图 1-4 源自:中国知网论文检索结果统计(截至 2015 年 7 月 31 日).

图 1-5 源自:科学引文索引(SCI)期刊检索结果统计(截至 2015 年 7 月 31 日).

图 1-6 源自:笔者根据 SERRAO-NEUMANN S,CRICK F,HARMAN B,et al,2015. Maximising synergies between disaster risk reduction and climate change adaptation:potential enablers for improved planning outcomes[J]. Environmental science & policy,50:46-61 资料绘制.

图 1-7 至图 1-10 源自:笔者绘制.

表 1-1 源自:气候变化影响及减缓与适应行动研究编写组,2012.气候变化影响及减缓与适应行动[M].北京:清华大学出版社.

表 1-2 源自:1992 年《联合国气候变化框架公约》.

表 1-3 源自:笔者根据 BEDSWORTH L W,HANAK E,2010. Adaptation to climate change:a review of challenges and tradeoffs in six areas[J]. Journal of the American planning association,76(4):477-495 资料绘制.

表 1-4 源自:笔者根据 EEA,2012. Urban adaptation to climate change in Europe: challenges and opportunities for cities together with supportive national and European policies[Z]. Copenhagen:European Environment Agency 资料绘制.

2 城市化与局地气候变化的耦合关系

2.1 城市化对局地气候变化的胁迫效应

2.1.1 城市化过程

城市被认为是一个以人类行为为主导，以自然生态系统为依托，受生态过程所驱动的社会—经济—自然复合生态系统（马世骏等，1984；王如松，2003）。其中，自然子系统由土地资源、水资源、生物资源和矿产资源等组成；经济子系统包括工业、农业、建筑、交通、贸易金融、信息等；社会子系统包括就业、居住、供应、文化和娱乐、医疗、教育等（焦胜等，2006）。三者在时间、空间、过程、结构和功能层面相互作用，维系着城市的可持续发展，具有耦合作用（图 2-1）。

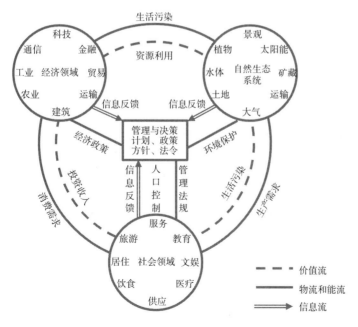

图 2-1　城市复合生态系统的耦合机制

自 20 世纪 80 年代以来,国内外学者相继对城市复合生态系统的结构、演替发展、各要素之间的作用关系、系统流及其运行等展开讨论(Holling,1987;Costanza et al.,1993;宋永昌等,2000;沈清基,2001;曹伟,2004;吕斌等,2006;黄鹭新等,2009),认为其具有如下特征:(1) 不稳定性,表现为城市复合生态系统的净产量越来越高,生物能流在系统内耗散不充分,物质循环不完全,在人们的计划和控制下不断向简单化方向发展;(2) 很强的人工性;(3) 复杂性,组成城市系统的要素是大量且复杂的,经济、社会、自然生态系统的构成元素多样,元素之间相互作用,各个子系统又依赖城市空间表现出不同的特性;(4) 动态开放性,城市发展所依赖的物质和能量需要不断地从外来区域得到补给,系统的开放性越来越明显;(5) 组织和自组织性,需要依赖人工的组织和调控干涉,同时要发挥自然子系统的自组织功能,以维持系统的正常运行;(6) 系统共生性,三个子系统间既独立又协同。

城市化(又称城镇化,都市化)是指人口向城市聚集、城市规模扩大以及由此引起的一系列经济社会变化的过程,其实质是经济结构、社会结构和空间结构的变迁(中国社会科学院《城镇化质量评估与提升路径研究》创新项目组,2013)。不同学科观察城市化的视角不同,但其内涵具有一致性(刘耀彬等,2005)。通常采用城市化率(城镇化水平、城镇化率)来衡量一个特定区域内的城市化发展程度,使用一定地域内的城市人口占总人口的百分比来表示(许学强等,2009)。此外还有整体的评价体系,包括城市发展的若干指标。

本书重点关注人口变化、经济结构变化、城市用地变化和能源消费变化。

(1) 人口变化过程,是乡村人口向城市转移的过程,包括城市常住人口增加、非农人口增加、人口密度增加、流动人口和暂住人口流动、人口结构变化等。

(2) 经济结构变化过程,是产业结构中第二产业、第三产业占比不断提高的过程,包括经济总量、人均经济总量和产业结构的变化和升级等。

(3) 城市用地变化过程,表现为建设用地的增长、耕地等生态用地的减少;城市建筑的数量和密度的增加,以及城市下垫面的改变,城市地下空间的利用等。

(4) 能源消费变化过程,是城市经济和社会发展产生的对化石燃料需求不断增大的过程,包括城市产业部门、交通、建筑、居民生活等各个方面。

美国地理学家诺瑟姆(Northam)把世界城市化进程分为城市化发展起步、中期城市化、城市化发展加速三大阶段(方创琳等,2008)。1949 年到 1978 年党的十一届三中全会以前,我国的城市化发展过程相当缓慢,城市化率由 11.2% 上升到 19.4%,城市化对非劳动力的吸纳能力很低。1978 年改革开放以后的城市化在国民经济高速增长背景下迅速推进(赵新平等,2002)。预计到 2050 年,城市人口约达到 10 亿人,城市化率达到

72%(图 2-2),城市化将成为 21 世纪世界经济增长与社会发展的两大驱动要素之一(顾朝林,2003)。城市化的快速发展、对化石燃料的需求加快了温室气体排放,这是导致全球气候变化的主要原因。

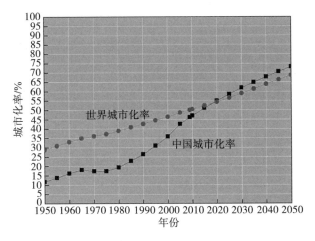

图 2-2　世界及中国的城市化率变化情况

城市化过程中产生了大量的温室气体,引起了局地气候变化,反过来城市系统又受到局地气候变化的影响,对气候变化形成响应(Boswell et al.,2010),其关系见图 2-3。这三者的关系可以归纳为城市化对局地气候变化的胁迫、气候变化对城市系统的影响、城市对气候变化的适应三个方面。

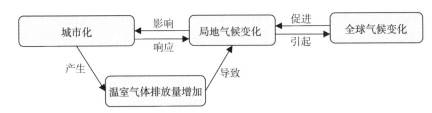

图 2-3　理解城市化、温室气体排放与气候变化之间关系的框架

2.1.2　城市化过程中的碳排放

导致全球平均气温变化的原因是复杂多样的,包括太阳活动强度的变化、大气气溶胶浓度的变化、土地利用方式的改变与土地覆被状态的变化和海洋的作用(IPCC,2007;Ruddiman,2007)。其中土地利用方式的改变和大气气溶胶浓度的变化都与人类活动造成的能源消费有关,其中城市大约消费了世界 60%—80% 的能源(IEA,2008)。过去 100 多年来,全球平均气温上升了 0.74℃,与此同时,人类向大气中排放了大量的二氧化碳(CO_2)和其他温室气体,大气二氧化碳(CO_2)当量浓度增加了 60% 左右(丁仲礼,2009)。

城市碳排放的来源可以分为工业、居住、交通、商业、电力等。能源消费以及因此而产生的碳排放主要受电力生产方式、能源在家庭中的用途以及人们在城市中出行的方式所驱动。以美国为例,瓦肯(Vulcan)项目是由美国国家航空航天局和美国能源部出资,在《北美碳计划》中实施的一项按照比以往更加细小的空间和实践尺度对北美地区化石燃料二氧化碳(CO_2)排放量进行量化研究的项目,其结果表明美国 2008 年约 2/3 的排放量来自城市的电力和道路运输活动,另外 1/3 由工业和居民消费产生。出台减碳政策,包括提倡绿色建筑、减少通勤出行和发展公共交通政策,鼓励家庭提高能源使用效率,均会对碳排放量产生刺激作用。减少二氧化碳(CO_2)人为排放主要考虑三个变量,即人口变化趋势(决定了居住与商业能源消耗)、社会发展阶段和能源结构(决定了工业、交通、电力能源消耗)、城市空间布局(决定了碳排放的强度和空间分布)(龙惟定等,2011)。这三个变量与城市化过程交织于一体,本质是对城市发展模式和路径的反思与控制。

城市空间尽管不是碳排放的直接来源,但是其中的土地利用、建筑建造、交通出行等的变化,使得其与碳排放具有密切的关联。很多研究指出城市空间密度越高,其人均电力消费、交通碳排放量、碳排放量相对较低(OECD,2009;刘超等,2012),但是由于不同城市的产业结构、人口、交通结构等不同,很难单独研究城市空间密度与碳排放之间的确切关系,也有研究表明两者关系不明显(Heinonen et al.,2011)。仅从建筑材料、建造过程和交通使用的能耗来看,对于同等性质的社区,高密度的空间人均耗能远远低于低密度的空间。如表 2-1 所示,多伦多市高密度社区的年人均建筑运行能耗是低密度社区的 55%,年人均私人汽车能耗是低密度社区的 27%(Norman et al.,2006)。控制城市的无序蔓延、提高城市紧凑度有助于减少碳排放(Ewing et al.,2009)。

表 2-1　多伦多市高密度社区与低密度社区的能耗比较

能耗	年单位土地面积能耗/(MJ·km⁻²)		年人均能耗/MJ	
	低密度社区	高密度社区	低密度社区	高密度社区
建筑材料隐含能耗 (50 年寿命)	91.5	109.3	7 365	4 678
建筑运行能耗	619.0	643.0	49 800	27 500
私人汽车能耗	341.0	175.0	27 500	7 490
公共交通能耗	16.5	9.1	1 300	390

城市空间形状与碳排放之间也存在着一定的相关性(Ewing et al.,2008;Fong et al.,2008)。城市空间由于受地形地貌的影响,各个城市表现出不同的形状特征。城市空间形状可以从交通通勤、建筑布局等方面影响碳排放,不同的城市空间形状有着不同的碳排放强度。王志远等(2013)以我国 35 个城市为样本,采用博伊斯—克拉克(Boyce-Clark)方法测度了

2000 年和 2009 年各城市的形状指数,利用碳排放计算模型对各城市的碳排放量进行了计算,得到了单位建成区面积和碳排放强度,并分析了城市空间形状与碳排放强度的耦合关系。城市空间形状的形状指数是指采用指数方式定量分析不同形状的区别,如圆形、方形、星形、带形、菱形、不规则形等。博伊斯—克拉克(Boyce-Clark)方法的内涵是基于半径的测度,将研究城市的边界形状与标准圆形做对比,得到一个相对指数,也称之为半径形状指数。研究表明,城市空间形状指数与单位土地面积碳排放量表现出正线性相关的对应关系,即城市空间形状指数越大,说明城市空间形态越不规整,单位土地面积碳排放量越多。因此减小城市空间形状指数,规整紧凑型发展,对降低城市单位面积碳排放量具有重要意义(王志远等,2013)。

土地利用方式的改变也是造成气候变化的原因之一。土地利用方式的改变首先会引起土地覆被的变化,继而导致下垫面性质(包括地表反照率、粗糙度、植被叶面积指数和地表植被覆盖度)发生了明显改变,打破了原有的热量分布平衡,产生了地方尺度的气候变化。另外,土地表面植被覆盖的变化对蒸发作用甚至对成云致雨都有影响。根据不同的尺度范围,土地利用方式的变化可以影响到全球的能量平衡并至少在地方尺度上影响水分的分布。通过地球表面各种尺度和各种圈层之间的相互作用,土地利用对小的地方尺度上的气候影响可以传递扩大到更大的尺度甚至全球范围。其中,城市的热岛效应就对全球温度升高有极大影响。

此外,城市空间形态与能耗具有一定的关联性(龙惟定等,2011),其中建筑布局是城市空间形态要素之一。不同的建筑布局、朝向、体形参数、建筑密度,其能效也具有一定的差异。

2.1.3 城市化对局地气候变化的胁迫

胁迫,顾名思义就是威胁强迫的意思,被广泛应用于人类活动对于生态环境的干扰与影响破坏这一语境下(苗鸿等,2001;梁川等,2009);生态环境胁迫是指人类活动对自然资源和生态环境构成的压力(苏志珠,1998)。城市化对局地气候变化的胁迫过程就是指城市化过程对局地气候系统构成的压力和影响,表现为城市热岛效应、城市雨岛效应、城市干岛效应、城市浑浊岛效应等(王宝强等,2019)。

1) 城市热岛效应

大量研究发现,城市中心地区近地面温度一般明显高于郊区及周边乡村(Quattrochi et al.,2000;Streutker,2003;Giridharan et al.,2005),这一现象被称为热岛效应。城市热岛效应是城市化和天气气候条件共同作用的结果,与城市人为热量释放、下垫面性质和结构、植被覆盖、人口密度、天气状况等有密切关系(Gillies et al.,1995;Kidder et al.,1995)。城市规模的扩大、工业耗能、机动车的大量使用、制冷制热系统等的使用都加剧了城市热岛效应(曾侠等,2004)。城市可以采取一定缓解措施来缓解热岛效应(图 2-4)。

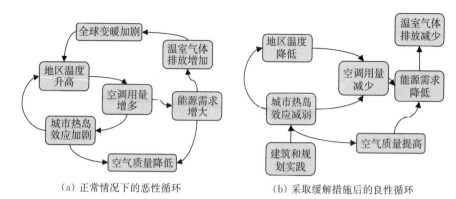

（a）正常情况下的恶性循环　　　　　（b）采取缓解措施后的良性循环

图 2-4　热岛效应与气候变化的关系图

2）城市雨岛效应

一些观测和模式研究表明，城市化会增加城区及其下风方向的降水量（Diem et al.，2003），这种现象被称为城市雨岛效应，在墨西哥城、亚特兰大、上海等城市的研究中都予以证明（Jauregui et al.，1996；Shepherd et al.，2002；Guo et al.，2006）。城市雨岛形成的原因是，由于城市热岛效应，空气层结不稳定，易产生热力对流，增加对流性降水；高密度分布的建筑物，不仅能引起机械湍流，而且对移动滞缓的降水系统有阻碍效应，因而导致城区的降水增多，降水时间延长；城市空气中的凝结核多，工厂、汽车排放的废气中的凝结核也能形成降水。但是城市化对降水量的影响是增加还是减少仍然存在争论，有些研究甚至得出相反的结论，美国西海岸城市群（Givati et al.，2004）、我国珠三角（Kaufmann et al.，2007）和北京（孙继松等，2007）等局部地区降水减少的情况则论证了罗森菲尔德（Rosenfeld，2000）的研究理论：在工业区和城市群空气污染排放源的下风方向，大气污染物转化而来的冰核和云凝结核的加入，使层状云产生了更多的小云滴，云滴谱的分布更加均匀，从而降低了云水向雨水的转化效率，使城市下风方向的降水受到抑制。

3）城市干岛效应

由于城市特殊的下垫面和人为因素的影响，城市的绝对湿度和相对湿度的日振幅比郊区大，白天城区的绝对湿度和相对湿度比郊区低，形成干岛；夜间城区的绝对湿度和相对湿度比郊区高，形成湿岛（周淑贞等，1996）。城市干岛的形成主要有两个方面原因：一方面，城区下垫面大多是不透水层，降水后雨水很快流失，因此地面比较干燥；另一方面，城区植被覆盖率低，蒸散量比较小。城市热岛效应也使城区的动力湍流和热力乱流都比郊区快，在水汽含量不变的条件下将使饱和水汽压增加，最终造成城区低空大气中的水汽含量低于郊区，形成城市干岛（任春艳等，2006；刘红年等，2008）。城市干岛和城市热岛相互促进，反而使城区大雾较郊区趋于减少（何萍等，2004）。

4）城市浑浊岛效应

随着城市工业的发展和城市规模的扩大，人类活动排放的各种大气污染物悬浮在空中，对太阳辐射产生吸收和散射作用，降低了大气透射率，并削弱了到达地面的太阳直接辐射，使大气能见度减少，形成城市浑浊岛效应（马雁军等，2005）。霍瓦特（Horvath，1995）对欧洲能见度的研究表明，乡村能见度好的地区可达到40—50 km，城市由于人为活动能见度会明显降低。郑曼婷等（Cheng et al.，2000）分析了1950—2000年我国台湾地区城市、沿海郊区和偏远地区能见度的变化趋势，结果表明城市能见度从20世纪50年代的25 km下降到90年代的8—10 km，沿海郊区下降到12—15 km，偏远地区能见度为25—30 km。由于空气污染，河北省11个城市的大气能见度在1960—2002年均显著下降，其中夏季下降的幅度最大（范引琪等，2005）。影响大气能见度的人为因素是污染物排放所造成的空气污染，其中大气颗粒物特别是细颗粒是造成能见度下降的主要原因（张浩等，2008）；自然因素是各种天气现象，如降水、雾、大风、沙尘暴、扬沙等。

2.2 气候变化对城市系统的影响

气候变化对城市复合生态系统的影响是多方面的。从对城市复合生态系统影响的子系统来分，可以分为经济影响、社会影响和自然生态影响。从受影响的各要素间又产生链式交互影响来分，可以分为直接影响和间接影响（葛庆龙，2004），其中直接影响主要集中在非生物因子和生物因子构成的自然生态子系统，间接影响主要是对人类生产和生活的影响，体现的是对社会经济子系统的影响。从影响的城市系统各部门来分，可以分为水资源影响、能源影响、人类身体健康影响、城市基础设施影响等。图2-5反映了气候变化对城市复合生态系统的各种影响及其关联（王原，2010）。其中沿海地区对于气候变化更为脆弱（CCSP，2009；董锁成等，2010）。海平面上升、热浪、干旱、物种入侵和疾病传播等很多影响会随着不同城市条件的不同而发生变化，如地理条件、人口规模及组成、空间开发强度和模式、经济状况以及当前发展程度等（Hunt et al.，2010；Hallegatte et al.，2011a）。

2.2.1 高温影响

气温的大幅上升和热浪发生频率增加将会给城市带来一定的风险。未来可能出现热浪严重程度增强和持续时间延长的现象，从而提高高温天气死亡率。受热岛效应的影响，城市地区对这种变化更为敏感，这与城市建筑物对辐射的交叉作用、不渗漏地面的低反射率和地表蒸发减少有关。有学者研究指出，城市热岛效应会使城市地区的温度比周边农村地区的温度高出3.5—4.5℃，而且这一温差预计每10年会增加1℃左右（Voogt，

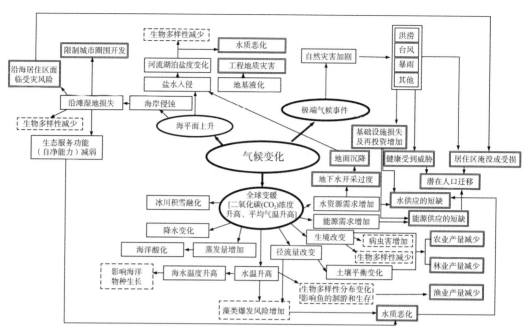

图 2-5　气候变化对城市复合生态系统影响的关系网络模型

注：单线框为一级影响；虚线框为二级影响；双线框为三级影响。

2002）。对于大都市地区而言，城市和周边地区的温差可能更大。建筑物和道路等建成环境吸收太阳光热和二次热辐射，加上植被覆盖率低，不能提供充分的遮阳和降温湿气，在上述所有因素的推动下，城市地区会变得更热，也更易受到危险的高温事件的影响。欧洲城市与周围农村环境相比，城市空气的温差可高达 10℃ 以上（Oke，1982），即使是小城市也具有一定的热岛效应（Steeneveld et al.，2011）。据估计，未来欧洲城市将出现平均气温升高而等量南移的情况（Hiederer et al.，2009）。

城市高温的主要影响是公众健康，包括因热死亡、因饥荒死亡、非传染性健康问题以及传染病传播等（Seguin et al.，2008）。例如，2003 年夏，欧洲中西部地区的热浪造成 7 万余人死亡（Hallegatte et al.，2016）；2010年，欧洲东部强热造成约 5.5 万人死亡（EEA，2012）；2013 年，上海由于高温非职业性死亡人数至少有 10 余人。高温会对人们产生心理影响，增加暴力倾向；会造成水污染、疾病传播、水资源短缺；极端高温会降低生产力，增加医院服务压力，引起夏季的交通运输网络故障、电源故障等；会改变病媒传播的方式（EEA，2012）；会触发城市的空气质量问题，通过地面形成的炎热天气加剧臭氧污染，且与干燥天气结合使得空气中的颗粒物质浓度增加（Aron et al.，2001）。

2.2.2　洪涝影响

全球变暖和城市化进程的加快促使城市水土流失严重、暴雨频发，所引起的洪灾损失逐年增加(聂蕊,2012)。城市的洪水类型包括:河流洪水、山洪、沿海洪水、城市排水洪水和地下水洪水。欧洲因洪水和风暴遭受了巨大的经济和社会损失,如 2002 年洪水造成了 6 个欧盟成员国超过 10 亿美元的经济损失(EEA,2012)。从具体影响来看,洪涝可造成居住区、商业和公共建筑、空间和设施、交通基础设施、公共设施和网络(电力、通信、燃气、供水等)的损害;造成电力网络、通信网络、交通、机动车、自行车、紧急服务的中断;造成死亡,或因接触受污染洪水引起的健康问题,受潮和真菌感染,身体关节障碍等疾病;对消防、电力、给排水、水利等应急系统产生不利影响。

2.2.3 海平面上升的影响

20 世纪全球海平面上升的速度远远大于以往,达到 1.7 mm/a (Woodworth,1999),而近 10 多年来达到 3.1 mm/a(Bindoff et al.,2007)。尽管每个地区的海平面上升存在争议和不确定性(Blum et al.,2001;Donoghue,2011),但是其趋势是肯定的。其中海平面上升将导致海岸线后退(Bruun,1962;Titus et al.,1991),1 m 的海平面上升将导致50—100 m 的海岸线后退(Walsh et al.,2004;Saha et al.,2011)。在海平面上升过程中,对沿海湿地共有淹没、侵蚀、冲积、饱和、吸积五种物理作用(表2-2)(Clough et al.,2010)。

表 2-2　海平面对沿海地区的五种影响作用

过程	解释
淹没	是海平面垂直上升后,近海滩涂和一部分盐沼变成水域的过程
侵蚀	海水入侵造成河口湿地性质发生的变化
冲积	由于风暴的影响,距离海岸 500 m 以内的湿地和岛屿发生的沉积和变化
饱和	沿海沼泽和净水湿地由于地下水位的变化向邻近高地的迁移过程
吸积	有机物和无机物表面积累造成的沼泽垂直上升过程

海平面上升提高了风暴潮发生的频率和强度(Morton et al.,2004),给湿地造成了损失等(Nicholls,2011),从而给经济发展(Yoon,2012;Oliver-Smith,2009)、水资源供应(Titus et al.,2009)、基础设施建设(Bloetscher et al.,2012)、历史文化保护(IPCC,2001)带来了安全隐患。如美国海平面上升对沿海高程、海洋、湿地、生物种群、人口、土地利用、基础设施均有影响(Stanton et al.,2007;Ackerman,2009;Fitzgerald et al.,2008)。美国国家海洋和大气管理局发布了在线海平面上升可视化界面,并初步评估了海平面上升对经济、社会、环境的影响。我国则已经在部分地区开展了海平面上升的风险和脆弱性评估(段晓峰等,2008;崔利芳等,2014)、社会经济和生态系统服务的影响(于子江等,2003;覃超梅等,

2012)、海岸带湿地的生态效应(李恒鹏等,2000)、人类活动对海岸带的影响(任美锷,2000)等研究。

2.3 城市对气候变化的适应

"响应"原指系统受到外部作用时产生的回应、反应。"机制"一词,最早源于希腊文,指机器的构造和工作原理,把机制的本义引申到不同的领域就产生了不同的机制,如生物机制、社会机制、经济机制、市场机制、企业经营机制、财务机制、管理机制等。"响应机制"可以理解为系统对外部作用做出反馈和回应的原理。"城市对气候变化的响应机制",意思就是城市系统在受到气候变化的影响过程中,所采取的一系列政策、措施达到适应气候变化的原理。在城市发展过程中已经形成了一系列政策、技术、方法等措施,能够对外界和内部的自然和社会环境变化,趋利避害,形成一定的响应机制,包括对气候变化的影响予以响应,这种响应机制是建立在城市化与气候变化的耦合关系认知基础上的。根据应对气候变化的不同措施,可以分为减缓和适应两种响应措施。鉴于本书的研究重点,下文将阐述城市对气候变化的适应。

2.3.1 城市化与气候变化的耦合关系认知

在城市发展过程中,必然会对周边的生态环境系统产生影响,消耗大量的资源和能源,不能像自然生态系统形成自我生产、自我消费的机制那样而达到系统平衡,于是产生了各种城市基础设施,以降低这些负面影响。城市稳定和繁荣依靠的是可提供固体废弃物处置、雨污水处理、大气处理、土壤处理、交通、供水、能源和环卫等的基础设施网络。生态临界值也称生态阈值,是指当环境压力超过某一水平(阈值)时,影响会急剧增大,用以表征人为或自然压力对生态或生物系统的非线性反映(Huggett,2005)。虽然某些环境影响具有潜在的"可逆性"(可以将环境状况恢复到之前的状态),在很多地区情况并非如此(环境一旦恶化,环境价值便永久失去)。环境影响是多变的,它们不仅经常呈现出非线性和累积效应,而且可能达到生态临界值而致使环境遭受不可逆转的损失(OECD,2008),这就需要对城市基础设施提出不断调整的要求。

自城市产生之日起,人口规模就在不断扩大,之所以气候变化在漫长的城市发展史中不是一个极为重要的挑战,就是因为气候变化的不利影响没有超过这一"临界值",城市化与气候变化处于自然协调的阶段。然而,自工业革命以后,城市化的快速推进加剧了气候变化,形成了城市热岛、雨岛、干岛、浑浊岛等效应;反之,这些环境问题给城市的生产和生活带来了不同程度的损害。尽管生态临界值并未被超过,但是由此带来的生态灾害则引起了人们的重视,使人们不得不重新审视过去200多年的发展模式。

这个阶段城市化与气候变化处于拮抗胁迫阶段。认识到人类自身活动对气候变化的影响,目前低碳行动纷纷展开,地方的适应性实践也在逐步推进。城市化和气候变化之间所存在的相互作用、相互影响的关系,即"耦合关系"。耦合这个术语在物理学、电子学、计算机科学、概率论、信息计量学等不同学科领域都有相关的定义,从广义上来理解,耦合就是两个或两个以上的实体相互依赖于对方的一个量度,也是事物之间各因素的相互关联(杜晖,2013)。对气候变化与城市化之间的耦合关系的理解是比较复杂的,广义上包含了城市化对气候变化的胁迫、气候变化对城市的影响和城市对气候变化的适应三个方面,实际上如果探讨气候变化各种要素与城市化各关联要素之间的关系,那么它们就是多元的、非线性的关系,采用"耦合关系"一词利于将这种复杂化关系从理论上简单化理解。城市化与局地气候环境之间的动态耦合关系可以用环境库兹涅茨曲线表示(王原,2010)。

基于该理论假设,结合城市化发展阶段特征以及城市化与局地气候变化之间的交互胁迫关系,王原(2010)推测城市化与局地气候变化之间的交互耦合过程主要经历以下三个演化阶段:

(1)自然协调阶段:一般处于城市化初期,城市人口增长和经济发展缓慢,对城市用地和能源需求较少,城市规模较小,尚未达到累积城市局地气候效应的阈值,城市化对局地气候的胁迫效应不显著。

(2)拮抗胁迫阶段:一般处于城市化加速发展阶段,城市化快速推进,人口增长和工业化进程加速,城市建设用地和化石能源消耗显著增长,城市化对局地气候的生态压力明显增大,城市局地气候呈现急速加剧趋势。

(3)生态耦合阶段:一般处于城市化的成熟发展阶段,城市化发展表现为产业结构和能源结构的升级和优化,清洁能源和技术的广泛应用,城市生态环境状况不断好转,城市发展转向以低碳城市模式为主的可持续发展阶段,城市化对局地气候变化的胁迫效应呈现减缓平稳的趋势特性。

以上仅仅是一种理论假设,但是实际情况也许并不会如此乐观,因为影响气候变化的不仅有人为因素,而且有自然因素,对自然因素的变化人类往往是无能为力的;即使是控制人为活动,尤其是对碳排放的控制,在当前要在全球各个国家、地区之间达成一致,往往是捕风捉影的事情,对发展中国家而言也缺乏环境正义。因此,可以断定,随着全球城市化的进一步提高,城市化和局地气候环境的胁迫效应在相当长的时间内仍将加剧。为此,从地方层面尽快建立城市对气候变化的适应机制是当务之急。

2.3.2 城市对气候变化适应的必要性

面对气候变化的加剧,城市不作为的代价是惨重的,往往造成了大量的人员伤亡和经济损失,进一步影响了城市的可持续发展。为此,城市必须采取一定的适应途径来减缓矛盾的产生。

气候变化适应的必要性和紧迫性表现在以下几个方面:① 气候变化是不可能完全避免的,而且人类对气候变化的响应需要时间。② 气候变化所引起的各类环境变化可能比预期的更快、幅度更大、影响范围更广。③ 有计划和有预防性的适应比被迫性、临时性和应急性的适应或事后补救更有效、成本更低、风险更低。④ 应对气候变化、提高适应性管理水平,有赖于大幅度提高经济效益和社会效益,这些效益一方面可以从更好地积极应对极端气候事件中获得;另一方面可以从去除不适应的政策、行为和制度中获得。⑤ 适应气候变化、更好地了解气候变化在带来威胁、负面影响和挑战的同时,也带来了重大机遇(刘燕华,2009)。

探讨城市对气候变化的适应机制,首先必须明确以下问题:气候变化适应的对象、气候变化的适应者、气候变化的适应行为、气候变化适应的效果评价。这四个要素分别回答了"适应什么""谁或什么适应""适应如何产生""适应的效果如何"一系列问题(刘燕华,2009),概念性的框架示意图如图 2-6 所示。

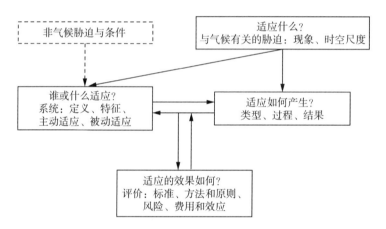

图 2-6　适应性概念框架示意图

城市对气候变化适应的对象主要是全球变暖及其可能带来的各种连锁反应。城市对气候变化的适应者是城市复合生态系统,包括城市的经济、社会、自然生态子系统的所有生物和非生物、人口在内的所有要素。适应的目的是通过降低城市系统对气候变化的脆弱性,降低不利影响,增强有利影响,规避风险。气候变化的适应行为是构成气候变化适应机制的主要内容,包括主动减缓气候变化行为,通过适应能力来提升相关活动、建设和行为,发生气候变化灾害时减轻损失的行为等,也包括发挥自然生态系统的生态系统服务功能。适应气候变化追求的是以有限的投入,换取最大的社会效益、经济效益或最小的损失。适应的效果评价指标就是损失的最小化。人类有能力选择危害最小、利益最大的适应方式,因此适应行为可以是自发的或有计划的(田青,2011)。

2.3.3　城市适应气候变化的主体

适应气候变化的关联因素越来越多,如社会发展政策(Smithers et al.,1997)、减缓影响(Tol,2005)、水资源系统(Dessai et al.,2007)、建筑设计(Teo et al.,2011)等。适应气候变化的研究视角从自然生态脆弱性转向更为广泛的社会经济脆弱性及人类的响应能力(段居琦等,2014),这也对气候政策产生了一系列影响,气候变化、影响、适应及社会经济过程不再是一个简单的单向线性关系,需要纳入统一的系统框架下予以认识和理解(巢清尘等,2014)。城市对气候变化适应的目的是通过分析这些关联因素,对城市社会、经济、生态系统有计划、有步骤地积极调整,在对已经发生和预计可能发生的全球和局地气候变化及其造成的影响有充分认识的基础上,增强城市地区抵御气候变化的能力,减少损失并提高抗击灾害的能力,确保城市地区的可持续发展。

气候变化的适应者是指人类社会及其支撑系统构成的人类圈,既包括自然生态系统,又包括与人类活动相关的城市和乡村生态系统。城市适应气候变化的主体可以分为国家、地方、私人、公众等多个部门。其中,城市政府是城市气候适应的核心。对于不断增加的暴露度和敏感度,以减灾为核心的城市灾害风险管理是适应建设的坚实基础。改善基本服务不足的状况、建设具有恢复力的基础设施系统,可以有效降低城市地区的脆弱度和暴露度(刘绿柳等,2014)。城市适应的主要资金是适应开展的基本保障,来源于国家、地方、私人、公众等众多领域,但不同来源资助所获取的数额和投入领域不同,如国家对城市防灾设施的建设投入多于对金融系统的投入,这是由政府公共属性决定的。在城市适应气候变化的过程中,要加强地方政府和社会的沟通,与私营部门协同作用,扩大融资来源,加大对低收入群体和脆弱群体的扶持力度,这些都是有效适应气候变化的保障。

城市适应气候变化的主体构成领域可以分为城市经济系统的适应、城市社会系统的适应、城市基础设施系统的适应和城市生态系统的适应。其中,城市经济系统的适应主体是个人和企业,城市社会系统和基础设施系统的适应主体是政府和公共社会部门,城市生态系统的适应主体是自然生态系统的构成因子。

2.3.4　城市适应气候变化的方式

气候变化适应的对象包括适应气候变化的方式、强度和频率,如平均温度、降水、海平面上升的气候长期变化趋势,热浪、洪水和干旱等极端气候或水文事件的幅度和频度。上述气候变化对人类系统有直接影响和间接影响等。因适应气候变化的区域差异,针对不同的适应对象所采取的适应措施也不相同。

尽管采取了各种减缓温室气体排放的措施,但是全球气候变化不可能完全避免,且人类对全球气候变化做出反应需要一定的时间。适应所针对的主体是人类系统,目的是通过改变人类社会的脆弱性而降低全球变化的不利影响,强化其有利影响,规避全球变化带来的风险。从经济上说,适应是指以有限的投入换取最大的收益或最小的损失,适应的方式是多样的,所需的成本和取得的效果因适应方式的不同而各不相同。人类有能力选择危害最小、利益最大的适应方式,因此,适应行为可以是自发的或有计划的,适应在时间上可以抢在全球变化达到某一临界值之前,也可以发生在变化之后(杨达源等,2005)。

对气候变化适应的理解,一是在过程、措施或结构上改变,以减轻或抵消与气候变化相关联的潜在危害;二是利用气候变化带来的机会,包括降低社会、地区或人类活动对气候变化和变率的脆弱性的影响(Burton,1992;Stakhiv,1993)。城市系统对气候变化适应的方式可以分为城市的主动适应、被动适应和自适应。

主动适应是指城市对已经发生和预计发生的气候变化做出相应的改善和采取相应的调整措施,以降低未来气候变化带来的负面影响或规避不必要的风险,如各城市制定的气候变化战略规划、低碳发展规划等。主动适应能够对预先判断的气候变化事件做出积极回应,尽可能规避风险,但气候变化的不确定性往往给策略制定带来困难。从城市发展战略方面来看,主动适应应该得到极大提倡。

被动适应是指城市对已经观察到的气候变化现象做出的调整和应对,发生在气候变化事件之后。被动适应常见于对极端气候所导致的灾害的处理过程中。例如,对上海市防洪堤长度和降水的变化情况进行比较(图2-7),结果表明,上海在 2000 年、2001 年的防洪堤长度都较短,自 2001 年发生了 1 367.1 mm 的较大降水量后,2002 年的防洪堤长度增加了近 700 m;而 2002 年发生了 1 388.2 mm 的较大降水量(为 2000—2013 年 10 多年的最高值),防洪堤长度在 2003 年没有增加,这说明 1 136 km 的防洪堤基本能够满足防洪的需求,同时该长度也是这 10 多年来防洪堤的最长值。而随着雨水量的减少,之后防洪堤在一定程度上有所缩减,这是被动适应的一个典型案例。

自适应是指城市某子系统对于气候变化能够自动调整内部结构,以降低气候变化的不利影响或适应新的气候变化。生态系统具有对气候变化的自适应机制,能够发挥气候调节、水文调节、涵养水源等方面的生态系统服务功能,改善局地的气候变化趋势,降低气候变化的影响。城市自适应机制往往与城市防灾相结合(欧阳丽等,2010)。城市各种防灾规划的制定即是一种自适应方式。政府间气候变化专门委员会(IPCC)进一步提出了增量适应和转型适应的概念,以进一步分析在适应措施制定和行动的过程中可能产生的一系列影响(姜彤等,2014)。

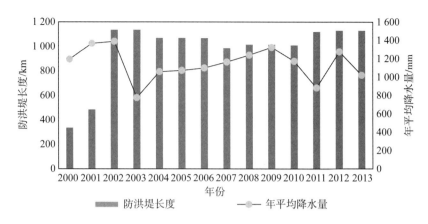

图 2-7　2000—2013 年上海市防洪堤长度与年平均降水量的变化情况

2.3.5　城市适应气候变化的途径

有效运转的城市基础设施以及健康的环境与适应气候变化直接关联。交通运输、能源和通信基础设施等物质基础设施以及卫生健康、政府和教育服务设施等社会基础设施在城市地区是互相高度依赖的(Hitchbock，2009)。基础设施不仅对适应气候变化至关重要，而且对气候变化异常脆弱。基础设施系统一旦遭到破坏，便会导致城市运行效率低下，经济发展速度放缓，给地方经济和国家经济带来负担。城市的基础设施一般并非专门针对极端事件而设计，因此在现有基础设施的设计开发中需要考虑新的气候变化问题并对其加以优化和完善。总体来看，城市基础设施可以分为两类：① 灰色基础设施，是指"物质干预或者建设措施，即利用工程性的建筑或基础设施确保社会经济系统更有能力抵御极端事件"(EEA，2012)。② 绿色基础设施，是指提供生态系统服务的植被区域和要素，例如公园、花园、湿地、自然保护区、绿色屋顶和墙体、森林等，致力于增强生态系统的弹性，防止生物多样性损失、生态系统服务能力降低，恢复水循环等(EEA，2012)。例如绿色屋顶、提高森林覆盖率和采用透水性、浅色表面等就是减缓热岛效应的绿色基础设施途径。

比基础设施途径更为重要的措施可能是软措施，即相当于"政策应用和设计以及实施的过程"，还有"土地利用控制、信息传播和经济激励"等(EEA，2012)，它们是促进灰色基础设施或绿色基础设施建设的政策保障。简单理解，就是各种应对气候变化的政策、技术、机制、系统等，其是保障城市基础设施运行的基础，与人们的观念、经济社会发展程度、信息技术等均有关。有效的气候变化适应机制必然是以高效的软措施为保障。表 2-3 列举了若干对高温、洪水、缺水和干旱、海平面上升予以适应的途径。

城市空间是各种基础设施布局的载体，在适应气候变化方面具有重要作用。正如城市化过程中的碳排放及其对局地气候变化的胁迫中所述，城市局地气候变化的形成与城市空间具有很大的关联。实际上无论是城市化对气候变化的胁迫，还是气候变化对城市复合生态系统的影响，都是通过空间载体予以传达的。对于某一地域范围而言，城乡土地利用类型和数量、城市范围内的产业结构和空间布局、人口密度和建筑密度分布、建筑布局方式等的差异，均会产生不同的局地气候变化影响。从灾害学的视角来看，城市空间既是形成气候变化的孕灾环境，又是气候变化灾害的承载体。气候变化对城市空间的影响与城市土地利用和各种设施的空间布局关系极大。如对于生产空间，气温上升主要增加了能源需求量；对于生活空间，气温上升会影响人体健康、提高能源需求等；对于生态空间，气温上升会影响植物生长、降低生物多样性等。根据这些影响，我们往往将各种城市基础设施在城市空间上进行针对性的布局，以减轻可能产生的灾害。但是，具有空间相关性的灾害所引起的灾害风险的空间影响范围总是局限在某一区域中，有规律或者无规律地威胁到这一区域的内部空间，却不会对区域外部的空间产生影响；而非空间相关性的灾害所引起的灾害风险则会在任何地方发生，与空间范围没有直接的关系。气候变化带来的灾害是长远的，同时也是具有空间相关性的（聂蕊，2012）。通过对城市空间的优化，以及以其为载体的规划、建造、能源（Smith，2010）、交通等系统的改善，在一定程度上可以极大地缓解气候变化的负面效应。

表2-3　城市对若干气候变化的适应途径

挑战	城市系统的适应途径
高温	① 灰色基础设施，包括：建筑保温确保内部凉爽；提供遮阴的百叶窗；建筑物冷却；考虑庇荫的设计；保证城市空间的通风；减少空气污染物的排放 ② 绿色基础设施，包括：绿色的城市地区，树木，绿色的墙体和屋顶；确保城市外围新鲜空气可以流入城市的相应设施 ③ 软措施，包括：提升公众的认知度和参与度；绘制城市热岛和阴凉地方的地图；识别弱势群体及其分布；建立预警系统；制订防热行动计划；建立健康和社会保健系统体系；在热浪期间，特别向弱势群体提供应对信息；制订适应热浪的建筑法规；通过市区重建项目和城市规划降低热浪的影响；减少空气污染的运输管理费用
洪水	① 灰色基础设施，包括：通过适当的材料和设计提高新建筑物和基础设施的抗洪能力；升级和维护排水系统；建立临时蓄水设施；分流制排水；抬高入口、建设屋顶花园、临时水存储、斜面房屋等创新性设计；建设防洪坝、防洪堤 ② 绿色基础设施，包括：尽量减少、避免不渗透表面；建设公园、花园、湿地、绿色屋顶等；维护和管理户外绿地，保留泄洪区、农田、森林等；河流和湿地自然化 ③ 软措施，包括：发布洪水风险地图和信息；建立预测和预警系统；提高应对洪水的能力；在洪水易发区禁止建设，保留蓄洪绿地；制订洪水风险管理计划；雨水管理；指导居民行为，如不将贵重物品存放于地下室；提高建筑防洪规范标准；税收和奖励政策，如对处理废水的物业提供奖励；赔偿损害保险

挑战	城市系统的适应途径
缺水和干旱	① 灰色基础设施,包括:节水设备;中水回收;地下水补给;雨水收集系统;偏远地区的水供应管道;海水淡化厂 ② 绿色基础设施,包括:通过湿地存储雨水并在后续使用;维护和管理城市内外的绿地,确保蓄水功能发挥;种植适于干旱条件的植物 ③ 软措施,包括:制作气候变化不同情景下的干旱风险和可利用水区划图;建立预测和预警系统;普及节约用水的知识;提高用水税率;水的使用限制;制订干旱和水管理计划;建立应急供水的组织
海平面上升	① 防护策略,包括结构性和非结构性防护。结构性防护就是通过工程技术和建设项目来保护海岸线,防止海岸线后退,包括建设隔离壁、海堤、大坝、防洪堤、护岸等,这是一种直接的防护方法,但是施工成本高、对生态环境的影响大。非结构性防护措施包括人工育滩、沙丘和沼泽建设等,即在湿地或城市建成区外围人工培育沙滩或种植湿地植物,作为海水侵蚀的缓冲区,从而保护现有湿地和建成区 ② 适应策略,是在承认海平面上升及其影响的基础上,加高建筑物、拓宽道路等,或者保持现有的用途不变,随时间用途发生变化(滚动性使用)等,即能够适应海平面上升所产生的一系列影响的策略 ③ 后退策略,是指为了降低淹没的影响,将人口和生态系统从高风险区内予以迁移,或者购买高风险区域用地产权并将其划定为非建设区,从而将自然灾害的影响最小化

第2章参考文献

曹伟,2004. 城市生态安全导论[M]. 北京:中国建筑工业出版社.

巢清尘,刘昌义,袁佳双,2014. 气候变化影响和适应认知的演进及对气候政策的影响[J]. 气候变化研究进展,10(3):167-174.

崔利芳,王宁,葛振鸣,等,2014. 海平面上升影响下长江口滨海湿地脆弱性评价[J]. 应用生态学报,25(2):553-561.

丁仲礼,2009. 试论应对气候变化中的八大核心问题[R]. 北京:全球变化四大研究计划的中国国家委员会(CNC-WCRP,CNC-IGBP,CNC-IHDP,CNC-DIVERSITAS)2008年联合学术大会.

董锁成,陶澍,杨旺舟,等,2010. 气候变化对中国沿海地区城市群的影响[J]. 气候变化研究进展,6(4):284-289.

杜晖,2013. 基于耦合关系的学术信息资源深度聚合研究[D]. 武汉:武汉大学.

段居琦,徐新武,高清竹,2014. IPCC第五次评估报告关于适应气候变化与可持续发展的新认知[J]. 气候变化研究进展,10(3):197-202.

段晓峰,许学工,2008. 海平面上升的风险评估研究进展与展望[J]. 海洋湖沼通报(4):116-122.

范引琪,李二杰,范增禄,2005. 河北省1960—2002年城市大气能见度的变化趋势[J]. 大气科学,29(4):526-535.

方创琳,鲍超,乔标,等,2008. 城市化过程与生态环境效应[M]. 北京:科学出版社.

葛庆龙,2004. 城市主要能源及用水量对全球气候变化的响应:以大连市为例[D]. 大连:辽宁师范大学.

顾朝林,2003. 城市化的国际研究[J]. 城市规划,27(6):20-24.

何萍,李宏波,马如彪,2004. 云南楚雄市的发展对气候及气象灾害的影响[J]. 广西科学院学报,20(2):113-115,118.

黄鹭新,杜澍,2009. 城市复合生态系统理论模型与中国城市发展[J]. 国际城市规划,42(1):30-36.

姜彤,李修仓,巢清尘,等,2014.《气候变化 2014:影响、适应和脆弱性》的主要结论和新认知[J]. 气候变化研究进展,10(3):157-166.

焦胜,曾光明,曹麻茹,等,2006. 城市生态规划概论[M]. 北京:化学工业出版社.

李恒鹏,杨桂山,2000. 海平面上升的海岸形态响应研究方法与进展[J]. 地球科学进展,15(5):598-603.

梁川,刘玉邦,2009. 长江上游流域水文生态系统分区及保护措施[J]. 北京师范大学学报(自然科学版),45(5/6):501-508.

刘超,许鹏,马炯,2012. 上海临港新城中心区低碳规划和目标管理[J]. 城市规划,36(12):52-59.

刘红年,蒋维楣,孙鉴泞,等,2008. 南京城市边界层微气象特征观测与分析[J]. 南京大学学报(自然科学),44(1):99-106.

刘绿柳,许红梅,马世铭,2014. 气候变化对城市和农村地区的影响、适应和脆弱性研究的认知[J]. 气候变化研究进展,10(4):254-259.

刘燕华,2009. 适应气候变化:东亚峰会成员国的战略、政策与行动[M]. 北京:科学出版社.

刘耀彬,李仁东,宋学锋,2005. 中国区域城市化与生态环境耦合的关联分析[J]. 地理学报,60(2):237-247.

龙惟定,白玮,范蕊,等,2011. 低碳城市的区域建筑能源规划[M]. 北京:中国建筑工业出版社.

吕斌,佘高红,2006.城市规划生态化探讨:论生态规划与城市规划的融合[J]. 城市规划学刊(4):15-19.

马世骏,王如松,1984. 社会—经济—自然复合生态系统[J]. 生态学报,4(1):1-9.

马雁军,左洪超,张云海,等,2005. 辽宁中部城市群大气能见度变化趋势及影响因子分析[J]. 高原气象,24(4):623-628.

苗鸿,王效科,欧阳志云,2001. 中国生态环境胁迫过程区划研究[J]. 生态学报,21(1):7-13.

聂蕊,2012. 城市空间对洪涝灾害的影响、风险评估及减灾应对策略:以日本东京为例[J]. 城市规划学刊(6):79-85.

欧阳丽,戴慎志,包存宽,等,2010. 气候变化背景下城市综合防灾规划自适应研究[J]. 灾害学,25(B10):58-62.

任春艳,吴殿廷,董锁成,2006. 西北地区城市化对城市气候环境的影响[J]. 地理研究,25(2):233-241.

任美锷,2000. 海平面研究的最近进展[J]. 南京大学学报(自然科学),36(3):269-279.

沈清基,2001. 城市生态系统与城市经济系统的关系[J]. 规划师,17(1):17-21.

宋永昌,由文辉,王祥荣,2000. 城市生态学[M]. 上海:华东师范大学出版社.

苏志珠,1998. 人类活动对晋西北地区生态环境影响的初步研究[J]. 干旱区资源与环境,12(4):127-132.

孙继松,舒文军,2007. 北京城市热岛效应对冬夏季降水的影响研究[J]. 大气科学,31(2):311-320.

覃超梅,于锡军,2012. 海平面上升对广东沿海海岸侵蚀和生态系统的影响[J]. 广州环境科学,27(1):25-27.

田青,2011. 人类感知和适应气候变化的行为学研究:以吉林省敦化市乡村为例[M]. 北京:中国环境科学出版社.

王宝强,李萍萍,沈清基,等,2019. 上海城市化对局地气候变化的胁迫效应及主要影响因素研究[J]. 城市发展研究,26(9):107-115.

王如松,2003. 循环经济建设的产业生态学方法[J]. 产业与环境,49(1):48-52.

王原,2010. 城市化区域气候变化脆弱性综合评价理论、方法与应用研究:以中国河口城市上海为例[D]. 上海:复旦大学.

王志远,郑伯红,陈祖展,2013. 城市空间形状与碳排放强度的相关性研究:基于我国35个城市的分析[J]. 城市发展研究(6):8-15.

许学强,周一星,宁越敏,2009. 城市地理学[M]. 2版. 北京:高等教育出版社.

杨达源,姜彤,2005. 全球变化与区域响应[M]. 北京:化学工业出版社.

于子江,杨乐强,杨东方,2003. 海平面上升对生态环境及其服务功能的影响[J]. 城市环境与城市生态,16(6):101-103.

曾侠,钱光明,潘蔚娟,2004. 珠江三角洲都市群城市热岛效应初步研究[J]. 气象,30(10):12-16.

张浩,石春娥,谢伟,等,2008. 安徽省1955—2005年城市大气能见度变化趋势[J]. 气象科学,28(5):515-520.

赵新平,周一星,2002. 改革以来中国城市化道路及城市化理论研究述评[J]. 中国社会科学(2):132-138.

中国社会科学院《城镇化质量评估与提升路径研究》创新项目组,2013. 中国城镇化质量综合评价报告[R]. 北京:中国社会科学院.

周淑贞,王行恒,1996. 上海大气环境中的城市干岛和湿岛效应[J]. 华东师范大学学报(自然科学版)(4):68-80.

ACKERMAN F,2009. Climate change:the cost of inaction[D]. Medford:Tufts University.

ARON J L,PATZ J A,2001. Ecosystem change and public health:a global perspective[M]. Baltimore:Johns Hopkins University Press.

BINDOFF N L,WILLEBRAND J,ARTALE V,et al.,2007. Observations:oceanic climate change and sea level[M]. Cambridge:Cambridge University Press.

BLOETSCHER F,ROMAH T,BERRY L,et al,2012. Identification of physical transportation infrastructure vulnerable to sea level rise[J]. Journal of sustainable development,5(12):40-51.

BLUM M D,MISNER T J,COLLINS E S,et al,2001. Middle Holocene sea-level rise and highstand at +2m,Central Texas Coast[J]. Journal of sedimentary research,71(4):581-588.

BOSWELL M R,GREVE A I,SEALE T L,2010. An assessment of the link between greenhouse gas emissions inventories and climate action plans[J]. Journal of the

American planning association,76(4):451-462.

BRUUN P,1962. Sea-level rise as a cause of shore erosion[J]. Journal of the waterways and harbors division,88(1):117-130.

BURTON I,1992. Adapt and thrive:report of environment Canada,Downview[R]. Ontario:Canadian Climate Centre.

CCSP,2009. Coastal sensitivity to sea-level rise:a focus on the Mid-Atlantic region [R]. Washington,D. C. :U. S. Climate Change Science Program.

CHENG M T,TSAI Y I,2000. Characterization of visibility and atmospheric aerosols in urban, suburban, and remote areas[J]. Science of the total environment, 263(1-3):101-114.

CLOUGH J S,LARSON E C,2010. SLAMM 6. 0. 1 beta,users manual SLAMM[Z]. Warren:Warren Pinnacle Consulting,Inc.

COSTANZA R,WAINGER L,FOLKE C,et al,1993. Modeling complex ecological economic systems:toward an evolutionary, dynamic understanding of people and nature[J]. BioScience,43(8):545-555.

DESSAI S, HULME M, 2007. Assessing the robustness of adaptation decisions to climate change uncertainties:a case study on water resources management in the East of England[J]. Global environmental change,17:59-72.

DIEM J E, BROWN D P, 2003. Anthropogenic impacts on summer precipitation in central Arizona,U. S. A[J]. The professional geographer,55(3):343-355.

DONOGHUE J F,2011. Sea level history of the northern Gulf of Mexico coast and sea level rise scenarios for the near future[J]. Climatic change,107:17-33.

EEA,2012. Urban adaptation to climate change in Europe:challenges and opportunities for cities together with supportive national and European policies [Z]. Copenhagen:European Environment Agency.

EWING R,BARTHOLOMEW K, WINKELMAN S, et al,2009. Growing cooler:the evidence on urban development and climate change [M]. Chicago:Indepent Publishers Group.

EWING R,RONG F,2008. The impact of urban form on U. S. residential energy use [J]. Housing policy debate,19(1):1-30.

FITZGERALD D M,FENSTER M S,ARGOW B A, et al, 2008. Coastal impacts due to sea-level rise[J]. Annual review of earth and planetary sciences,36:601-647.

FONG W K,MATSUMOTO H,HO C S,et al, 2008. Energy consumption and carbon dioxide emission considerations in the urban planning process in Malaysia[J]. Planning malaysia journal,6(1):101-130.

GILLIES R R,CARLSON T N, 1995. Thermal remote sensing of surface soil water content with partial vegetation cover for incorporation into climate models[J]. Journal of applied meteorology,34(4):745-756.

GIRIDHARAN R,LAU S S Y,GANESAN S, 2005. Nocturnal heat island effect in urban residential developments of Hong Kong[J]. Energy and buildings,37(9):964-971.

GIVATI A,ROSENFELD D,2004. Quantifying precipitation suppression due to air pollution[J]. Journal of applied meteorology,43(7):1038-1056.

GUO X L, FU D H, WANG J, 2006. Mesoscale convective precipitation system modified by urbanization in Beijing City[J]. Atmospheric environment, 82(1-2): 112-126.

HALLEGATTE S, BANGALORE M, BONZANIGO L, et al, 2016. Shock waves: managing the impacts of climate change on poverty[R]. Washington, D. C. : The World Bank.

HALLEGATTE S, CORFEE-MORLOT J, 2011a. Understanding climate change impacts, vulnerability and adaptation at city scale: an introduction[J]. Climatic change, 104: 1-12.

HALLEGATTE S, HENRIET F, CORFEE-MORLOT J, 2011b. The economics of climate change impacts and policy benefit at city scale: a conceptual framework[J]. Climatic change, 104: 51-87.

HEINONEN J, JONNZLA S, 2011. Implications of urban structure on carbon consumption in metropolitan areas [J]. Environmental research letters, 6 (1): 014018.

HIEDERER R, et al, 2009. Ensuring quality of life in Europe's cities and towns[R]. Copenhagen: European Environment Agency.

HITCHBOCK D, 2009. Chapter 7: urban areas[M]// SCHMANDT J, CLARKSON J, NORTH G R. The impact of global warming on Texas. 2nd ed. Austin: University of Texas Press.

HOLLING C S, 1987. Simplifying the complex: the paradigms of ecological function and structure[J]. European journal of operational research, 30(2): 139-146.

HORVATH H, 1995. Estimation of the average visibility in Central Europe[J]. Atmospheric environment, 29(2): 241-246.

HOUGHTON J T, DING Y, GRIGGS D J, et al, 2001. Climate change 2001: the scientific basis[M]. Cambridge: Cambridge university press.

HUGGETT A J, 2005. The concept and utility of 'ecological thresholds' in biodiversity conservation[J]. Biological conservation, 124(3): 301-310.

HUNT A, WATKISS P, 2010. Climate change impacts and adaption in cities: a review of the literature[J]. Climatic change, 104: 13-49.

IEA, 2008. World energy outlook 2008 [Z]. Paris: Organisation for Economic Co-operation and Development.

IPCC, 2001. Climate change 2001: impacts, adaptation and vulnerability [M]. Cambridge: Cambridge University Press.

IPCC, 2007. Climate change 2007: the physical science basis, contribution of working group I to the fourth assessment report of the intergovernmental panel on climate change[M]. Cambridge: Cambridge University Press.

JAUREGUI E, ROMALES E, 1996. Urban effects on convective precipitation in Mexico city[J]. Atmospheric environment, 30(20): 3383-3389.

KAUFMANN R K, SETO K C, SCHNEIDER A, et al, 2007. Climate response to rapid urban growth: evidence of a human-induced precipitation deficit[J]. Journal of climate, 20(10): 2299-2306.

KIDDER S Q, ESSENWANGER O M, 1995. The effect of clouds and wind on the difference in nocturnal cooling rates between urban and rural areas[J]. Journal of applied meteorology,34(11):2440-2448.

MORTON R A,MILLER T L,MOORE L J,2004. U. S. geological survey open file report 2004 - 2043[R]. Denver:U. S. Geological Survey.

NICHOLLS R J,2011. Planning for the impacts of sea level rise[J]. Oceanography,24 (2):144-157.

NORMAN J, MACLEAN H L, KENNEDY C A, 2006. Comparing high and low residential density:life-cycle analysis of energy use and greenhouse gas emissions [J]. Journal of urban planning and development,132(1):10-21.

OECD,2008. Environmental outlook to 2030[R]. Paris:Organisation for Economic Co-operation and Development.

OECD,2009. OECD regions at glance 2009[R]. Paris:Organisation for Economic Co-operation and Development.

OKE T R,1982. The energetic basis of the urban heat island[J]. Quarterly journal of the royal meteorological society,108(455):1-24 .

OLIVER-SMITH A,2009. Sea level rise and the vulnerability of coastal peoples[R]. Bonn:UNU Institute for Environment and Human Security.

QUATTROCHI D A, LUVALL J C, RICKMAN D L, 2000. A decision support information system for urban landscape management using thermal infrared data: decision support systems[J]. Photogrammetric engineering and remote sensing,66 (10):1195-1207.

ROSENFELD D, 2000. Suppression of rain and snow by urban and industrial air pollution[J]. Science,287(5459):1793-1796.

RUDDIMAN W F,2007. Earth's climate:past and future[M]. 2nd ed. New York:W. H. Freeman & Company.

SAHA A K,SAHA S,SADLE J, et al,2011. Sea level rise and South Florida coastal forests[J]. Climatic change,107(1-2):81-108.

SEGUIN J, BERRY P, 2008. Human health in a changing climate: a Canadian assessment of vulnerabilities and adaptive capacity[R]. Ottawa:Health Canada.

SHEPHERD J M,PIERCE H,NEGRI A J,2002. Rainfall modification by major urban areas:observations from spaceborne rain radar on the TRMM satellite[J]. Journal of applied meteorology,41(7):689-701.

SMITH J B, TIRPAK D,1989. The potential effects of global climate change on the United States[Z]. Washington, D. C. :U. S. Environmental Protection Agency.

SMITH P F,2010. Building for a changing climate:the challenge for construction, planning and energy[M]. London:Earthscan.

SMITHERS J,SMIT B,1997. Human adaptation to climatic variability and change[J]. Global environmental change,7(2):129-146.

STAKHIV E Z, 1993. Evaluation of IPCC adaptation strategies[R]. Washington, D. C. :Institute of Water Resource, U. S. Army Corps of Engineers.

STANTON E A, ACKERMAN F, 2007. Florida and climate change:the cost of inaction[D]. Medford:Tufts University.

STEENEVELD G J,KOOPMANS S,HEUSINKVELD B G,et al,2011. Quantifying urban heat island effects and human comfort for cities of variable size and urban morphology in the Netherlands[J] . Journal of geophysical research,116:D20129.

STREUTKER D R,2003. Satellite-measured growth of the urban heat island of Houston,Texas[J]. Remote sensing of environment,85(3):282-289.

TEO E A L,LIN G M,2011. Building adaption model in assessing adaption potential of public housing in Singapore[J]. Building and environment,46(7):1370-1379.

TITUS J G,ANDERSON K E,2009. Coastal sensitivity to sea-level rise:a focus on the Mid-Atlantic region [R]. Washington, D. C. : U. S. Environment Protection Agency.

TITUS J G, LEATHERMAN S P, EVERTS C H, et al,1985. Potential impacts of sea level rise on the beach at ocean city, Maryland[Z]. Washington, D. C. :U. S. Environmental Protection Agency.

TITUS J G,PARK R A, LEATHERMAN S P, et al,1991. Greenhouse effect and sea level rise:the cost of holding back the sea[J]. Coastal management,19(2):171-204.

TOL S J T,2005. Adaptation and mitigation:trade-offs in substance and methods[J]. Environmental science & policy,8(6):572-578.

VOOGT J A, 2002. Urban heat island [M]//MUNN T. Encyclopedia of global environmental change. Chichester:John Wiley & Sons Inc:660-666.

WALSH K J E,BETTS H,CHURCH J,et al, 2004. Using sea level rise projections for urban planning in Australia[J]. Journal of coastal research, 202:586-598.

WOODWORTH P L,1999. High waters at Liverpool since 1768:the UK's longest sea level record[J]. Geography research letters,26(11):1589-1592.

YOON D K,2012. Assessment of social vulnerability to natural disasters:a comparative study[J]. Natural hazards,63(2):823-843.

第2章图表来源

图2-1 源自:王发曾,1997. 城市生态系统基本理论问题辨析[J]. 城市规划汇刊(1):15-20.

图2-2 源自:笔者根据 2010 年联合国人口数据库中的数据绘制.

图2-3 源自:笔者绘制.

图2-4 源自:OECD,2008. Environmental outlook to 2030[R]. Paris:Organisation for Economic Co-operation and Development.

图2-5 源自:王原,2010. 城市化区域气候变化脆弱性综合评价理论、方法与应用研究:以中国河口城市上海为例[D]. 上海:复旦大学.

图2-6 源自:刘燕华,2009. 适应气候变化:东亚峰会成员国的战略、政策与行动[M]. 北京:科学出版社.

图2-7 源自:笔者根据上海统计年鉴资料绘制.

表 2-1 源自:笔者根据 NORMAN J, MACLEAN H L, HENNEDY C A, 2006. Comparing high and low residential density:life-cycle analysis of energy use and greenhouse gas emissions[J]. Journal of urban planning and development,132(1):10-21 资料绘制.

表 2-2 源自：笔者根据 CLOUGH J S,LARSON E C,2010. SLAMM 6. 0. 1 beta,users manual SLAMM[Z]. Warren：Warren Pinnacle Consulting,Inc 资料绘制.

表 2-3 源自：笔者根据 EEA,2012. Urban adaptation to climate change in Europe：challenges and opportunities for cities together with supportive national and European policies[Z]. Copenhagen：European Environment Agency；2008 年伍斯特县综合规划局(Worcester County Department of Comprehensive Planning)相关资料整理绘制.

3 上海局地气候变化的时空特征

根据政府间气候变化专门委员会(IPCC,2013)第五次全球气候变化评估报告,人为温室气体浓度增加和其他人为强迫因素的共同作用,导致自 20 世纪 50 年代以来全球一半以上地区的平均地表升温在 0.5—1.3 ℃,其中人为活动的原因受到了极大的肯定(胡婷等,2014)。我国自1905 年以来地表年平均气温升高了 0.79℃,其中长三角地区在 1959—2010 年平均气温上升了约0.8℃(吴昊旻等,2012),该地区也是全国夏季高温发生的热点区域之一(叶殿秀等,2013)。上海地区的气温增温比全球、长三角的平均气温增温更为明显(史军等,2008),1960—2006 年城区气温上升了 2.35℃(徐明等,2009),这与上海快速城市化、高密度城市开发建设是息息相关的。本章主要对上海城市发展背景及其气候变化特征进行分析。基于 1960—2013 年上海市徐家汇气象站(城区站)和奉贤气象站(郊区站)的气象观测数据、极端气候事件的统计,以及 1998—2013 年上海平均海平面上升观测数据,评价上海 50 余年来各种气候要素在时间和空间尺度上的变化特征和分布规律。

3.1 上海城市发展背景

3.1.1 自然地理条件

1) 典型的河口城市地理位置

上海位于太平洋西岸,亚洲大陆东沿,中国南北海岸中心点,长江和钱塘江入海汇合处;北界长江,东濒东海,南临杭州湾,西接江苏和浙江两省,是长三角冲积平原的一部分;地形平坦,海拔最高为 95 m,最低为 −2 m,平均高度为 4 m 左右;陆地地势总趋势是由东向西略微倾斜。2015 年,全市总陆域面积为 6 340.5 km²,东西最大距离约为 100 km,南北最大距离约为 120 km,陆海岸线长约 172 km。

从地理位置来看,上海位于全球最大大陆(亚欧大陆)上我国最大河流(长江)进入全球最大海洋(太平洋)的入海口,是全球最强烈的大陆特性与最强烈的海洋特性相交会之处,具有突出的地理区位,是典型的河口城市。而全球对气候变化最脆弱的就是那些位于海岸带和江河平原的地区(王祥荣等,2010)、经济与气候敏感性联系密切的地区、极端天气易发的地区,特别是城市化发展快速的地区。河口地区对气候变化极为敏感的原因如下:

（1）河口地区大都与社会文明和繁华大都市的孕育有关,流域丰富的土地资源、水资源以及便利的对外交通培育了城市发展的温床,诸多河口城市对区域乃至全国的经济社会发展起着关键性作用。但是在全球气候变化的大背景下,河口地区的城市面临的气候变化威胁最为紧迫,其脆弱的生态系统与经济社会发展之间的矛盾日益加剧。

（2）河口是一个独特的自然地理系统,其构成要素众多,各种生态系统关系复杂,影响因素各异,受气候变化(如极端天气、海平面上升)等影响最为直接和剧烈。

（3）河口城市是全流域的关键节点,地处海、河、陆三大系统交会处,生态与环境更为脆弱,对气候变迁更为敏感。

（4）河口城市大多具有绵长的海岸线,临海临江的区域较广,而气候变化对于海洋、河流水文等有一定影响,进而会从多个方面对城市造成影响,故相对于内陆城市而言,河口城市对于气候变化尤其敏感(王祥荣等,2010)。

上海河口是三角洲地区的前沿和环境变化最敏感地段,具有上述若干共性,因此对气候变化高度敏感。

2）亚热带季风性气候

上海属北亚热带季风性气候,四季分明,日照充分,雨量充沛。上海气候温和湿润,春秋较短,冬夏较长。1月份最冷,平均气温为4.9℃,通常7月份最热,平均气温为30.9℃。全年60%以上的雨量集中在5—9月的汛期(图3-1)。上海的气候变化在很大程度上与亚热带季风性气候区域具有一致性。

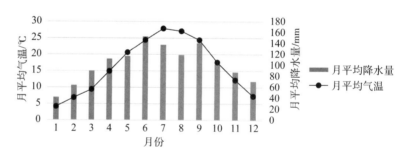

图 3-1　上海多年月平均气温与月平均降水量

3）独特的水文条件

上海地处长江入海口、太湖流域东缘。根据《上海通志》记载,境内河道(湖泊)面积为500多 km²,河面积率为9%—10%;上海河道长度为2万余 km,河网密度平均为3—4 km/km²。境内江、河、湖、塘相间,水网交织,主要水域和河道有长江口、黄浦江及其支流吴淞江(苏州河)、蕴藻浜、川杨河、淀浦河、大治河、斜塘、圆泄泾、大泖港、太浦河、拦路港,以及金汇港、油墩港等。其中黄浦江干流全长82.5 km,河宽大都在300—700 m,其上游在松江区米市渡处承接太湖、阳澄淀泖地区和杭嘉湖平原来水,贯穿上海至吴淞口汇入长江口。吴淞江发源于太湖瓜泾口,在市区外白渡桥附近汇入黄浦江,全长约 125 km,其中上海境内长约 54 km,俗称苏州河,为黄浦江的主要支流。上海的湖泊集中在与苏、浙交界的西部洼地,最大的湖泊为淀山湖,面积为 60 余 km²。上海水资源相对丰富,但是存在着地下水开采量较大、水污染形势严峻的问题,其中 2015 年地下水开采层次以第 V 承压含水层为主,占开采总量的 30%(图 3-2),从主要骨干河道、湖泊水质综合评价来看,淀山湖、元荡全年水质属Ⅳ类,主要污染项目为总磷,这给水资源的可持续利用带来挑战。

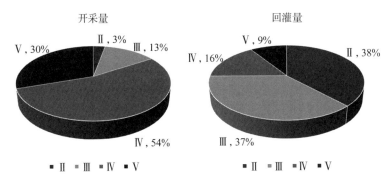

图 3-2 2015 年上海深层地下水开采和人工回灌层次分布图

3.1.2 经济社会发展

局地气候变化的发生与发展,既与全球气候变化的大趋势息息相关,更与局地自然条件和人类活动直接关联。城市化发展过程是人类改造自然的最主要象征,其发展轨迹和趋势影响着局地气候的变化。本书对上海自中华人民共和国成立以来的城市发展背景进行分析和概括,这是局地气候变化的基本经济社会发展背景。

1) 人口增长与城市化

如图 3-3 所示,上海自公元 751 年建制以来,最初人口不足 9 万人,经长期发展,到清同治三年(1864 年)达到了 376 万人的规模(《上海旧政权建置志》编纂委员会,2001)。鸦片战争以后,上海工业发展促使其成为全国的经济中心,人口快速增长,至中华人民共和国成立前人口一度达到 503 万人。从中华人民共和国成立到改革开放,尽管上海在工业发展和经济建设过程中出现了繁荣发展、缓慢增长和停滞发展等时期,但是总体人口依然出现了较高速度的增长,至改革开放前达到了 1 104 万人。改革开放以后,上海从规模和结构上都出现了空前的发展势头,人口数量以超过历史上任何时期的速度增长,至 2010 年达到了 2 303 万人。

根据 2000—2014 年上海统计年鉴中非农人口占总人口的比重来衡量上海的城市化水平,计算出 1949—2013 年不同时期上海的城市化发展水平,见图 3-4。根据城市化水平随时间变化的近似关系模拟(表 3-1),剖析

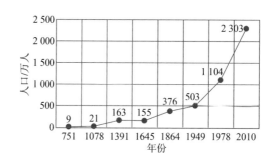

图 3-3　751—2010 年上海人口增长情况

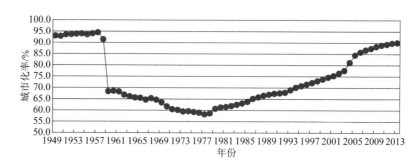

图 3-4　1949—2013 年上海城市化发展轨迹

表 3-1　上海城市化发展阶段划分

城市化阶段		时间范围	年平均 变化率/%	城市化随时间 变化的近似关系
城市化恢复阶段		1949—1958 年	0.2	$y=-0.070\ 9x^2+277.1x-270\ 564$ $R^2=0.412\ 9$
反城市化阶段		1959—1977 年	-1.7	$y=-0.617\ 9x+1\ 279.5$ $R^2=0.965\ 8$
城市化 快速 发展 阶段	城市化加速 发展阶段	1978—2000 年	0.7	$y=-0.617\ 9x+1\ 279.5$ $R^2=0.965\ 8$
	城市化高速 发展阶段	2000—2010 年	1.4	$y=3\ 278.3\ln x-24\ 844$ $R^2=0.948$
	城市化稳 定发展阶段	2010 年至今	0.4	$y=0.35x+89$ $R^2=0.942\ 3$

注：x 表示年份；y 表示城市化率；R^2 表示模型的拟合程度。

中华人民共和国成立后上海的城市化发展趋势，大致可以分为三个阶段。

（1）1949—1958 年城市化恢复阶段，城市化水平维持在 90％以上的稳定状态，年均变化幅度不大。在此阶段上海的行政区划仅包括黄浦区、卢湾区等城市中心区，并不包括 1958 年行政区划调整后纳入上海管辖范围的奉贤、嘉定、松江等郊县，因此城市化水平较高。这一时期，工业迅速发展是城市化发展的原动力。

（2）1959—1977 年反城市化阶段，城市化水平呈现逐年降低的趋势，平均每年降低 1.7％。这一时期，"文化大革命"及知识青年"上山下乡"等运动导致了大批非农业人口外迁出上海,城市化出现了倒退。

(3) 1978 年至今的城市化快速发展阶段,城市化水平以年均 1‰ 的增长率持续上升。根据城市化年均增长率及其随时间的变化情况,又可以细化为 1978—2000 年的加速发展阶段、2000—2010 年的高速发展阶段和2010 年至今的稳定发展阶段。这一时期,改革开放打开了上海发展的大门,上海经济社会发展进入了历史性变革时期;随着浦东开发,上海逐步成为具有全球影响力的国际化大都市。在这一时期,不仅上海的人口、经济规模增长迅速,而且城市建设区面积也在不断扩大。

2) 经济、社会与能源消费

作为我国的经济中心之一,上海自 1978 年以来,经济迅速发展,成为经济规模最大的城市。1978—2013 年,上海的国内生产总值和人均国内生产总值均呈持续快速的增长(图 3-5),尤其是 20 世纪 90 年代、21 世纪以来两个阶段的发展速度更快。1978 年上海国内生产总值为 272.81 亿元,2013 年为 21 602.12 亿元,35 年内增长了约 78 倍;1978 年人均国内生产总值为 2 471 元,2013 年为 89 444 元,35 年内增长了约 35 倍。经济的快速发展也促进了产业结构的优化。上海自 1993 年以来,第二产业和第三产业快速增长,而 2000 年以来的年均增长超过以前的任何时期。从产业结构的变化来看,第一产业和第二产业持续下降,第三产业稳步上升,产业结构趋于优化(图 3-6)。

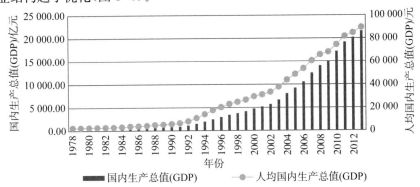

图 3-5　1978—2013 年上海国内生产总值(GDP)与人均国内生产总值(GDP)增长情况

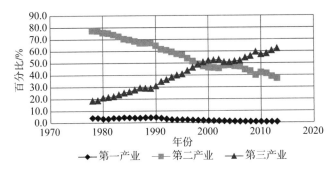

图 3-6　1978—2013 年上海三次产业结构变化

经济的快速增长为社会发展奠定了基础。从若干指标的逐年比较中可以看出(图3-7、图3-8),上海自1978年以来,城镇居民人均住房居住面积、居民消费水平和居民消费指数持续稳步上升,恩格尔系数总体呈下降趋势,这反映出上海的居民生活水平和社会发展状况趋于良好。

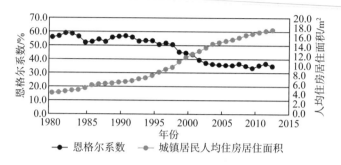

图3-7　1980—2013年上海恩格尔系数和城镇居民人均住房居住面积变化

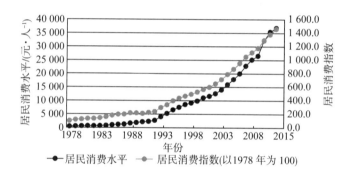

图3-8　1978—2012年上海居民消费水平和居民消费指数变化

3.1.3　能源消费与需求

上海作为一个资源相对贫乏的城市,产业发展所需要的资源极大地依赖其他地区自然资源的输入。随着上海经济的快速发展,能源消耗也快速增长。对《上海统计年鉴:2014》中的数据进行分析,结果显示1990—2013年上海市能源消费量和电力消费量呈现不断上升的趋势(图3-9)。影响上海能源需求的主要因素是经济增长、产业结构变动、人口增长、消费模式变化和技术进步(刘旖芸,2009)。从三次产业结构对能源的需求程度来看,第二产业和第三产业的能源消费占比最高,且增长趋势明显(图3-10)。能源消费的供需矛盾日益突出,能源利用效率尽管全国领先,但是仍与世界先进水平差距较大(林艳君,2006)。从能源消费结构来看,综合能源结构以煤为主,生产用能结构以油品为主,生活能源结构以电力为主(林艳君,2006)。

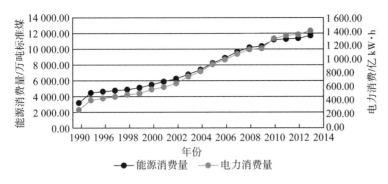

图 3-9 1990—2013 年上海能源消费量和电力消费量的变化趋势

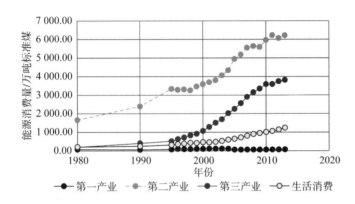

图 3-10 1980—2013 年上海能源消费产业结构变化趋势

3.1.4 城市空间变化

城市空间的变化对气候的变化具有一定的影响作用。在上海城市化发展过程中,人类对自然的改造改变了原有的生态系统及其空间格局。土地利用方式的改变、城市建设用地的扩张、高密度城市空间的营造、城市不透水下垫面的增多等一系列人为改造活动在满足城市发展的同时,也给城市系统的良性运行带来了潜在的危机。2017 年末,上海全市土地面积为 6 340.5 km²,占全国总面积的 0.06%。境内辖有崇明、长兴、横沙三个岛屿,其中崇明岛是中国的第三大岛。上海是我国人口规模最大、经济发展水平最高的城市,2017 年常住人口为 2 418.33 万人,经济总量达到 30 632.99 亿元,由此伴随着城市空间的快速变化。近几十年来上海的城市空间变化主要表现在城市建设用地不断扩张、生态用地不断缩减、城市空间高密度发展等几个方面。

1) 城市建设用地不断扩张

上海人口的大量集聚和产业发展提高了对城市建设用地的需求程度。由于上海市近年来的建设用地面积在多个统计资料中都缺失,因此只能针对已有数据的年份进行建成区面积对比。1984—2013 年上海城市建成区面积整体呈上升趋势。城市建设用地由 1984 年的 176 km² 增加到 2013 年的 2 915.6 km²（图 3-11），29 年间增加了近 16 倍。自 1999 年以来，城市建设用地的规模仍然以较高速度增加。每年城市建设征用的土地平均值为 64 km²，2006 年征用土地面积超过 90 km²（图 3-12）。根据 2005 年土地利用变更调查，上海全市土地利用现状（图 3-13）如下：农用地面积为 380 200 hm²（约 570 万亩），占土地总面积的 46.15%；建设用地面积为 240 100 hm²，占土地总面积的 29.14%；未利用地面积为 203 600 hm²，占土地总面积的 24.71%。到 2012 年，上海常住人口达到 2 380 万人，全市建设用地规模达到 3 034 km²，远远突破了《上海市城市总体规划（1999—2020 年）》中所确定的 2020 年规划控制指标；建设用地占全市陆域面积的比重高达 43.6%，也远远高于诸多国际城市的占比[①]。

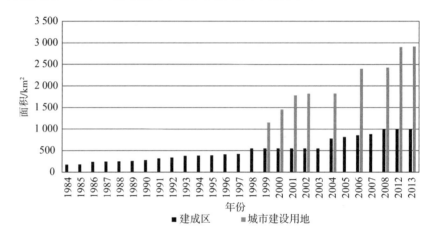

图 3-11　1984—2013 年上海建成区面积与城市建设用地面积变化

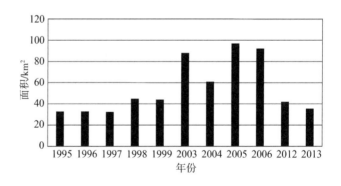

图 3-12　1995—2013 年上海部分年份当年征用土地面积

2）生态用地不断缩减

城市建设用地的扩张主要来源于各种生态用地的转变，主要包括耕地、林地、水域、园地、滩涂苇地、坑塘养殖水面、瞻仰景观休闲用地和未利用地等类型。从上海城市建成区面积与非建成区面积的比值变化来看，

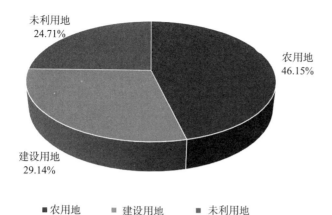

图 3-13　2005 年上海市土地利用现状

2000—2011 年基本呈上升态势,2011 年达到 18.668%(图 3-14)。这说明上海建设用地规模持续扩大,同时进一步侵占着园林地、耕地等非建设用地。但是,由于上海农副产品的供应可以依靠外省市,因此园林地、耕地等的减少导致农产品供应的减少并没有造成上海农产品供应的减少。

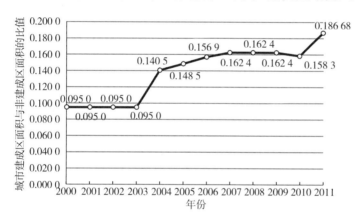

图 3-14　2000—2011 年上海城市建成区面积与非建成区面积的比值变化情况

据统计,2005—2008 年上海生态用地的降幅最为明显,年均降幅达到 1.5%。截至 2008 年,上海生态用地共 4 057.03 km²,占区域总面积的比重不到 60%,到 2012 年这一比重已经下降到 56.4%。在上海生态用地结构中,以耕地为主的农用地生态系统占主导,伴有林地、园地等生态资源的协调组合;以少量瞻仰景观休闲用地为主要生态资源,水域占整个生态资源的 23%,土地利用程度基本上达到 100%,上海陆地生态资源严重缺失。此外,世界主要城市的平均森林覆盖率为 31.7%,生态环境优质城市的森林覆盖率应在 30% 以上。2009 年上海城市森林覆盖率仅为 11.6%,与世界平均水平存在较大差距(张浪等,2013)。

截至 2011 年,上海市生态用地的总规模约为 4 200 km²,占上海陆域面积的比重约为 60%,相比 2006 年 4 383 km² 的生态用地规模,5 年累计减少 183 km²,减幅为 4.18%,年均减少 36.6 km²(上海市规划和国土资源管理局等,2012)。在具体的生态用地分类面积方面,将 2006 年、2008 年和 2011 年上海主要生态用地面积进行比较(图 3-15),总体来看,耕地和湿地面积都比 2006 年减少,园林地和城市绿地则略微增加。其中,由于林地建设得到重视,园林地面积在 2008 年先减少后增加到 2011 年的 376 km²;而湿地面积呈逐年减少的变化趋势,2011 年仅为 1 131 km²。由于湿地对保护生物多样性及生态环境的积极作用较大,同时上海又位于长江入海口地区,湿地的保护对上海至关重要,因此,应当尽可能地遏制上海湿地面积减少的趋势。

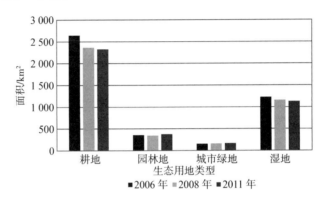

图 3-15　2006 年、2008 年和 2011 年上海主要生态用地面积变化

在各种生态用地中,以耕地的减少最为明显。据 2013 年上海市统计局网站资料显示,从 1978—2012 年上海耕地面积变化情况来看(图 3-16),耕地面积呈下降趋势,表明这一时期农业用地向建设用地快速转换。同时,由于上海人口规模的不断扩大,人均耕地面积呈逐年下降趋势,2011 年人均耕地面积下降到 85.04 m²,约合 0.13 亩/人,远低于联合国粮食及农业组织所确定的人均耕地 0.795 亩的警戒线。从人均耕地面积来看,上海人均耕地严重不足,农产品在很大程度上需要由外省市供给。

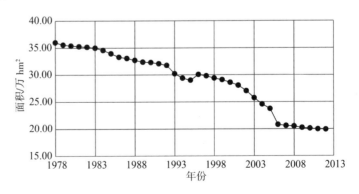

图 3-16　1978—2012 年上海耕地面积变化

3）城市空间高密度发展

上海的人口密度在世界范围内属于前列。自 1978 年以来,上海的人口密度持续增长,由 1 785 人/km² 上升到 2013 年的 3 809 人/km²,人口密度增长了 1 倍多(图 3-17)。2015 年,在近 2 400 万的常住人口中,有近 1 000 万人居住在 660 km² 的中心城区,中心城区人口密度约为 15 151 人/km²。人口的空间分布密度由中心城区向外围依次递减,高密度的建成环境极大地增加了城市发展的风险性和不安全因素。

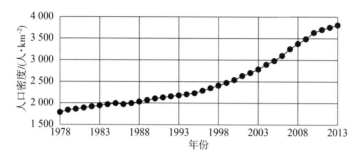

图 3-17　1978—2013 年上海人口密度变化

人口规模和人口密度的增长、土地使用的有限也必然促使了城市建筑数量、面积和密度的增长。以 2013 年为例,上海人口密度分布与建筑密度分布表现出一致的特征,即由中心城区向外围递减,其中以黄浦、静安两区的建筑密度最高。1996—2014 年上海统计年鉴中的资料显示,上海八层以上的建筑数量由 1978 年的 135 幢增加到 2013 年的 36 055 幢,35 年间增加了近 266 倍;八层以上的建筑面积由 1978 年的 139 万 m² 增加到 2013 年的 34 697 万 m²,增加了近 249 倍(图 3-18),建筑密度在 1998—2013 年的增长趋势更为明显(图 3-19),尤其是 2003 年以后呈近似指数的速度增长,进一步印证了上海的高密度发展。如果加上八层以下建筑数量的统计数据,那么这一增加趋势将更为明显。从八层以上建筑面积的构成来看,11—15 层的建筑面积最大,增长趋势最明显;其次为 20—29 层、16—19 层的建筑;30 层以上的建筑面积增加也较为明显,体现了上海城市垂直发展的特点(图 3-20)。

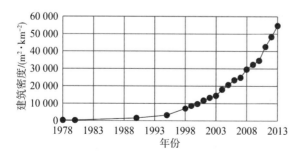

图 3-18　1978—2013 年上海八层以上建筑密度变化

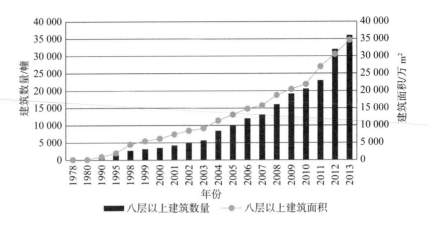

图 3-19 1978—2013 年上海八层以上建筑数量与建筑面积变化

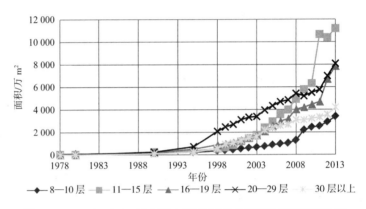

图 3-20 1978—2013 年上海八层以上不同高度建筑面积变化图

从建筑面积的分布来看,以 2013 年为例,全市建筑面积为 110 685 万 m^2 ,其中居住房屋为 58 940 万 m^2 、非居住房屋为 51 745 万 m^2 。从高层建筑的数量和建筑面积的空间分布来看,主要集中在浦东、徐汇、闵行等区,空间差异明显。

3.2 上海气温变化时空特征分析

3.2.1 数据来源与研究方法

1) 数据来源

本书对气温变化的时间特征分析主要采用上海地区 2 个气象站 50 余年的气温资料,这 2 个气象站分别为徐家汇气象站和奉贤气象站(1960—2013 年)。其中徐家汇气象站位于市中心,代表了上海城区的气温,其间虽然观测位置有移动,但变化距离较小,并都在市中心区范围内,因此不做空间上的纠正;奉贤气象站位于郊区,代表了上海郊区的气温。鉴于上海地区地势平坦,海拔差异较小,因此无须对气温资料进行高度和地形的校正。

对气温变化的空间特征分析主要采用上海地区 11 个气象站的多年气温统计资料,利用地理信息系统(GIS)空间插值分析功能,模拟上海几十年来的年平均气温总体空间分布情况。

2)研究方法

(1)气温变化的时间特征分析

本书将 1960—2013 年作为一个气候周期,对各气温要素量进行年、年代、年代际的气候跃变分析,形成相应的资料序列,分析气温随着时间变化的特征和趋势。

年代际气候跃变是指从一个稳定的气候阶段向另一个气候阶段过渡,且气候阶段的持续时间远大于过渡时间的现象(林学椿等,2005),是两个稳定气候阶段之间统计特征量发生显著差异的现象(曹爱丽等,2008)。本书基于徐家汇气象站、奉贤气象站 50 余年的年平均气温数据,采用回归分析、滑动平均法研究上海地区气温的年代际变化与跃变特征以及城郊温差的年际变化特征。滑动平均法是最基础的趋势拟合技术,相当于低通滤波器,用确定时间序列的平滑值来显示变化趋势(魏凤英,1999);本书滑动长度取 5 年。

(2)气温变化的空间特征分析

尽管每年的气温在空间分布上具有差异性,但是根据多年平均值的模拟可以发现一定的空间分布特征。本书选取上海市区(徐家汇)、闵行、浦东、宝山、嘉定、松江、青浦、奉贤、崇明、金山、南汇 11 个气象观测站的多年平均值,通过地理信息系统(GIS)差值分析研究其空间分布状况。

3.2.2 上海气温变化的时间特征分析

1)年平均气温变化

(1)年平均气温变化总体趋势

上海属于北亚热带季风性气候。根据徐家汇气象站和奉贤气象站 1960—2013 年年平均气温进行计算,上海城区气温的多年平均值为 16.5℃;上海郊区气温的多年平均值为 15.9℃;城郊温差的多年平均值为 0.6℃。

分析徐家汇气象站和奉贤气象站的气温数据发现,城区和郊区的年平均气温都呈波动缓慢上升趋势(图 3-21);对两个气象站的气温序列进行线性回归分析,通过斜率计算各站的增温率,徐家汇气象站为 0.491℃/10a,奉贤气象站为 0.241℃/10a,这说明城区的增温率比郊区的增温率高。

(2)年平均气温的年代际跃变

分析徐家汇气象站和奉贤气象站 50 余年的气温距平和 5 年滑动平均值的变化趋势(图 3-22)可以看出,上海地区自 20 世纪 60 年代以来气温总体不断上升,徐家汇气象站在 1991 年以前(含 1991 年)的 5 年滑动平均值

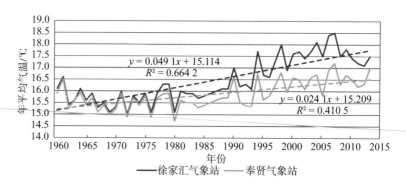

图 3-21　1960—2013 年徐家汇气象站与奉贤气象站年平均气温变化趋势

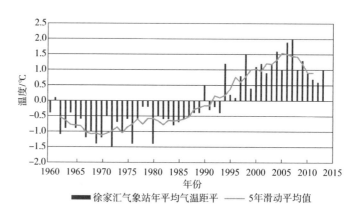

图 3-22　1960—2013 年徐家汇气象站年平均气温距平与 5 年滑动平均值变化情况

均为负值,而 1991 年以后均为正值,存在着明显的平均气温跃变;奉贤气象站在 1994 年以前(含 1994 年)的 5 年滑动平均值为负值,而 1994 年以后均为正值,气温跃变也非常明显(图 3-23)。由此可以断定,1991 年为徐家汇气象站平均气温的跃变年份,而奉贤气象站的平均气温跃变出现在 1994 年。这一结果与已有研究结论一致(江志红等,2008;徐家良,1993;曹爱丽等,2008;王原,2010),即 20 世纪 90 年代初期是上海气温跃变的主要时期,而郊区的跃变则相对滞后于城区。

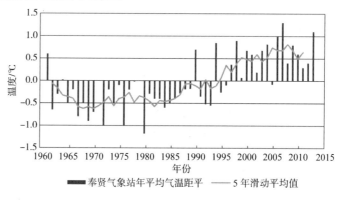

图 3-23　1960—2013 年奉贤气象站年平均气温距平与 5 年滑动平均值变化情况

分析各年代两个气象站的平均气温变化特征,见表3-2和表3-3。如表3-2所示,在20世纪90年代以前的30年,中心城区年代平均气温距平均为负值,20世纪90年代以后年代平均气温距平出现正值。气温变化倾向率是指采用线性回归方程的方法描述气温长期变化的幅度,其为回归系数×10,单位为℃/10a,则各年代气温变化倾向率表明,除20世纪60年代以外,其余各年代的平均气温均表现出增长趋势,在21世纪10年代数据不完整的情况下,20世纪90年代的气温变化倾向率最高,为1.042℃/10a,这进一步证实了上海市区自20世纪90年代以来呈现出显著的增温趋势,这一时期也是上海近百年来的第二次增温期(江志红等,2008)。

表3-2 1960—2013年徐家汇气象站平均气温距平的年代际变化

时间	平均气温/℃	平均气温距平/℃	气温变化倾向率/[℃·(10a)⁻¹]
20世纪60年代	15.71	−0.79	−1.018
20世纪70年代	15.72	−0.78	0.842
20世纪80年代	15.85	−0.65	0.624
20世纪90年代	16.88	0.38	1.042
2000—2009年	17.82	1.32	0.448
2010—2013年	17.36	0.86	1.601

注:20世纪10年代只统计到2013年,下同。

表3-3 1960—2013年奉贤气象站平均气温距平的年代际变化

时间	平均气温/℃	平均气温距平/℃	气温变化倾向率/[℃·(10a)⁻¹]
20世纪60年代	15.58	−0.32	−1.016
20世纪70年代	15.53	−0.37	0.495
20世纪80年代	15.46	−0.44	0.631
20世纪90年代	16.01	0.11	0.471
2000—2009年	16.54	0.64	0.323
2010—2013年	16.53	0.63	1.601

从奉贤气象站平均气温距平的年代际变化来看(表3-3),同样的气温变化趋势出现在郊区,但与城市中心区不同的是,郊区的气温变化倾向率较中心城区小,年代之间的气温变化倾向率差距不大,最高的气温变化倾向率出现在2010—2013年,也进一步证实了郊区为上海增温最显著的区域,这与当前郊区的快速城市化是相一致的。

相关研究表明,上海各个季节的平均气温倾向率和年平均气温倾向率均高于全国和长三角水平,其中年平均气温倾向率分别是全国和长三角的2.04倍和2.55倍;在各季节比较中,除冬季以外,上海春季、秋季和夏季的气温增长速度均高于全国和长三角平均水平;上海的增温水平同样高于长三角其他大城市增温的平均水平(王原,2010)。这些研究成果进一步论证了城市化发展对增温具有贡献。

2）城郊温差

不同下垫面地区的气温变化具有不同的特点。市区下垫面的建筑密度较高，不透水区域面积较大，郊区不透水区域面积较市区小，所以其气温变化也就较中心城区小，这是形成城郊温差的主要原因，即所谓的热岛效应。城市热岛效应是在城市化地区的人为因素和局地气象条件共同作用下形成的（张艳等，2012）。本书采用热岛强度来表征城郊温差，即热岛中心气温减去同高度（通常是距地面 1.5 m 高处）附近郊区的气温差值（周淑珍等，1994）。在实际操作过程中，往往选取城市某一具有代表性的气象站与郊区另一具有代表性的气象站的气温资料，对两个气象站的气温进行对比以表示热岛强度及其变化。

将徐家汇气象站的观测数据作为市区气温，奉贤气象站的观测数据作为郊区气温，两者之差即城郊温差。图 3-24 是两个站点的平均气温差随时间的变化曲线，可以看出，在 20 世纪 90 年代以前，城郊温差变化比较平稳，最大值几乎没有超过 0.4℃；之后城郊温差呈锯齿状上升，温差最大值出现在 2005 年，达到 1.68℃。1960—2013 年上海城郊温差距平与 5 年滑动平均值显示（图 3-25），在 1991 年前，5 年滑动平均值为负值，之后（包括 1991 年）为正值，这说明 1991 年是上海城郊温差的跃变时期。

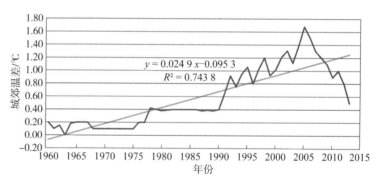

图 3-24　1960—2013 年上海城郊温差变化
注：图中直线为公式的拟合线。

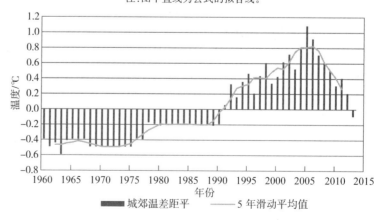

图 3-25　1960—2013 年上海城郊温差距平与 5 年滑动平均值变化情况

根据城郊温差的变化趋势,可以将其分为两个时期四个阶段(表3-4)。

(1)城郊温差平稳变化时期,即1960—1990年,这一时期城郊平均温差的平均值为0.23℃。这一时期又可以分为两个阶段:1960—1977年,这一阶段城郊平均温差在0.20℃以下,城区和郊区发展均较缓慢;1978—1990年,这一阶段城郊平均温差在0.38℃到0.40℃之间,尽管这一阶段城市快速发展,但是城郊温差的差别不明显。

(2)城郊温差波动变化时期,即1991—2013年,这一时期城郊平均温差的平均值高达1.06℃。这一时期又可以分为两个阶段:一是1991—2005年的波动上升阶段;二是2006—2013年的波动下降阶段。这也从侧面反映了城市开发建设的重心逐渐由城市中心区转向郊区,城郊温差相对逐渐缩小。

表3-4 1960—2013年上海城郊温差变化时期划分

变化时期	特征	阶段	气温特征	城郊平均温差/℃	平均气温距平/℃	气温变化倾向率/[℃·(10a)⁻¹]
平稳变化	低温差	1960—1977年	≤0.2℃	0.180	−0.441	0.043
	中温差	1978—1990年	0.38—0.40℃	0.390	−0.196	0.012
波动变化	波动上升	1991—2005年	0.65—1.51℃	1.607	0.476	0.502
	波动下降	2006—2013年	0.50—1.51℃	1.309	0.448	−1.235

已有研究表明,上海市50余年平均最高气温呈现波动上升的趋势,气温变化倾向率为0.31℃/10a;5年滑动曲线表明,年均最高气温的显著上升主要从20世纪80年代中期开始,90年代末期出现了一次年均最高气温显著下降,随后从2000年又开始逐渐上升。年均最低气温上升的幅度高于年均最高气温,年均最低气温变化倾向率达到了0.53℃/10a,年均最低气温的显著上升同样是从20世纪80年代中期开始的。此外,极端最高气温也呈现出波动上升的趋势(徐明等,2009)。

3.2.3 上海年平均气温变化的空间特征分析

局地气温的空间分布与地理位置、地形地貌、气象条件、区域下垫面、土地利用状况等均具有一定的关联,且成因较为复杂。从气候特征来看,上海属于北亚热带季风性气候,常年主导风为东南风,气候温润,日照充足,四季分明,雨水充沛。在不同的历史时期,上海的年平均气温变化和城郊温差表现出一定的时间特征。由于气温资料的不完整,因此无法完全模拟不同时期年平均气温的空间分布特征。本书根据上海市11个气象站1971—2000年和2001—2010年两个时期的多年平均气温数据(图3-26),进行空间插值分析。

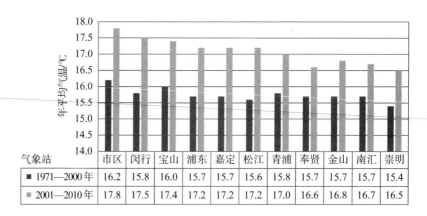

气象站	市区	闵行	宝山	浦东	嘉定	松江	青浦	奉贤	金山	南汇	崇明
■ 1971—2000年	16.2	15.8	16.0	15.7	15.7	15.6	15.8	15.7	15.7	15.7	15.4
▨ 2001—2010年	17.8	17.5	17.4	17.2	17.2	17.2	17.0	16.6	16.8	16.7	16.5

图 3-26　上海 11 个气象站两个时期的年平均气温

1971—2000 年和 2001—2010 年两个时期的年平均气温分布呈现如下特征：

（1）从上海全域空间来看，年平均气温总体呈现上升趋势。也就是说，每个地区的年平均气温与全市平均气温的变化趋势一致，均呈上升趋势。1971—2000 年 11 个气象站的多年平均气温在 15.4—16.2℃ 范围内，2001—2010 年则在 16.5—17.8℃ 范围内。

（2）年平均气温由中心城区向外围郊区依次递减，呈圈层式分布。从两个时期的气温分布来看，城市中心区所在的静安、黄浦区、徐汇区、虹口区、闸北区、普陀区、杨浦区等气温为全市平均最高气温地区，其次为闵行区、宝山区、嘉定区、松江区、青浦区、浦东新区北部、松江区等城市近郊区，年平均气温最低区域则为金山、奉贤、南汇（2009 年并入浦东新区）、崇明等远郊区县。

（3）气温增长呈现出市区高于近郊区，近郊区高于远郊区县的特征，与年平均气温的空间分布特征一致。从 11 个气象站两个时期的气温增长情况来看（图 3-27），闵行、市区、松江、浦东、嘉定的年平均气温增长在 1.5℃ 及以上，宝山、青浦的年平均气温增长在 1.2℃ 及以上，其余远郊区县的年平均气温增长则相对较低，在 1.1℃ 及以下。

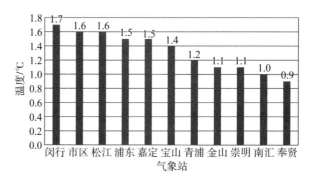

图 3-27　11 个气象站两个时期的气温增长情况

（4）2001—2010 年的年平均气温距平的分布则呈现出中心城区高于

外围、北部高于南部的特征。多年平均气温距平反映了区域气温变化与全市年平均气温之间的差距。从2001—2010年的年平均气温距平分布来看,城市中心区及闵行、松江的年平均气温距平最高;其次为浦东、嘉定、宝山等区域;远郊区县最低。

(5)城市热岛效应明显。从1981—2010年上海市中心区的徐家汇气象站和郊区的奉贤气象站的月平均气温对比来看(图3-28),整体呈现出城市中心区高于郊区的趋势,反映了热岛效应明显。

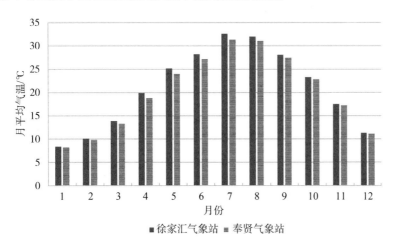

图3-28　1981—2010年上海徐家汇气象站和奉贤气象站月平均气温对比图

3.3　上海其他气候变化的时空特征分析

本书根据气象统计资料,就上海降水、相对湿度、日照时数、极端气候和海平面上升在时空尺度上的特征进行分析。

3.3.1　降水

1) 降水的时间变化特征

根据1951—2013年徐家汇气象站的月累计前一日20:00—当日20:00的降水数据,上海62年的平均降水量为1 154.2 mm,每年的降水量见图3-29。总体来看,降水量呈波动趋势,没有非常明确的随时间增加或者减少的趋势,表现为波动周期变化规律。此外,上海降水全年的分布在汛期和枯期差异明显,汛期(4—9月)占全年降水的70%,枯期(10月至次年3月)占全年降水的30%。各年的年平均降水量距平百分率如图3-30所示。根据国际通用标准,当距平百分率≥50%时为涝,25%—49%时为偏涝,−25%—24%时为正常,−49%—−26%时为偏旱,≤−50%时为旱,则上海有5年偏涝,分别为1954年、1977年、1985年、1993年、1999年;8年偏旱,分别为1967年、1968年、1978年、1979年、1984年、1988年、1994年、2003年。

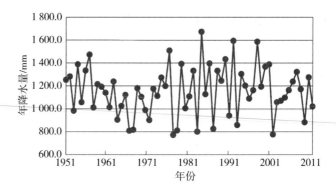

图 3-29　1951—2013 年上海年降水量变化

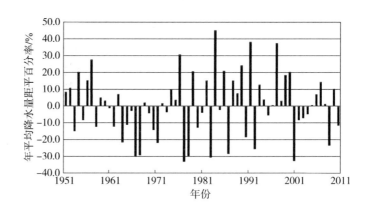

图 3-30　1951—2013 年上海年平均降水量距平百分率

　　通过对比上海自 20 世纪 50 年代以来中心区各个年代的年度及汛期、枯期降水量距平百分率(图 3-31),可以看出各个年代的年均汛期降水量距平百分率曲线和年度总降水量距平百分率曲线变化趋势十分相似,这是由于全年的降水量主要集中于汛期。年均枯期降水量距平百分率曲线相比年度总降水量距平百分率曲线振动幅度则要大。总体来看,年均汛期和枯期降水量距平百分率曲线逐渐接近年度总降水量距平百分率曲线。

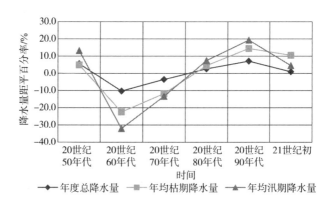

图 3-31　20 世纪 50 年代以来上海各年代年度与汛期、枯期降水量距平百分率曲线

分析1951—2011年上海年降水量10年滑动曲线(图3-32)发现,最近一次的枯期降水之后的多雨期出现了滞后。21世纪初期的10年滑动平均曲线普遍高于20世纪后期,这也间接说明了降水周期在一定程度上受到了气候变暖的影响,但是趋势不是非常明显。

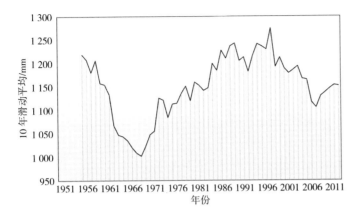

图3-32　1951—2011年上海年降水量10年滑动平均曲线

2) 降水的空间分布特征

本书根据上海11个气象站在1971—2000年和2001—2010年两个时期的多年降水量数据(图3-33)进行地理信息系统(GIS)空间插值分析。可以看出,上海市降水的空间分布特征如下:

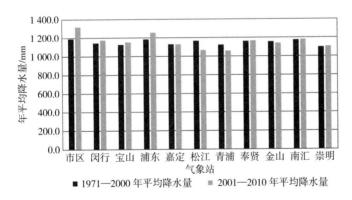

图3-33　上海11个气象站两个时期年平均降水量

(1) 上海的降水分布表现出由中心向外围、由南往北递减的特征。从1971—2000年和2001—2010年两个时期降水的空间分布来看,城市中心区的降水量均较高,其次为浦东地区,奉贤、南汇、金山等南部地区;相对而言,北部地区的降水量较南部少,但是南北之间差别不大。造成这一空间分布的原因主要是东部区域近海,而城市区域的雨岛效应也有一定的贡献。

(2) 从11个气象站两个时期的降水量变化来看(图3-34),市区、浦东、闵行、宝山等区域多年平均降水量增加,崇明、奉贤、南汇、嘉定等区域的降水变化不大,金山、青浦、松江的降水量减少。

（3）从2001—2010年各区县年平均降水量距平百分率分布来看,表现出中心城区高于外围地区、东部地区高于西部地区的特征。

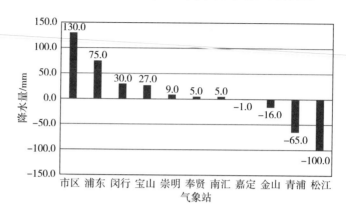

图3-34　上海11个气象站两个时期降水量变化

3.3.2　相对湿度

相对湿度是指空气中的水汽压与相同温度下饱和水汽压的百分比,也可表示为湿空气中水蒸气分压力与相同温度下水的饱和压力之比。根据上海徐家汇气象站1960—2010年的年平均相对湿度,分析上海城区相对湿度的年际变化,结果如图3-35所示。50年来,上海城区年平均相对湿度为76.2%,递减变化倾向率为1.73%/10a,自2005年以来下降的趋势更为显著。

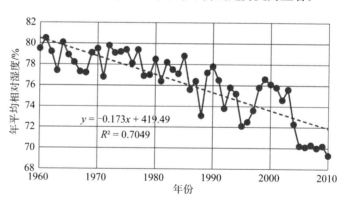

图3-35　1960—2010年上海年平均相对湿度变化
注:图中虚线为公式的拟合线。

总体来看,年平均相对湿度呈现小幅震荡、逐渐走低的趋势。其中20世纪60年代到80年代中期年平均相对湿度变化较小,呈缓慢下降;自1985年以来,年平均相对湿度降低的趋势较为明显。年平均相对湿度以20世纪60年代初期为最高,达到80%左右,而2010年则降到69%。相对湿度的年平均变化趋势与气温年平均变化趋势正好相反。因此,可以认为,上海50年来的气候变化趋势是温度趋高、湿度趋低,呈现干热趋势(周巧兰等,2013)。

空气相对湿度与大气质量、生活舒适度具有重要的关系。大气相对湿度与可吸入颗粒物(PM10)浓度和大气能见度具有一定的相关性,在不同的大气相对湿度下大气能见度表现出的相关性具有差异性(龚识懿等,2012)。上海城区50年来年平均相对湿度呈总体降低趋势,这表明在城市化过程中产生了显著的"干岛效应",其原因一方面是城市建设用地的不断扩张,城市中高层建筑的大量增加,生态用地向城市建设用地的转变,硬质下垫面的增加,导致雨水快速流失,对空气的调节能力减弱,因此地面比较干燥,空气的相对湿度也就降低了;另一方面城市热岛效应的加剧也在一定程度上导致了城市干岛的形成。

3.3.3 日照时数

日照时数是指太阳每天在垂直于其光线的平面上的辐射强度超过或等于120 W/m²的时间长度。根据上海徐家汇气象站1960—2013年的年日照时数,分析上海城区日照时数的年际变化(图3-36),53年内上海年平均日照时数为1 854 h;总体呈现递减趋势,递减倾向率为101.77 h/10 a。尤其明显的是自2007年以来,日照时数为50余年的最低,仅在2013年出现增高的情况。引起日照时数减少的原因是多样的,如上海城市化进程中工业废气排放、机动车尾气排放、建筑施工、火力发电等会导致气溶胶浓度增加,雾霾的增多以及其他空气污染也是导致日照时数逐渐减少的重要因素。

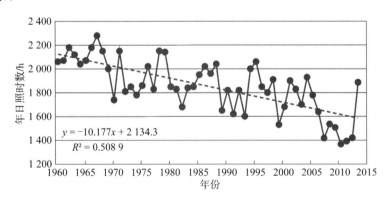

图3-36　1960—2013年上海年日照时数变化

3.3.4 极端气候

1) 极端高温

相关研究表明,1961—2013年徐家汇高温热浪发生频次呈现明显上升趋势,其线性倾向率达到0.81次/10a。2000年以后的强高温次数为16次,占50余年强高温热浪次数的61.5%;而极端高温热浪次数为12次,占50余年极端高温次数的66.7%。2000年以后几乎每年都有强高温热浪和极端高温热浪事件出现。高温日数出现的变率也有所减少,说明高温出现得越来越稳定。不仅高温热浪的频次增加,而且强度也有所增加(刘校辰等,2014)。上海城区53年极端最高气温呈现波动上升的趋势,从20世纪70年代末期开始,极端最高气温开始缓慢上升,尤其是在2009年、2010年连续两年出现了40.0℃的极端高温(图3-37)。

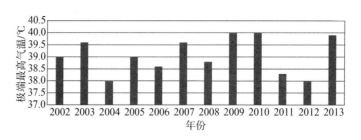

图3-37 2002—2013年上海极端最高气温

从空间分布来看,2001—2010年平均≥37℃的高温日数分布呈现由中心区向外围递减的趋势,其中极端高温日数最多的地区为黄浦区和静安区、徐汇区,其次为闸北区、虹口区、普陀区及城市近郊区;远郊区县的高温日数相对较少。极端高温也呈现出由城市中心区向外围递减的趋势。综合两个方面来看,城市中心区的极端高温温度和日数均为全市之最。高温的增加对老年人口、儿童等身体健康产生了影响,也加大了能源利用的需求。

2) 风暴潮灾害

风暴潮是由台风、温带气旋、冷锋的强风作用和气压骤变等强烈的天气系统引起的海面异常升降现象,是沿海地区的一种自然灾害,与之相伴的狂风巨浪可酿成严重的灾害。通常把风暴潮分为温带气旋引起的温带风暴潮和热带风暴引起的热带(台风)风暴潮两类。上海地区东濒长江入海口,南枕杭州湾,处于以太湖为中心的碟形洼地的东缘。由于地处北亚热带南缘,受东南季风影响,北部、东部、南部较高,中西部较低,水资源在时空分布上不均等特征,上海极易受到自然灾害的侵蚀。上海风暴潮灾害致灾因子包括天文、气象、地面沉降、海平面上升等(谢翠娜,2010)。统计资料显示,上海风暴潮的发生频次呈不断增加的趋势。1949—1959年,10年间发生了9次对上海影响较大的台风风暴潮;1960—2000年,发生了53次影响较大的台风风暴潮,其中2000年多达1年5次的高频度(谢翠娜,2010)。1949—2007年,从以上海为中心的550 km范围内经过并影响到上海的台风约有200个,且带来大风、暴雨、风暴潮等灾害。

风暴潮的直接结果就是导致洪涝的发生。在20世纪的100年中,受较严重水灾害的年份达 66 年。上海的洪涝灾害呈现六个特征:台风的多发性,暴雨的突发性,水位的趋高性,洪水的复杂性,风、暴、潮的经常性,风、暴、潮和上游洪水的可能性。近年来在全球气候变化影响下,气温、降水和气流的变化提高了风暴潮产生的可能性(汪松年,2007)。

3) 雷暴

对 1960—2004 年上海 11 个气象观测站的雷暴日数(频次时间序列)进行分析,发现上海地区雷暴活动总体来说呈下降趋势。60 年代雷暴活动较为频繁,从 70 年代开始呈缓慢下降趋势,到 80 年代中期略有上升,但从 90 年代开始呈现减少趋势,且幅度较大。雷暴活动年际震荡明显,并具有较明显的周期性。多雷暴年份有 10 年,大多出现在 20 世纪 80 年代中期以前;少雷暴年份有 7 年,大多出现在 20 世纪 80 年代以后。从空间分布来看,崇明的年平均雷暴日数为上海之最(达到 32.0 天);金山次之;沿海郊区的雷暴日数相对于市区较多,上海市区、嘉定和奉贤形成了西北—东南走向的少雷暴带(胡艳等,2006)。上海地区的城市热岛效应可能会增加城区和城乡交界地区雷暴的发生频数。

3.3.5　海平面上升

全球海平面上升是由全球气候变暖导致的海水增温膨胀、陆源冰川和极地冰盖融化等因素造成的。20 世纪全球海平面大约上升了 2.13 m(Nicholls et al.,2008),在过去的几十年上升趋势尤为明显(Morton et al.,2004;Brown et al.,2002)。1980—2013 年中国沿海海平面上升速率为 2.9 mm/a,高于全球水平;同期沿海气温与海温呈上升趋势,上升速率分别为 0.38℃/10a 与 0.20℃/10a;气压呈下降趋势,变化速率为 −0.029 kPa/10a。

上海位于河口淤积平原,地质结构松软,由于地下水超采和大型建筑物群的沉积压实作用,地面沉降幅度较大,沉降区域广,海平面的相对上升幅度增加,影响范围增大。监测结果显示,1921—1965 年,上海市区地面平均下沉 1.69 m,年最大平均沉降量达 110 mm;1921—2008 年,最大累积沉降量达 2.63 m;2008 年,上海平均地面沉降量为 6.4 mm,中心城区平均沉降量为 7.6 mm。根据中国海平面公报,将 1975—1993 年的平均海平面定为常年平均海平面(简称常年),将该期间的月平均海平面定为常年月均海平面(简称常年同期),自 1998 年以来,上海常年海平面上升高度与全国常年海平面上升高度具有一致的变化趋势(图 3-38),每年与全国的平均海平面上升差距较小。自 1998 年以来,上海的年平均海平面上升 67.1 mm,其中 2012 年的上升趋势最为明显;2013 年,年平均海平面比常年高 72 mm,比 2012 年低 40 mm。2013 年沿海海平面波动较大,5 月、6 月和 10 月海平面较常年同期分别高 147 mm、134 mm 和 130 mm,7 月、8 月和 11 月海平面低于常年同期;与 2012 年同期相比,7 月、8 月和 11 月海平面分别低 152 mm、140 mm 和 128 mm(图 3-39)。预计未来 30 年,上海沿海海平面将上升 85—145 mm。

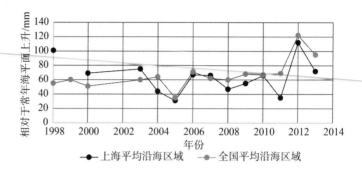

图 3-38　1998—2013 年上海与全国平均海平面上升情况

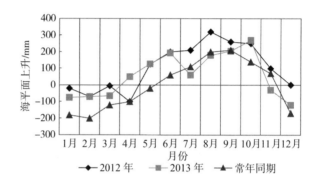

图 3-39　2013 年上海沿海海域每月海平面上升与 2012 年及常年同期比较

第 3 章注释
① 参见《上海新一轮城市总体规划编制的工作方案(征求意见稿)》。

第 3 章参考文献
《上海旧政权建置志》编纂委员会,2001. 上海旧政权建置志[M]. 上海:上海社会科学院出版社.

曹爱丽,张浩,张艳,等,2008. 上海近 50 年气温变化与城市化发展的关系[J]. 地球物理学报,51(6):1663-1669.

龚识懿,冯加良,2012.上海地区大气相对湿度与 PM 10 浓度和大气能见度的相关性分析[J]. 环境科学研究,25(6):628-632.

胡婷,胡永云,2014. 对 IPCC 第五次评估报告检测归因结论的解读[J]. 气候变化研究进展,10 (1):51-55.

胡艳,端义宏,2006. 上海地区雷暴天气的气候变化及可能影响因素[J]. 中国海洋大学学报(自然科学版),36(4):588-594.

江志红,张霞,王冀,2008. IPCC - AR4 模式对中国 21 世纪气候变化的情景预估[J]. 地理研究,27(4):787-799.

林学椿,于淑秋,2005. 北京地区气温的年代际变化和热岛效应[J]. 地球物理学报,48
　　(1):39-45.

林艳君,2006. 上海市能源消费特征及影响因素研究[D]. 上海:华东师范大学.

刘校辰,侯依玲,穆海振,等,2014. 上海高温风险评估研究[C]. 北京:第31届中国气
　　象学会年会:S15副热带气象及生态环境影响.

刘旖芸,2009. 上海能源消费与经济发展关系研究[D]. 上海:复旦大学.

上海市城市规划管理局,1997. 上海城市总体规划(1999—2020年)[Z]. 上海:上海市
　　城市规划管理局.

上海市规划和国土资源管理局,上海市城市规划设计研究院,2012.上海市基本生态网
　　络规划[Z].上海:上海市规划和国土资源管理局.

史军,崔林丽,周伟东,2008. 1959年—2005年长江三角洲气候要素变化趋势分析[J].
　　资源科学,30(12):1803-1810.

汪松年,2007. 上海地区洪涝灾害的特点和防止对策探讨[J]. 城市道桥与防洪(5):
　　187-192.

王祥荣,王原,2010. 全球气候变化与河口城市脆弱性评价:以上海为例[M]. 北京:科
　　学出版社.

王原,2010. 城市化区域气候变化脆弱性综合评价理论、方法与应用研究:以中国河口
　　城市上海为例[D]. 上海:复旦大学.

魏凤英,1999. 现代气候统计诊断与预测技术[M]. 北京:气象出版社.

吴昊旻,黄安宁,黄旋旋,2012. 近50年长三角地区季节的气候变化特征[J]. 中国农
　　业气象,33(3):317-324.

谢翠娜,2010. 上海沿海地区台风风暴潮灾害情景模拟及风险评估[D]. 上海:华东师
　　范大学.

徐家良,1993. 近百余年上海气温变化的若干特征[J]. 地理学报,48(1):26-32.

徐明,马超德,2009. 长江流域气候变化脆弱性与适应性研究[M]. 北京:中国水利水
　　电出版社.

叶殿秀,尹继福,陈正洪,等,2013. 1961—2010年我国夏季高温热浪的时空变化特征
　　[J]. 气候变化研究进展,9(1):15-20.

张浪,姚凯,张岚,等,2013. 上海市基本生态用地规划控制机制研究[J]. 中国园林,29
　　(1):95-97.

张艳,鲍文杰,余琦,等,2012. 超大城市热岛效应的季节变化特征及其年际差异[J].
　　地球物理学报,55(4):1121-1128.

周巧兰,鲁小琴,2013. 上海市1951—2010年气温演变的结构性分析[J]. 浙江大学学
　　报(理学版),40(6):693-697.

周淑贞,束炯,1994. 城市气候学[M]. 北京:气象出版社.

BROWN A C,MCLACHLAN A,2002. Sandy shore ecosystems and the threats facing
　　them:some predictions for the year 2025 [J]. Environmental conservation,29(1):
　　62-77.

IPCC, 2013. Climate change 2013: the physical science basis [M]. Cambridge:
　　Cambridge University Press.

MORTON R A,MILLER T L,MOORE L J,2004. U. S. geological survey open file
　　report 2004-2043[R]. Denver:U. S. Geological Survey.

NICHOLLS R J,HANSON S,HERWEIJER C,et al,2008. Ranking port cities with high exposure and vulnerability to climate extremes[Z]. Paris：Organisation for Economic Co-operation and Development.

第3章图表来源

图 3-1 源自：笔者根据《2013 年上海市水资源公报》资料绘制.

图 3-2 源自：《2015 年上海市水资源公报》.

图 3-3 源自：2000—2011 年上海统计年鉴；《上海旧政权建置志》编纂委员会，2001. 上海旧政权建置志[M]. 上海：上海社会科学院出版社.

图 3-4 源自：笔者根据 2000—2014 年上海统计年鉴资料绘制.

图 3-5 源自：笔者根据《上海统计年鉴：2013》资料绘制.

图 3-6 至图 3-10 源自：笔者根据《上海统计年鉴：2014》资料绘制.

图 3-11 源自：《新中国 55 年统计资料汇编》；1996—2009 年中国统计年鉴；《中国统计年鉴：2013》；2000—2007 年中国城市建设统计年鉴.

图 3-12 源自：笔者根据 1996—2014 年上海统计年鉴资料绘制.

图 3-13 源自：笔者根据《上海市土地利用总体规划(2006—2020 年)》绘制.

图 3-14 源自：笔者根据 2001—2012 年中国城市建设统计年鉴资料整理绘制.

图 3-15 源自：上海市规划和国土资源管理局，上海市城市规划设计研究院，2012. 上海市基本生态网络规划[Z]. 上海：上海市规划和国土资源管理局；金忠民(2011 年).

图 3-16 源自：笔者根据 2000—2014 年上海统计年鉴资料绘制.

图 3-17 源自：笔者根据《上海统计年鉴：2014》资料绘制.

图 3-18 至图 3-20 源自：笔者根据 2000—2014 年上海统计年鉴资料绘制.

图 3-21 至图 3-23 源自：笔者根据 2014 年上海市气象统计资料绘制.

图 3-24、图 3-25 源自：笔者根据历年上海市气象统计资料绘制.

图 3-26 至图 3-28 源自：笔者根据 2012 年上海市气象统计资料绘制.

图 3-29、图 3-30 源自：笔者根据 2014 年上海市气象统计资料绘制.

图 3-31 源自：笔者根据 2010 年上海市气象统计资料绘制.

图 3-32 至图 3-36 源自：笔者根据 2012 年上海市气象统计资料绘制.

图 3-37 源自：笔者根据《上海统计年鉴：2014》资料绘制.

图 3-38、图 3-39 源自：笔者根据中国海平面公报资料绘制.

表 3-1 源自：笔者根据 2000—2014 年上海统计年鉴资料整理绘制.

表 3-2、表 3-3 源自：笔者根据历年上海市气象统计资料绘制.

表 3-4 源自：笔者根据历年城郊温差的分析计算绘制.

4 上海局地气候变化与城市空间发展相关性分析

上海在快速城市化过程中,人口持续增长,产业、经济、社会发展既推动了对能源消费的依赖,又加快了城市原有自然生态系统的改变,进一步导致局地气候的变化。年平均气温、城郊温差、相对湿度、日照时数在时间和空间上具有明显的规律,呈近似线性的波动递增或递减规律;有的时间规律不明显,如降水时间规律不明显,但是空间分布规律显著。研究局地气候变化的形成原因和影响因素是非常困难的。本章主要讨论具有统计学意义、与城市空间发展具有密切关联(呈现出很强的年际或年代际变化规律或空间分布规律)的气候要素在变化过程中与城市空间要素之间的相关性。

从时间尺度来看,城区年平均气温、郊区年平均气温、城郊温差、相对湿度、日照时数具有较为明显的变化规律;从空间尺度来看,年平均气温与降水的空间分布具有较为明显的规律。因此本书在时间尺度上对气候变化与城市空间发展相关性的探讨仅限于城区年平均气温、郊区年平均气温、城郊温差、降水、相对湿度、日照时数,在空间尺度上对气候变化与城市空间发展相关性的探讨仅限于年平均气温与年平均降水量。

城市空间具有宏观空间和微观空间两种分类,前者是指城市占有的地域(包括三维空间),后者是指城市建筑物的围合空间和占领空间(张勇强,2003)。本书的研究以宏观空间为主,因此城市空间发展的研究也以宏观空间发展为主体。城市空间发展可以理解为城市在内外发展动力的作用下城市空间的推进和演化,其中既包括了地理平面上城市建设用地的扩张、垂直方向上建筑物和构筑物的伸展,又包括了城市空间范围内各种以空间为载体的人类活动的变化。因此城市空间发展要素就包括了城市空间上各种有形的要素(建筑、土地利用等)和无形的要素(人口利用、能源消费等)。本章从宏观尺度考察气候变化与城市空间发展之间的关系,更为确切地说,是考察气候变化与以城市空间为载体的各种发展要素之间的关系,其本质是城市发展要素。

4.1 时间尺度上上海气候变化与城市空间发展相关性分析

4.1.1 研究数据与研究方法

1) 研究数据

目前全球平均气温呈升高趋势,上海的气候变化是在全球气温变暖的背景下发生的,称之为全球因素;地方因素既包括长三角周边区域的影响,又包括上海本地特殊的自然地理、经济社会发展的影响。上海气候变化受全球和地方因素的双重影响(图4-1),全球因素主要表现为上海的气候变化趋势与全球具有一致性,是全球气候变化带来的局地气候变化的结果;同时,每个区域由于自身的地理位置、地形条件、气候气象特征、水文特征、城市化发展进程、城市空间格局等一系列特殊性,在局地气候变化方面表现出很强的地域性。地方因素可以分为自然因素和人为因素。在时间尺度上主要考虑那些年代变化特征明显、与城市化发展息息相关的局地气候变化要素与城市空间格局之间的内在关联性,主要定量地考察气温(包括城郊年平均气温和城郊温差)、降水、相对湿度和日照时数四个要素与城市空间格局之间的关系。

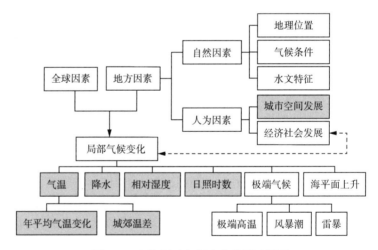

图 4-1 上海局地气候变化的影响因素

注:灰色框内为本章的主要研究对象,即主要研究城市空间发展与气温、降水、相对湿度、日照时数之间的关系,这是因为考虑到这四种局地气候变化现象的时空特征明显,与城市空间格局可能存在一定的关联。图中虚线表示两者之间具有相互关联性。

气候变化要素数据包括 1978—2013 年上海徐家汇气象站、奉贤气象站的年平均气温变化数据、城郊温差数据(徐家汇气象站与奉贤气象站的数据之差),徐家汇气象站的降水、相对湿度和日照时数数据。

从时间尺度来看,建筑、道路、城市建设用地等物质空间是城市空间发展的外在表象,而人口、经济、社会发展、能源消费等虽然不构成城市空间的直接物质要素,但是其是城市空间发展的内涵,这些要素的变化使得城市空间发生了外在的变化。因此本书在探讨时间尺度上气候变化与城市空间发展相关性的时候,采用了能够综合反映城市空间在时间尺度上发展的指标,以求更为全面地认识城市空间外在和内在的发展对城市气候变化的影响。城市空间发展要素数据选择遵循数据的可获取性、可测度性、代表性、典型性原则,城市空间数据不仅包括能够反映城市空间变化的实体要素数据,如建成区面积、道路密度等,而且包括能够反映城市空间发展的内在动力要素数据,如人口增长、经济增长数据等,数据年份为 1978—2013 年,其中城市空间发展的外在表征数据包括年末实有铺装道路长度、年末实有铺装道路面积、机动车数量、垃圾产生量、建筑垃圾产生量、房屋竣工面积、住宅竣工建筑面积、耕地面积、城市绿地面积、绿化覆盖率,城市空间发展的内涵发展数据包括常住人口、人口密度、农业人口、非农业人口、国内生产总值、人均国内生产总值、第一产业增加值、第二产业增加值、第三产业增加值、能源消费总量、电力消费、工业能源消费量、基础设施投资额、市政建设投资额、住宅投资额,共计 25 个指标。由于数据的不完整性,八层以上的建筑面积、八层以上的建筑密度、城市建成区面积和城市建设用地面积四个变量仅有 1995—2013 年的数据,它们表征了城市空间扩张的特征,将单独讨论。数据主要来源为 2000—2013 年上海统计年鉴,部分数据来源为《中国城市建设统计年鉴:2013》。

2)研究方法

本章主要采用数理统计分析中的相关性分析法进行时间尺度上气候变化与城市空间发展相关性的分析,具体过程如下:

(1)研究数据标准化

由于原始数据量纲不同,因此为了进行有意义的比较,需要将其标准化。采用统计产品与服务解决方案软件 SPSS 10.0 的数据处理系统对城市空间发展相关数据和气候变化五个要素(降水、相对湿度、日照时数、极端气候和海平面上升)的多年平均数据进行标准化处理。采用标准差标准化,即

$$Z_{ij} = (X_{ij} - \bar{X}_j)/\sigma_j \qquad (4-1)$$

其中,Z_{ij} 为各指标标准化值;X_{ij} 为各指标的原始值;$\bar{X}_j$ 为各指标的平均值;σ_j 为 X_{ij} 的标准差。

(2)构建城市空间发展强度指标评价体系

城市化率尽管是衡量城市化水平变化的最常用指标,但是这一单一指标仍然主要以城市非农人口占比为核心,无法反映城市在不同时间段内的综合开发和建设状况,包括城市土地利用的使用状况、城市建筑建造状况、城市基础设施建设状况等。为了更加全面地反映城市空间在时间尺度上的变化状况,本书提出"城市空间发展强度"(Urban Spatial Development Intensity,USDI)这一更为综合性的指标体系,来反映不同时间范围内城

市空间在利用和建设程度上的总体状况。“发展”一词表征城市处于动态
变化过程,本书采用“城市空间发展强度”意在反映城市空间随时间变化的
开发建设强度,是多个指标加以综合的无量纲值,其意义与王原(2010)所
定义的“城市化强度”类似。城市空间发展强度(USDI)为一系列能够反映
城市空间随时间变化的若干指标,按照权重之和累加,所得到的一个能够
反映不同年份城市化发展过程中城市空间变化的指数,具体计算公式为

$$U_m = \sum_{i=1}^{n} a_i X_{i,m} \tag{4-2}$$

其中,U_m 为第 m 年的城市空间发展强度;n 为城市化指标数量;$X_{i,m}$
为第 i 个指标第 m 年标准化的数值;a_i 为第 i 个指标的权重。n 和 a_i 为常
数,为下一步需要确定的数值,即从 25 个城市空间发展指标中选取对于表
征城市空间发展强度最具代表性的指标及其权重。本书采用主成分分析
法来确定指标的权重。

首先,计算相关系数矩阵

$$\boldsymbol{R} = \begin{bmatrix} r_{11} & r_{12} & \cdots & r_{1p} \\ r_{21} & r_{22} & \cdots & r_{2p} \\ \vdots & \vdots & \vdots & \vdots \\ r_{p1} & r_{p2} & \cdots & r_{pp} \end{bmatrix} \tag{4-3}$$

相关系数矩阵 $\boldsymbol{R}$ 用于描述多个变量之间的两两相关性,其矩阵的元素
r_{ij} 是变量 x_i 和 x_j 之间的皮尔逊相关系数,公式如下:

$$r_{ij} = \frac{\sum_{k=1}^{n}(x_{ki} - \bar{x}_i)(x_{kj} - \bar{x}_j)}{\sqrt{\sum_{k=1}^{n}(x_{ki} - \bar{x}_i)^2 \sum_{k=1}^{n}(x_{kj} - \bar{x}_j)^2}} \tag{4-4}$$

其中,r_{ij} 为变量 x_i 和 x_j 之间的皮尔逊相关系数。该值范围为 $[-1,1]$,
反映了变量之间线性相关的程度。$r_{ij} = 1$ 表示完全正相关;$r_{ij} = -1$ 表示
完全负相关;$r_{ij} = 0$ 表示无线性相关。N 为样本的数量,即每个变量的观
测值的个数。x_{ki} 为第 i 个变量在第 k 个样本中的取值。$\bar{x}_i$ 为变量 x_i 的均
值,计算公式为 $\bar{x}_i = \frac{1}{n}\sum_{k=1}^{n} x_{ik}$。

其次,在统计产品与服务解决方案软件 SPSS 10.0 中将 1978—2013
年 25 个城市空间发展指标作为基本因子输入,选取主成分分析法,得到
的主成分因子荷载量见表 4-1。总体来看,第一主成分和第二主成分的
特征值均大于 1,其中第一主成分的累积贡献率已经高达 86.560%,第
二主成分的累积贡献率达到 94.222%,第三主成分的累积贡献率达到
97.456%。25 个指标大都在第一主成分荷载上,其相互之间具有极高
的相关性。

表 4-1　主成分因子荷载量

主成分	起始特征值			旋转后的因子荷载		
	第一变量特征根	方差贡献率/%	累积贡献率/%	第一变量特征根	方差贡献率/%	累积贡献率/%
1	21.640	86.560	86.560	18.895	75.579	75.579
2	1.916	7.662	94.222	3.706	14.823	90.402
3	0.809	3.234	97.456	1.564	6.257	96.659
4	0.206	0.825	98.281	0.309	1.235	97.894
5	0.152	0.607	98.888	0.214	0.854	98.748
6	0.129	0.517	99.405	0.164	0.657	99.405

观察每个因子在各主成分旋转后的因子荷载情况(表 4-2),在第一主成分中,呈显著正相关的因子荷载由高到低依次为基础设施投资额、年末实有铺装道路长度、能源消费总量、年末实有铺装道路面积、电力消费、绿化覆盖率、人口密度、常住人口、工业能源消费量、机动车数量、市政建设投资额、人均国内生产总值、第二产业增加值、房屋竣工面积、非农业人口、第一产业增加值、国内生产总值、住宅投资额、第三产业增加值和城市绿地面积。农业人口和耕地面积则呈现高度负荷载。在第二主成分中因子荷载较高的是建筑垃圾产生量和垃圾产生量,该荷载为环境变量。在第三主成分中因子荷载最高的为住宅竣工建筑面积,因子特征不明显。确定第一主成分的指标均能反映城市空间随时间变化的强度,因此将其作为城市空间发展强度指数的初步变量。

表 4-2　旋转后的因子荷载

类别	主成分					
	1	2	3	4	5	6
基础设施投资额/亿元	0.949	0.031	0.106	0.040	0.279	−0.043
农业人口/万人	−0.948	−0.240	−0.194	−0.041	−0.017	0.009
年末实有铺装道路长度/km	0.948	0.235	0.183	0.018	−0.018	−0.094
能源消费总量/万吨标准煤	0.946	0.274	0.149	0.068	0.006	0.028
耕地面积/万 hm²	−0.940	−0.205	−0.238	−0.006	−0.012	−0.084
年末实有铺装道路面积/km²	0.937	0.243	0.194	0.039	−0.045	−0.129
电力消费/亿 kW・h	0.937	0.304	0.145	0.092	−0.012	−0.001
绿化覆盖率/%	0.935	0.166	0.280	−0.054	−0.051	−0.037
人口密度/(人・km⁻²)	0.934	0.306	0.147	0.099	0.004	0.030

类别	主成分					
	1	2	3	4	5	6
常住人口/万人	0.933	0.302	0.154	0.092	0.002	0.048
工业能源消费量/万吨标准煤	0.931	0.237	0.191	0.032	0.001	0.175
机动车数量/万辆	0.930	0.322	0.149	0.053	-0.024	-0.040
市政建设投资额/亿元	0.929	0.070	0.067	0.003	0.345	0.036
人均国内生产总值/万元	0.927	0.338	0.125	0.089	0.001	0.015
第二产业增加值/亿元	0.926	0.330	0.103	0.130	-0.022	-0.015
房屋竣工面积/万 m²	0.924	0.228	0.247	0.049	-0.014	-0.126
非农业人口/万人	0.916	0.240	0.263	0.039	0.013	0.149
第一产业增加值/亿元	0.909	0.257	0.221	-0.015	0.029	0.219
国内生产总值/亿元	0.901	0.395	0.056	0.158	0.000	-0.023
住宅投资额/亿元	0.879	0.389	0.186	0.101	-0.093	0.058
第三产业增加值/亿元	0.878	0.438	0.022	0.178	0.014	-0.031
城市绿地面积/万 hm²	0.791	0.424	-0.131	0.410	0.015	0.002
建筑垃圾产生量/万 t	0.227	0.973	-0.036	0.024	0.004	0.000
垃圾产生量/万 t	0.289	0.957	-0.013	0.018	0.004	0.014
住宅竣工建筑面积/万 m²	0.310	-0.089	0.946	-0.007	0.009	0.005

注:提取方法为主成分分析法;旋转方法为具有凯撒(Kaiser)正规化的最大变率法。

根据第一主成分中每个因子变量的相关系数,在同一因子层中相关性较高的若干指标中选择具有典型性和可代表性的指标,作为最终的城市空间发展强度指标,形成如表 4-3 所示的城市空间发展强度评价指标体系。该评价指标体系共有 11 个正向指标、1 个负向指标,则城市空间发展强度的计算公式为

$$U = 0.045X_1 + 0.035X_2 + 0.053X_3 + 0.050X_4 + 0.074X_5 + 0.078X_6 + 0.043X_7 + 0.121X_8 + 0.087X_9 + 0.070X_{10} - 0.086X_{11} + 0.154X_{12}$$

$$(4-5)$$

其中,X_1 至 X_{12} 分别为表 4-3 指标层各因子的标准化值。

表 4-3　城市空间发展强度评价指标体系

准则层	要素层	指标层	权重
城市空间发展强度	人口增长	人口密度(X_1)/(人·km⁻²)	0.045
		非农业人口(X_2)/万人	0.035

准则层	要素层	指标层	权重
城市空间 发展强度	经济与产业发展	人均国内生产总值(X_3)/万元	0.053
		第二产业增加值(X_4)/亿元	0.050
	能源消费	能源消费总量(X_5)/万吨标准煤	0.074
		工业能源消费量(X_6)/万吨标准煤	0.078
	基础设施建设	基础设施投资额(X_7)/亿元	0.043
		年末实有铺装道路长度(X_8)/km	0.121
		机动车数量(X_9)/万辆	0.087
	城市空间扩张	房屋竣工面积(X_{10})/万 m^2	0.070
		耕地面积(X_{11})/万 hm^2	−0.086
		绿化覆盖率(X_{12})/%	0.154

注：理想的城市扩张强度应当包括城市建设用地占比、建筑密度、城市建成区面积等指标，但由于部分年份数据缺乏，因此此处选取房屋竣工面积、耕地面积、绿化覆盖率三个数据完整的指标，这三个指标能够从侧面反映城市扩张的强度。

（3）计算城市空间发展强度并分析其与城市化率之间的关系

根据上述确定的城市空间发展强度评价指标体系，计算 1978—2013 年每年的城市空间发展强度，分析城市空间发展强度和城市化率之间的关系。

（4）分析气候变化和城市空间发展在时间尺度上的关系

在统计产品与服务解决方案（SPSS）中，基于对 1978—2013 年城市空间发展强度与气候变化之间的回归关系模拟，分析判断各种气候变化要素与城市空间发展要素之间的相关关系，逐一分析经济与产业发展、人口增长、能源消费、基础设施建设、城市空间扩张等在局地气候变化形成过程中的贡献。

4.1.2 城市空间发展强度与城市化率相关性分析

将各城市空间发展指标标准化后，绘制 1978—2013 年上海城市空间发展强度的变化曲线，如图 4-2 所示。城市空间发展强度指标也可以反映上海在时间尺度上城市开发建设活动的变化程度。从图 4-2 可以看出，城市空间发展强度呈"S"形，城市空间开发建设的强度总体呈持续上升趋势。根据城市空间发展强度的计算公式可知，结果有正、负之分，0 代表 1978—2013 年城市空间发展强度的平均值，正值代表高于该水平，负值代表低于该水平，2000 年是城市空间发展强度变化的分界线。2000 年之前为负值，之后为正值，这说明在 2000 年之前上海的城市开发建设强度较平均水平低，2000 年之后城市开发建设强度高于平均水平。其中，1978—1991 年上

海城市开发建设强度的增长相对缓慢,13 年间城市空间发展强度由
−0.951增加到−0.618,增加了 0.333,年均增速仅为 0.026;1992—2008
年是城市开发建设强度快速增长期,16 年间城市空间发展强度由−0.579
增加到 1.306,增加了 1.885,年均增速为 0.118;2009—2013 年城市开发
建设强度趋缓,4 年间城市空间发展强度增加了 0.277,年均增速为 0.069。
可以预见,上海的城市发展已经进入了成熟期,城市的结构优化比规模扩
张更为重要,因此城市空间发展强度趋缓。

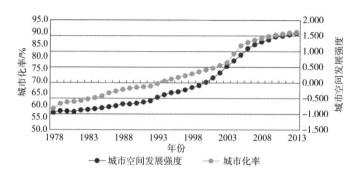

图 4-2　1978—2013 年上海城市空间发展强度与城市化率的变化

比较城市化率和城市空间发展强度之间的关系(图 4-3)发现,两者的
总体变化趋势一致。城市化率主要反映城市非农人口的占比增长变化情
况;而城市空间发展强度指标则较为全面,是衡量城市开发建设强度的综
合指标。从两者曲线的差异大致可以得到以下结论:两者的相关系数达到
0.991,说明城市化进程与城市开发建设强度的相关性很强,总体发展趋势
一致,但在 1978—2005 年,城市空间发展强度滞后于城市化率,即上海非
农人口流入城市的速率稍高于城市开发建设强度的增速;在 2005 年之后,
城市开发建设速度上升,城市非农人口的增长较为缓慢,两者逐渐处于较
为协调的发展阶段。从两者的函数关系曲线来看,两者基本符合线性函数
关系,城市空间发展强度=0.087 8×城市化率−6.429 7,这说明城市化水
平每上升 1%,平均城市空间发展强度增加 0.087 8。

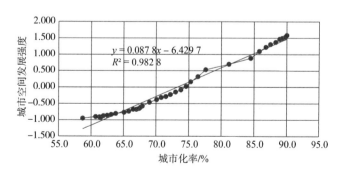

图 4-3　上海城市空间发展强度与城市化率的关系曲线

4.1.3 时间尺度上气候变化与城市空间发展的相关性分析

1）气候变化与城市空间发展关系的综合比较

通过建立气候变化要素与城市空间发展强度之间的函数关系模型发现，三次回归模型最能反映气候变化与城市空间发展强度之间的关系（除城区年平均气温外）。如表4-4所示，除了年平均降水量以外，其他气候变化指标和城市空间发展强度之间的相关系数通过显著性水平 $P<0.01$ 的显著性检验，这表明在时间尺度上城市空间发展的强度对年平均气温、城郊温差、相对湿度和日照时数的变化具有较显著的影响。各气候变化要素与城市空间发展强度之间的皮尔逊（Pearson）相关系数依次为：相对湿度（-0.891）＞城区年平均气温（0.783）＞城郊温差（0.695）＞日照时数（-0.649）＞郊区年平均气温（0.645）。与城市化进程的影响不同，城郊温差与城市空间发展强度的关系更为显著，这也符合造成城郊温差的原因是城市和郊区的建设强度差异这一基本判断。

从气候变化与城市空间发展强度的相关系数及气候变化要素之间的相关系数来看（表4-5），城市空间发展强度与相对湿度、城区年平均气温的相关性最高，与郊区年平均气温、城郊温差和日照时数的相关性较高，与年平均降水量的相关性不强。城区年平均气温与郊区年平均气温、城郊温差高度相关，与相对湿度、日照时数呈显著负相关，与年平均降水量的相关性不强。这反映了城市气温上升的同时带来了郊区气温的上升、城郊温差的拉大和相对湿度的降低。进一步分析各个气候变化要素与城市空间发展指标之间的相关性发现，能源消费、基础设施建设和产业结构变化相较于其他城市空间发展指标，对气候变化具有更为明显的作用。

表4-4 上海城市空间发展强度和局地气候变化的关系模型

气候指标 Y	最佳回归模型	皮尔逊（Pearson）相关系数	R^2 值	显著性水平 P
城区年平均气温	$y=0.753\,5x+16.869$	0.783	0.58	$P<0.01$
郊区年平均气温	$y=0.033\,3x^3-0.309\,4x^2+0.587\,7x+16.271$	0.645	0.55	$P<0.01$
城郊温差	$y=-0.274x^3-0.255\,5x^2+0.825\,5x+1.127\,9$	0.695	0.89	$P<0.01$
年平均降水量	$y=150.02x^3-191x^2-119.58x+1\,248.3$	0.003	0.07	0.986
相对湿度	$y=-1.000\,5x^3+0.362\,5x^2-1.924\,9x+74.432$	-0.891	0.80	$P<0.01$
日照时数	$y=-58.664x^3+11.138x^2-75.789x+1\,792.7$	-0.649	0.42	$P<0.01$

表 4-5　上海气候变化与城市空间发展强度之间的相关系数比较

类别		城市空间发展强度	城区年平均气温	郊区年平均温度	城郊温差	年平均降水量	相对湿度	日照时数
城市空间发展强度	皮尔逊（Pearson）相关系数	1.000	0.762**	0.694**	0.660**	−0.044	−0.885**	−0.639**
	显著性	—	0.000	0.000	0.000	0.797	0.000	0.000
城区年平均气温	皮尔逊（Pearson）相关系数	0.762**	1.000	0.931**	0.835**	−0.144	−0.625**	−0.343*
	显著性	0.000	—	0.000	0.000	0.401	0.000	0.041
郊区年平均气温	皮尔逊（Pearson）相关系数	0.694**	0.931**	1.000	0.576**	−0.214	−0.537**	−0.283
	显著性	0.000	0.000	—	0.000	0.210	0.001	0.095
城郊温差	皮尔逊（Pearson）相关系数	0.660**	0.835**	0.576**	1.000	0.000	−0.588**	−0.341*
	显著性	0.000	0.000	0.000	—	0.999	0.000	0.042
年平均降水量	皮尔逊（Pearson）相关系数	−0.044	−0.144	−0.214	0.000	1.000	0.183	−0.269
	显著性	0.797	0.401	0.210	0.999	—	0.284	0.113
相对湿度	皮尔逊（Pearson）相关系数	−0.885**	−0.625**	−0.537**	−0.588**	0.183	1.000	0.469**
	显著性	0.000	0.000	0.001	0.000	0.284	—	0.004
日照时数	皮尔逊（Pearson）相关系数	−0.639**	−0.343*	−0.283	−0.341*	−0.269	0.469**	1.000
	显著性	0.000	0.041	0.095	0.042	0.113	0.004	—

注：**表示相关性在0.01水平上显著；*表示相关性在0.05水平上显著。

2）城区与郊区年平均气温变化与城市空间发展强度

理想的模拟曲线应该能反映城区年平均气温与城区空间发展强度、郊区年平均气温与郊区空间发展强度之间的关系，但是由于数据缺乏（难以分离城区和郊区），因此本书模拟的均是上海全市空间发展强度与城区、郊区年平均气温之间的关系。城区与郊区的年平均气温变化与城市空间发展强度的回归模拟分别如图4-4和图4-5所示。城区的年平均气温变化随着城市空间发展强度的不断增强由快速上升到逐渐降低，说明上海的城市空间发展强度趋于稳定，因此年平均气温的变化也趋缓；而郊区的年平均气温变化随着城市空间发展强度的不断提高保持增长的趋势，但是增长的幅度有所减缓，未来随着郊区的快速发展和新区的开发建设，可以预见郊区年平均气温的增长率将超过城区的年平均气温增长率。

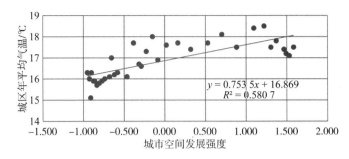

图 4-4　上海城区年平均气温和城市空间发展强度的回归曲线模拟

注:本图是将年平均气温与对应的城市空间发展强度进行回归曲线模拟得到的。总体来看,随着时间推移城市空间发展强度不断提高,年平均气温呈波动上升趋势(并非呈不断上升趋势),两者呈近似线性关系。尽管在模拟过程中发现三次曲线 $y = -0.240\ 7x^3 - 0.564\ 9x^2 + 1.413\ 2x + 17.399$($R^2 = 0.79$)能够更好地模拟两者之间的关系,但是两者在空间地域上具有不对称关系(城市空间发展强度针对全市域,而城市年平均气温针对中心城区),导致模拟结果显示,当城市空间发展强度(全市)大于 1 时,城区年平均气温反而呈下降的趋势,这并不意味着城区年平均气温将逐渐下降,因此这一模拟结果具有一定的误差。所以最终选择 R^2 值较小但是符合实际情况的线性函数关系。

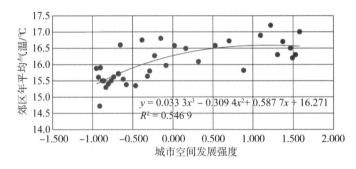

图 4-5　上海郊区年平均气温和城市空间发展强度的回归曲线模拟

注:本图为上海郊区年平均气温与全市城市空间发展强度之间的关系。这一结果显示,随着上海城市空间发展建设的重心逐渐向郊区转移,郊区的年平均气温增长幅度高于城区,并呈现不断上升的趋势,这与实际情况相符。

1978—2013 年城区和郊区年平均气温变化与 25 个城市空间发展指标的相关性分析表明,除了垃圾产生量、建筑垃圾产生量以外,气温变化与其余指标均呈显著相关。与城区年平均气温变化相关性较高的指标为绿化覆盖率(0.807)、第一产业增加值(0.803)、非农业人口(0.775)、工业能源消费量(0.766)、年末实有铺装道路长度(0.750)、基础设施投资额(0.728)、机动车数量(0.720)等,这集中反映了城市的产业结构变化、能源消费和机动车数量增多等是城区年平均气温变化的主要诱因。

与郊区年平均气温变化相关性较高的指标是第一产业增加值(0.725)、耕地面积(-0.711)、非农业人口(0.698)、工业能源消费量(0.689)、能源消费总量(0.676)等,这表明与城区年平均气温变化的影响因素不同,郊区气温变化主要是生态空间减少和农业发展、能源消费增多引起的,其中工业企业布局于郊区与之有着一定的关联。

3) 城郊温差与城市空间发展强度

城郊温差是最能反映城市化引起局地气候变化的重要指标,将其与城市空间发展强度之间的关系进行回归模拟,如图 4-6 所示。总体来看,城市空间发展强度与城郊温差的关系可以分为三个阶段:(1) 城市空间发展强度处于-0.951 至-0.653 的城市化缓慢增长时期,这一时期城市开发建设的强度相对较小,故城郊温差长期处于 0.4℃的较低水平;(2) 城市空间发展强度处于-0.618 至 0.885 的城市化快速增强时期,这一时期也是城市化率的快速增长期,城郊温差的差别逐渐拉大,这反映了城区的开发建设强度远远高于郊区,导致两者温差的拉大;(3) 城市空间发展强度高于 0.885 后的时期,城郊温差的差别尽管依然处于较高的水平,但是总体的趋势则趋于下降,这也反映了整体的开发建设强度趋缓,城市中心区发展稳定,郊区的开发建设强度逐渐增强,从而导致两者之间的差距降低。

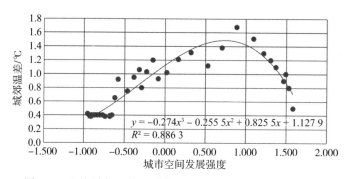

图 4-6　上海城郊温差和城市空间发展强度的回归曲线模拟

注:本图为城郊温差与全市城市空间发展强度之间关系的曲线模拟。年平均气温与城市空间发展强度呈近似线性关系,即城区的年平均气温随着城区空间发展强度的提高而上升,郊区的年平均气温随着郊区空间发展强度的提高而上升。上海城区空间发展强度逐渐趋缓并呈现饱和趋势,郊区空间发展强度增长的速度高于城区空间发展强度增长的速度,导致城区的年平均气温升高的速度略低于郊区的年平均气温升高的速度,继而导致了随时间推移,尽管上海城市空间发展强度不断增大,但是城郊温差相对逐渐缩小。

1978—2013 年城郊温差与 25 个城市空间发展指标的相关性分析表明,除了垃圾产生量、建筑垃圾产生量和城市绿地面积以外,城郊温差与其余指标均呈显著正相关。其中,相关性较高的有工业能源消耗量(0.675)、住宅竣工建筑面积(0.647)、年末实有铺装道路长度(0.643)、基础设施投资额(0.637)、年末实有铺装道路面积(0.633)、机动车数量(0.595)、电力消费(0.589)。从这些指标来看,主要反映了能源消耗、基础设施建设水平,因此可以认为能源消耗、基础设施建设对城郊温差的产生具有较为突出的贡献。

4) 年平均降水量与城市空间发展强度

城市降水在时间尺度上并未呈现明显的规律性变化,城市空间发展强度与年平均降水量的变化规律也不明显,两者的回归曲线如图 4-7 所示。与此一致,年平均降水量与 25 个城市空间发展指标均无明显的相关性。尽管如此,城市基础设施的建设在一定程度上改变了城市下垫面,不透水下垫面的增多使得降水被植被截流、下渗填挖量大为减少,从而蒸发量增多,再通过降水回到地面,增加了洪涝发生的风险。

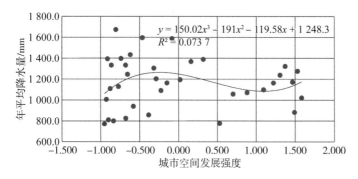

$$y = 150.02x^3 - 191x^2 - 119.58x + 1\,248.3$$
$$R^2 = 0.073\,7$$

图 4-7　上海年平均降水量和城市空间发展强度的回归曲线模拟

5)相对湿度与城市空间发展强度

城市空间发展强度与相对湿度的变化呈现极为显著的负相关关系,两者的回归曲线如图 4-8 所示。这表明随着城市空间发展强度的提高,城市的干燥度提高,城市相对湿度逐渐降低,城市的"干岛效应"显著。其中以城市空间发展强度为 0 时为界限,对应时期为 2000 年,上海的相对湿度降低得异常明显。可以展望,随着上海城市化的推进、城区旧城更新、郊区开发建设,相对湿度会进一步降低,由此会对上海的城市宜人度和生活环境产生负面影响。

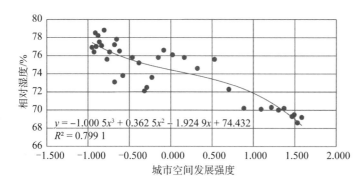

$$y = -1.000\,5x^3 + 0.362\,5x^2 - 1.924\,9x + 74.432$$
$$R^2 = 0.799\,1$$

图 4-8　上海相对湿度和城市空间发展强度的回归曲线模拟

1978—2013 年相对湿度与 25 个城市空间发展指标的相关性分析表明,相对湿度与所有指标均显著相关,这说明城市空间发展的诸多因素均能影响城市的相对湿度变化。其中,相对湿度与农业人口(0.895)和耕地面积(0.895)呈显著正相关,与工业能源消费量(-0.912)、能源消费总量(-0.894)、电力消费(-0.888)、房屋竣工面积(-0.887)、住宅投资额(-0.880)呈显著负相关。这些指标主要反映了生态空间减少、能源消耗和房地产开发建设水平,因此可以认为生态空间的缩减、能源消费和房地产开发对相对湿度的变化具有更为突出的贡献。

6) 日照时数与城市空间发展强度

城市空间发展强度与日照时数的变化呈现较为显著的负相关关系,两者的回归曲线如图 4-9 所示。这表明随着城市开发建设强度的提高,城市日照时数减少,城市的大气环境质量也随之降低。其中以城市空间发展强度为 0.5 时为界限,对应时期为 2005 年,上海的日照时数减少较为明显。日照时数会受太阳直射光线与物、云、雾等遮蔽条件影响,因此日照时数的减少反映了大气中水汽的减少,可能也是空气质量下降的表征。可以展望,年日照时数的减少将可能导致空气质量的进一步恶化。

1978—2013 年日照时数与 25 个城市空间发展指标的相关性分析表明,除了垃圾产生量和建筑垃圾产生量以外,日照时数与其他指标均显著相关。其中,日照时数与常住人口(−0.658)、人口密度(−0.658)、非农业人口(−0.657)、能源消费总量(−0.649)、电力消费(−0.642)、工业能源消费量(−0.641)呈负相关关系,与农业人口(0.641)呈正相关关系,这些指标均反映了人口变化尤其是人口密度增加和非农人口增加、能源消费的水平,因此可以认为人口增长和结构变化、能源消费对日照时数的变化具有更为突出的贡献。

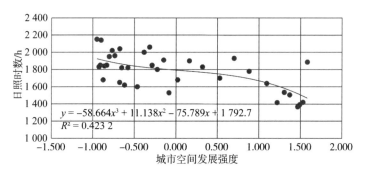

图 4-9　上海日照时数和城市空间发展强度的回归曲线模拟

4.2　空间尺度上上海气候变化与城市空间发展相关性分析

4.2.1　研究数据与研究方法

1) 研究数据

仅从时间尺度上探讨气候变化与城市空间发展之间的相关性是不足的,难以剥离自然因素对气候变化的影响。因此需要考虑在同一时间范围内,不同区域的气候变化特征受空间开发建设影响的状况。上海全域地势平坦,因此地形因素对局地气候变化的影响较小。上海年平均气温和降水分布具有一定的空间分布特征,其中年平均气温的空间分布主要受城市发展的影响,呈现出明显由中心区向外围依次递减的特征;降水受地理位置的影响,主要呈现出东部沿海降水量多于西部内陆地区的特征,同时也呈现出中心城区降水量多于外围地区的特征。可见，城市空间开发建设对气温和降水的空间分布均有一定影响。相较于其他气候变化要素，气温和降水的空间分布特征明显，而且也是适应气候变化的主要对象，即气温的逐步升高和降水的空间分布不均导致的洪涝灾害。鉴于此，本书着重讨论空间尺度上年平均气温和年平均降水量与城市空间之间的关系。与时间尺度的探讨不同，在空间尺度上着重讨论同一时期具有明显空间地域特征的指标，用以反映同一时期不同地区的开发建设强度对局地气候变化的影响。由于数据缺乏，因此其他气候变化要素与城市开发建设强度之间的关系不做讨论。

气候变化数据采用 2001—2010 年上海 11 个气象站的年平均气温和年平均降水量数据，在城市空间发展指标方面选取《上海统计年鉴：2011》中 2010 年各区县的人口、国内生产总值（GDP）、工业产值、建筑面积、高层建筑面积、园林绿地面积六个方面的统计数据，2006 年的城市建设用地面积（根据 2006 年上海市城市总体规划实施跟踪用地专题得知），道路长度（根据 2010 年遥感影像解译所得）。然后分别计算人口密度、国内生产总值（GDP）密度、工业产值密度、建筑面积毛密度（平均容积率）、高层建筑面积毛密度、城市绿地率、建设用地占比、道路密度八个指标，并将其作为衡量城市空间开发强度的指标。因为 2009 年南汇并入浦东，所以浦东、南汇的数据选择 2008 年的数据，虽有一定的误差性，但对总体的评价结果影响不大；2011 年卢湾并入黄浦，故黄浦的数据为黄浦区与卢湾区的综合数据。

2）研究方法

采用数理统计分析中的相关性分析方法对气候变化分布与城市空间格局进行相关性分析，具体如下：

（1）划分气候变化分区并统一数据统计口径

根据上一章研究结果可知，1971—2000 年和 2001—2010 年年平均气温分布有共同的规律：年平均气温由高到低呈现四个圈层，且在两个时期具有一致性，即浦西核心区、中心城区（外环以内，不包括浦西核心区）、近郊区、远郊区县，分别对应高气温区、较高气温区、中气温区和低气温区。鉴于城市发展相关统计数据的可获取性，按照行政区对其进行统计，气温数据采用该行政区的平均气温（表 4-6）。

表 4-6 1971—2010 年全域高温分区及城市空间开发强度指标统计区域

气温分区	空间范围	年平均气温/℃	城市空间开发强度指标统计区域
高气温区	浦西核心区	17.8	黄浦区、静安区、闸北区、普陀区、长宁区、徐汇区
较高气温区	中心城区（外环以内，不包括浦西核心区）	17.5	闵行区、宝山区、虹口区、杨浦区
中气温区	近郊区	17.2	青浦区、松江区、嘉定区、浦东新区
低气温区	远郊区县	16.6	崇明县、金山区、奉贤区、南汇

对比上海市 1971—2000 年年平均降水量分布和 2001—2010 年年平均降水量分布发现,其有共同的规律:在同一时间范围内,年平均降水量呈现由中心向外围、由东部向西部递减的分布状态。鉴于城市发展相关统计数据的可获取性,本书将全域划分为高降水区、中降水区和低降水区,对应的空间范围大致相当于中心城区(外环以内)和浦东新区(不包括南汇),宝山、闵行、奉贤、南汇等东部郊区,崇明、嘉定、青浦、松江、金山等西部郊区,其多年平均降水量分别为 1 258—1 320 mm、1 154—1 180 mm、1 058—1 141 mm。同样按照行政区对数据进行统计,每个行政区的多年平均降水量采用覆盖范围最广的降水量数值(表 4-7)。

表 4-7　1971—2000 年全域降水分区及城市空间开发强度指标统计区域

降水分区	空间范围	年平均降水量/mm	城市空间开发强度指标统计区域
高降水区	中心城区(外环以内)和浦东新区(不包括南汇)	1 258—1 320	黄浦区、静安区、闸北区、普陀区、长宁区、徐汇区、虹口区、杨浦区、浦东新区
中降水区	东部郊区	1 154—1 180	闵行区、宝山区、奉贤区、南汇
低降水区	西部郊区	1 058—1 141	青浦区、松江区、金山区、嘉定区、崇明县

(2)建立空间尺度上城市空间开发强度指标

通常情况下,容积率是反映城市开发强度的主要指标。为了从更全面的角度出发,本书采用城市空间开发强度(Urban Spatial Exploit Intensity,USEI)这一概念,表征在同一时间内不同地域范围内的开发强度差异,以区别于从时间尺度上对城市空间开发建设强度的分析。城市空间开发强度是由多个反映城市空间利用建设强度的关键指标的权重之和,即

$$C_m = \sum_{i=1}^{n} a_i X_{i,m} \tag{4-6}$$

其中,C_m 为第 m 个区域的城市空间开发强度;n 为城市空间开发指标数量;$X_{i,m}$ 为 m 区域第 i 个指标标准化的数值;a_i 为第 i 个指标的权重。n 和 a_i 为常数,为需要确定的值。

本书分别从时间和空间两个不同维度提出"城市空间发展强度"与"城市空间开发强度"两个概念,这两个概念均是在"土地开发强度"的概念基础上引申出来的,用以区分从时间和空间维度对城市空间变化动态的分析。两者既有区别,又相互联系,其概念界定及关系见表 4-8。

选取人口密度、地均国内生产总值(GDP)、地均工业产值、建筑面积毛密度(平均容积率)、高层建筑面积毛密度、城市绿地率、城市建设用地占比、道路密度八个指标作为城市空间开发强度(USEI)的初始指标,然后采

用统计产品与服务解决方案(SPSS)软件中的主成分分析法确定衡量城市空间开发强度的指标及权重。

表4-8　城市空间发展强度与城市空间开发强度概念界定

概念	定义	表征
城市空间发展强度	反映不同时间范围内城市空间的各要素利用和开发建设的总体状况	其为一系列能够反映城市土地开发建设强度随时间变化的若干指标,按照权重之和累加
城市空间开发强度	反映同一时间范围内不同区域的城市空间各种要素利用和开发建设程度的指数	其是由多个反映同一时间范围内不同地域内城市土地开发强度的关键指标,按照权重之和累加

2010年18个样本(包括南汇)分析结果的主成分因子荷载量(表4-9)显示,第一主成分和第二主成分的特征值均大于1,累积贡献率分别为67.382%、85.326%,第三主成分的累积贡献率达到95.221%。

表4-9　主成分因子荷载量

主成分	起始特征值			旋转后的因子荷载		
	第一变量特征根	方差贡献率/%	累积贡献率/%	第一变量特征根	方差贡献率/%	累积贡献率/%
1	5.391	67.382	67.382	5.390	67.371	67.371
2	1.436	17.944	85.326	1.436	17.956	85.326
3	0.792	9.895	95.221	—	—	—
4	0.240	2.994	98.215	—	—	—
5	0.079	0.990	99.205	—	—	—
6	0.052	0.644	99.849	—	—	—

从前两个主成分的荷载情况来看(表4-10),第一主成分中建筑面积毛密度(平均容积率)、道路密度、人口密度、地均国内生产总值(GDP)、高层建筑面积毛密度、城市建设用地占比的荷载量较高,是城市空间开发强度的最主要指标;第二主成分中城市绿地率和地均工业产值的荷载量较高,反映了城市空间开发的阶段,越是城市空间开发强度高的区域,往往是以第三产业为主的地区,第二产业的地均工业和产值和城市绿地率则相对较低。

继而根据每个因子变量的相关系数,认为初始指标中的八个变量均能反映城市空间开发强度,其中城市建设用地占比、道路密度、城市绿地率(反向指标)反映了城市空间在平面轴上拓展的程度,将其定义为城市空间开发的平面拓展度;建筑面积毛密度、高层建筑面积毛密度反映了城市空间开发在垂直方向上向上拓展的程度,将其定义为城市空间开发的垂直拓

表 4-10　旋转后的第一和第二主成分的荷载

类别	主成分	
	1	2
建筑面积毛密度(平均容积率)	0.989	0.009
道路密度/(km·km^{-2})	0.970	−0.042
人口密度/(人·km^{-2})	0.942	0.112
地均国内生产总值(GDP)/(亿元·km^{-2})	0.938	−0.241
高层建筑面积毛密度/(万 m^2·km^{-2})	0.937	−0.235
城市建设用地占比/%	0.866	0.440
城市绿地率/%	−0.237	0.752
地均工业产值/(亿元·km^{-2})	0.144	0.742

展度；人口密度、地均国内生产总值(GDP)、地均工业产值反映了城市空间开发的人口、经济社会承载状况，将其定义为城市空间开发的经济社会承载度。三者综合即为城市空间开发的强度。根据变量的系数矩阵，确定城市空间开发强度的评价指标体系(表 4-11)和计算公式为

$$U = 0.164X_1 + 0.180X_2 - 0.038X_3 + 0.184X_4 + \\ 0.172X_5 + 0.176X_6 + 0.172X_7 + 0.033X_8 \tag{4-7}$$

表 4-11　城市空间开发强度评价指标体系

准则层	因子层	指标层	权重
城市空间开发强度	平面拓展度	城市建设用地占比(X_1)/%	0.164
		道路密度(X_2)/(km·km^{-2})	0.180
		城市绿地率(X_3)/%	−0.038
	垂直拓展度	建筑面积毛密度(X_4)/(万 m^2·km^{-2})	0.184
		高层建筑面积毛密度(X_5)/(万 m^2·km^{-2})	0.172
	经济社会承载度	人口密度(X_6)/(人·km^{-2})	0.176
		地均国内生产总值(GDP)(X_7)/(亿元·km^{-2})	0.172
		地均工业产值(X_8)/(亿元·km^{-2})	0.033

从表征城市空间开发强度的八个指标来看(表 4-12)，城市绿地率和地均工业产值与其他六个指标之间不显著相关，这说明城市高强度的开发建设在向平面和垂直方向拓展的同时，城市绿地率并未有显著提高，而且城市开发建设强度越高的区域其工业产值占比越低，这与一般的城市发展规律是一致的。

表 4-12 城市空间开发强度指标之间的相关性

类别	人口密度	建筑面积毛密度	道路密度	地均国内生产总值(GDP)	地均工业产值	高层建筑面积毛密度	城市建设用地占比	城市绿地率
人口密度	1.000	0.946	0.916	0.792	0.126	0.798	0.887	−0.113
建筑面积毛密度	0.946	1.000	0.938	0.915	0.106	0.935	0.862	−0.187
道路密度	0.916	0.938	1.000	0.915	0.097	0.890	0.816	−0.253
地均国内生产总值(GDP)	0.792	0.915	0.915	1.000	0.015	0.982	0.667	−0.393
地均工业产值	0.126	0.106	0.097	0.015	1.000	−0.052	0.397	0.161
高层建筑面积毛密度	0.798	0.935	0.890	0.982	−0.052	1.000	0.687	−0.330
城市建设用地占比	0.887	0.862	0.816	0.667	0.397	0.687	1.000	0.125
城市绿地率	−0.113	−0.187	−0.253	−0.393	0.161	−0.330	0.125	1.000

（3）计算城市空间开发强度并分析分布特征

根据上述确定的城市空间开发强度评价指标体系,计算每个区县的城市空间格局开发平面拓展度、垂直拓展度、经济社会承载度、综合城市空间开发强度。

（4）气候变化和城市空间发展在空间尺度上的关系分析

在统计产品与服务解决方案(SPSS)软件中,通过对每个区县城市空间开发强度与年平均气温、降水量之间的回归关系模拟,分析判断年平均气温和降水量的空间分布与城市空间开发强度之间的关系,确定对气候变化影响较大的城市空间开发要素。

4.2.2 城市空间开发强度分析

1）城市空间开发强度指标的空间分布特征

将各区县的城市空间开发指标可视化。城市建设用地占比、道路密度、建筑面积毛密度、高层建筑面积毛密度、地均国内生产总值(GDP)、人口密度均呈现明显的圈层式分布,由城市中心区向近郊区、远郊区县依次递减;地均工业产值和城市绿地率呈现近郊区最高、远郊区县次之、中心区最低的分布状态。

2）城市空间开发强度分析

城市空间开发的平面拓展度、垂直拓展度和经济社会承载度之间具有极大关联,其中城市空间开发的平面拓展度与垂直拓展度之间的相关系数达到 0.922,与经济社会承载度之间的相关系数达到 0.950,城市空间开发的垂直拓展度与经济社会承载度之间的相关性达到 0.894。这说明城市主要发展区域的开发强度要素之间是相辅相成的。计算 2010 年各区县的城市空间开发强度及城市空间平面拓展度、垂直拓展度、经济社会承载度，并将其可视化。从城市空间开发的平面拓展度来看，以黄浦、静安两区最高，浦西中心区其他区次之；其次为宝山区、嘉定区、闵行区、浦东新区，其他区县相对较低，这说明中心城区基本上实现了土地的完全开发，城市建设用地基本达到饱和状态，而存量土地仅存在于郊区。从城市空间开发的垂直拓展度来看，高层建筑的大量建设是上海城市空间纵向发展的外在表象，其中以黄浦和静安两区最高；浦西中心区其他区次之；闵行区、宝山区的高层建筑面积也较大，郊区其他区县相对较低。从各区县城市空间的经济社会承载度来看，城市空间开发具有明显的圈层式特征。城市中心区不仅城市建设用地占比高，而且开发建设的强度也极高；城区和郊区的开发建设强度差距明显。

从城市空间开发的综合强度来看，城市空间开发的极高强度区包括黄浦区、静安区；城市空间开发的高强度区包括徐汇、长宁、闸北、普陀、虹口、杨浦六区；城市空间开发的中强度区包括浦东新区、闵行区、松江区、嘉定区、宝山区等近郊区；城市空间开发的低强度区为金山区、奉贤区、青浦区、崇明县等远郊区县。可以预见，未来城市的高强度开发将由城市中心区转向近郊区和远郊区县，这对局地气候变化将产生深远的影响。

4.2.3　气候变化分布与城市空间开发强度的相关性分析

1）气温分布与城市空间开发强度的相关性分析

年平均气温和城市空间开发各指标之间的皮尔逊（Pearson）相关系数显示，具有显著相关性的指标依次为城市建设用地占比（0.939）、建筑面积毛密度（平均容积率）（0.799）、道路密度（0.754）、人口密度（0.715）、高层建筑面积毛密度（0.627）、地均国内生产总值（GDP）（0.607），而与地均工业产值（0.443）和城市绿地率（0.102）无显著的相关关系。这说明城市建设用地规模的扩张和城市大量高层建筑的建设，是导致城郊温差的最主要因素，城市绿地在调节热岛效应方面的能力还不足。此外，数据显示年平均气温与年平均降水量呈现 0.715 的高度相关性，说明两者在空间分布上具有一致性，气温越高的地区降水越多。

图 4-10 为年平均气温与城市空间开发强度的回归模拟曲线。三次回归曲线为最佳模拟曲线，即 $y = 0.102\,1x^3 - 0.331\,5x^2 + 0.348\,3x + 17.579$，其中城市开发强度为自变量，年平均气温为因变量，两者的相关系数为 0.829，R^2 高达 0.908\,7，说明城市空间开发强度对同一时期城郊温差具有极大的贡献。在同一时间范围内，年平均气温空间分布差异的影响因素由大到小依次为：城市空间开发的平面拓展度（0.859）、城市空间开发的经济社会承载度（0.835）、城市空间开发的垂直拓展度（0.728）。

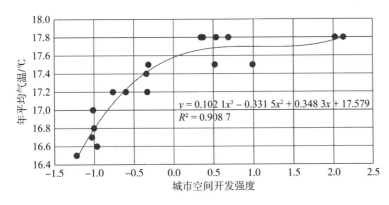

图 4-10 上海年平均气温与城市空间开发强度的回归模拟曲线

2）降水分布与城市空间开发强度的相关性分析

年平均降水量和城市空间开发强度各指标之间的皮尔逊（Pearson）相关系数显示，具有显著相关性的指标依次为城市建设用地占比（0.870）、建筑面积毛密度（平均容积率）（0.843）、道路密度（0.830）、人口密度（0.830）、高层建筑面积毛密度（0.748）、地均国内生产总值（GDP）（0.744），而与地均工业产值（0.221）和城市绿地率（−0.060）无显著的相关关系。这说明城市建设用地规模较大和城市建筑面积大的区域，其雨岛效应往往也更为显著。

图 4-11 为年平均降水量与城市空间开发强度的回归模拟曲线。三次回归曲线为最佳模拟曲线，即 $y = -4.634\ 4x^3 - 6.159\ 1x^2 + 84.832x + 1\ 209.7$，其中城市空间开发强度为自变量，年平均降水量为因变量，两者的相关系数为 0.866，R^2 为 0.777 7，可见尽管在时间尺度上城市空间的发展对年平均降水量的变化没有明显的相关性，但是在空间尺度上城市空间开发强度对年平均降水量的胁迫效应影响显著，甚至稍大于对气温的影响（0.825）。在同一时期范围内，年平均降水量空间分布差异的影响因素由大到小依次为：城市空间开发的平面拓展度（0.885）、城市空间开发的经济社会承载度（0.836）、城市空间开发的垂直拓展度（0.810）。

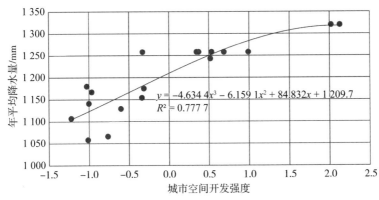

图 4-11 上海年平均降水量与城市空间开发强度的回归模拟曲线

第 4 章参考文献

王原,2010. 城市化区域气候变化脆弱性综合评价理论、方法与应用研究:以中国河口城市上海为例[D]. 上海:复旦大学.

张勇强,2003. 城市空间发展自组织研究:深圳为例[D]. 南京:东南大学.

第 4 章图表来源

图 4-1 源自:笔者绘制.

图 4-2 源自:笔者根据 1978—2013 年城市空间发展强度、城市化率与时间之间的关系模拟结果绘制.

图 4-3 源自:笔者根据 1978—2013 年城市空间发展强度与城市化率之间的关系模拟结果绘制.

图 4-4、图 4-5 源自:笔者根据 1978—2013 年城区、郊区年平均气温与城市空间发展强度之间的关系模拟结果绘制.

图 4-6 源自:笔者根据 1978—2013 年城郊温差与城市空间发展强度之间的关系模拟结果绘制.

图 4-7 源自:笔者根据 1978—2013 年年平均降水量与城市空间发展强度之间的关系模拟结果绘制.

图 4-8 源自:笔者根据 1978—2013 年相对湿度与城市空间发展强度之间的关系模拟结果绘制.

图 4-9 源自:笔者根据 1978—2013 年日照时数与城市空间发展强度之间的关系模拟结果绘制.

图 4-10 源自:笔者根据 2000—2010 年年平均气温分布与城市空间开发强度之间的关系模拟结果绘制.

图 4-11 源自:笔者根据 2000—2010 年年平均降水量分布与城市空间开发强度之间的关系模拟结果绘制.

表 4-1 源自:笔者根据统计产品与服务解决方案(SPSS)分析结果绘制.

表 4-2、表 4-3 源自:笔者绘制.

表 4-4 源自:笔者根据 1978—2013 年城市空间发展强度与气候变化要素之间的关系模拟结果绘制.

表 4-5 源自:笔者绘制.

表 4-6、表 4-7 源自:笔者根据上海气象统计资料绘制.

表 4-8 至表 4-11 源自:笔者绘制.

表 4-12 源自:笔者根据统计产品与服务解决方案(SPSS)分析结果绘制.

5 上海局地气候变化的影响及其评估

气候变化的影响是长期的、多尺度的、全方位的、多层次的,具有全球性、外部性和不确定性(刘洋,2014)。据 2013 年上海气象中心资料可知,20 世纪 80 年代以来的气温上升促使了生活能源消费和年电力消费的大量增加;冬季作物群体幼穗分化提前,但作物群体的抗逆性能下降,从而对农业产生影响;淡水资源下泄量不断减少,海平面上升加剧了海水上溯,水质咸化、恶化严重等。这些影响伴随着城市化率的提高、城市空间开发强度的增强,有着不断加剧的趋势。本章首先定性辨识气候变化对上海城市的影响,进一步定量评估气候变化影响的空间分布特征,研究思路如图5-1所示,旨在探讨以下问题:气候变化对上海城市的影响表现及其空间差异评估。

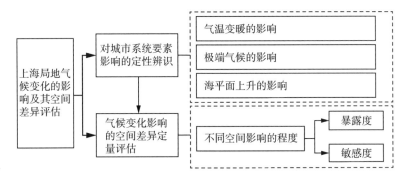

图 5-1 上海局地气候变化的影响及其空间差异评估研究思路

5.1 气候变化对上海城市影响的定性辨识

5.1.1 上海气候变化预测

上一章研究结果表明,气候变化与城市空间发展强度之间的关系如表5-1 所示。基于 1978—2013 年城市空间发展强度与气候变化要素之间的回归关系模拟,预测上海未来的气候变化情况如表 5-2 所示。此处的预测结果为年代平均气温。

表 5-1　上海气候变化指标与城市空间发展强度之间的线性关系

气候指标 Y	线性关系	R^2 值
城区年平均气温	$y=0.7535x+16.869$	0.5807
郊区年平均气温	$y=0.4623x+16.051$	0.4814
城郊温差	$y=0.2912x+0.8183$	0.4352
相对湿度	$y=-3.1516x+74.283$	0.7835
日照时数	$y=-153.37x+1776.3$	0.4079

表 5-2　预测的气候变化情况

年代	城区年平均气温/℃	郊区年平均气温/℃	城郊温差/℃	日照时数/h	相对湿度/%
21 世纪 20 年代	18.1	16.9	1.3	1540.2	69.0
21 世纪 30 年代	18.5	17.4	1.1	1520.3	67.3
21 世纪 40 年代	19.0	18.1	0.9	1500.6	65.4
21 世纪 50 年代	19.6	18.8	0.8	1485.6	61.5

年平均气温和降水的空间分布呈现明显的空间分布规律。其中年平均气温与城市空间开发强度之间的关系为 $y=0.1021x^3-0.3315x^2+0.3483x+17.579$；年平均降水量与城市空间开发强度之间的关系为 $y=-4.6344x^3-6.1591x^2+84.832x+1209.7$。可以预见，黄浦区、静安区的空间开发强度趋于稳定，城市空间开发的重点是不断提高城市的地均国内生产总值（GDP）；其周边的徐汇区、长宁区、普陀区、闸北区、虹口区、杨浦区空间开发的重点是在建设用地存量的情况下建筑密度的提高和国内生产总值（GDP）的提高；浦东新区、嘉定、宝山、闵行等区在城市空间开发的用地上具有优势，因此城市空间开发的重点可能是城市建设用地的进一步扩张；金山、奉贤、崇明等区县可能发展得相对缓慢，因此其城市空间开发强度也相对较低。总体来看，城市空间开发强度的空间分布不会改变，依然是由中心向外围递减，即浦西中心区＞近郊区＞远郊区县，但是城市空间开发强度的增加趋势却有所区别，由大到小为：浦东＞近郊区＞除黄浦、静安的其他浦西中心区＞远郊区县＞黄浦、静安两个区。每个分区城市空间开发的方式也不同，城市中心区在于产业结构的优化；近郊区主要在于城市建筑密度的提高和产业结构的优化；远郊区则在于土地的平面拓展。

可以判断，从年平均气温的空间分布来看，浦西中心区＞近郊区＞远郊区县，在总体温度升高的基础上，虹口、杨浦将由较高气温区进入高气温区;浦东将由中气温区进入较高气温区。每个区县的可能年平均温度见图5-2。

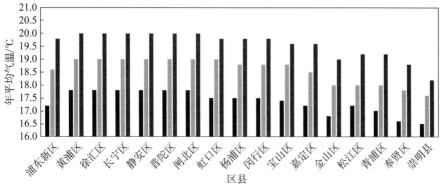

图 5-2　21 世纪初、30 年代和 50 年代上海各区县年平均气温
注:2015 年闸北区已被撤销,与静安区合并。

与此类似,大致可以判断降水分布在空间上的差异性将更大。浦东的空间开发强度增幅将最高,雨岛效应显著,加之其邻近海洋,降水的增幅最大,可能成为全市年平均降水量最高的地区;在总体降水波动的情况下,其空间分布依然呈现东部多水、西部少水的特点,而且这一差异将加剧;城郊降水的差别可能因郊区的快速发展而有所降低。由此,浦西中心区和浦东新区城市洪涝灾害发生的频率和强度可能更高。

5.1.2　气温变暖对上海的影响

1) 经济影响

(1) 影响作物生长及农业生产种类和面积。气候变化将缩短上海地区农作物的生育期,气温每升高 1℃,水稻、小麦的产量将减少 10%—17%。气候变暖尤其是冬季温度的升高,使越冬害虫的存活率上升,越冬北界北移,给农业生产带来不利影响。尽管大气中二氧化碳浓度的增加提高了光合作用率和水分利用率,有助于作物的生长,但同时气温变暖也增加了农作物病虫害发生的可能性,长远来看可能会引起作物减产(杜瑞英等,2006),进而可能造成农业生产种植面积的缩减。

(2) 其他产业影响。气候变化风险的增加对金融业和保险业具有较大的影响。例如以上海奉贤区为例,气候变化导致各种灾害发生的频率增加,气象灾害理赔次数增多,理赔金额增大。特别是随着政策性农业保险的推广,参保农民的农作物(牲畜)因受不利天气影响,减产甚至颗粒无收(死亡)等,从而使理赔次数和总额明显增多(表 5-3)。气候变化使得上海环境舒适度改变,也可能对旅游业产生一定的影响,使得旅游设施的布局发生变化。

表 5-3　2005—2011 年奉贤区气象灾害农业保险赔付案例汇总

险种	保额/(元·亩⁻¹)	时间	原因	损失率/%	赔付金额/万元
蔬菜种植保险	2 100	2005 年 8 月	大风、暴雨（麦莎）	95（露地）	309（主要是星火农场出口蔬菜）
	2 100	2008 年 2 月	雪灾	60（露地）	12（区属惠群蔬菜合作社）
大棚财产保险	棚架：19 000	2005 年 8 月	大风、暴雨（麦莎）	80	大棚财产：63（区属惠群蔬菜合作社）
	棚架：19 000	2008 年 2 月	雪灾	70	—
	薄膜：1 500	2005 年 8 月	大风、暴雨（麦莎）	100	—
	薄膜：1 500	2008 年 2 月	雪灾	100	大棚财产：49
西甜瓜种植成本保险	3 000	2005 年 8 月	大风、暴雨（麦莎）	90	97（金汇镇、青村镇）
水果收获保险	3 000	2005 年 8 月	大风、暴雨（麦莎）	90	123（玉穗合作社，青村、庄行种植户）
小麦保险	350	2010 年 6 月	梅雨	100	149（全区未收割种植户）

注：1 亩≈666.7 m²。

2）社会影响

（1）区域能源需求量不断提高。上海能源资源匮乏，所需能源基本靠外部供给。上海人口规模的扩大、生活水平的不断提高，夏季高气温的天气，都对城市生活能源消费量产生了重要的影响（图 5-3）。上海社会经济耗电量大于降温耗电量，降温耗电量又大于取暖耗电量；不同年份气温耗电量占总电力消费量的比重总体上呈持续波动上升的趋势（沈续雷，2011）。能源供需的增加导致整个上海对能源的依赖性大大加强，能源供需矛盾更为突出。

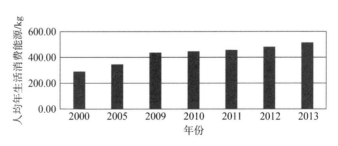

图 5-3　2000—2013 年上海人均年生活消费能源变化情况

（2）公共基础设施建设受到损害。气温的变化对城市的建筑、道路、给水、排水系统和能源系统都产生了直接影响，由此在一定程度上给居民的生产和生活带来影响。上海海拔较低,随着降水的增多,沿海地区咸水涌入和侵蚀,地面发生塌陷或下沉,一方面会影响城市的水质和水处理,直接影响城市的供水安全;另一方面也会造成城市管线、建筑地基和其他基础设施的损害。极端高温会使铺设的道路出现路面损害,需要频繁地维修;受损的交通系统除了可能危及居民的生命外,还会带来长时间服务中断造成的其他生活影响。

(3) 加剧了医疗卫生设施的供给问题。气温升高导致与热相关的疾病人口数量增加,会给人类健康带来风险(图5-4)。较高的气温会增加近地层的臭氧,导致肺组织的损伤,诱发哮喘及其他肺病(曾四清,2002)。温室气体中以氟氯烃为主的气体对臭氧层有较大的破坏性,导致阳光中紫外线辐射增强,有可能提高皮肤病的发病率(仇安娜等,2009)。根据2007—2013年上海年平均气温距平和传染病发病率、死亡率之间的相关性分析,其相关系数分别为0.774、0.785,呈较显著相关(图5-5)。其中,老年人和儿童对气候变化尤为敏感。这一结果会导致医疗卫生设施的供需矛盾,尤其是对老人和儿童分布较多地区、人口密集地区的医疗卫生服务设施水平提出了更高的要求。

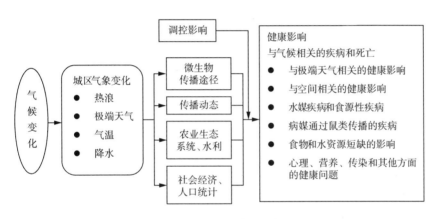

图 5-4　气候变化影响人类健康的途径

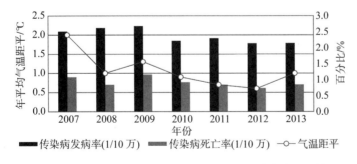

图 5-5　2007—2013 年上海年平均气温距平和传染病变化情况

(4) 降低了生活场所的人居环境质量。气温变暖会影响上海城市大气污染物的扩散,导致空气质量的下降,进而降低了社会生活场所的人居环境质量。气温与可吸入颗粒物(PM 10)浓度具有一定的相关性(周伟东等,2013)。根据对 2000—2013 年上海各大气环境指标和年平均气温距平之间的相关性分析,中心城区二氧化硫年日平均值与年平均气温距平之间显著相关,两者的相关系数达 0.671,这说明气温变暖对空气质量产生了重要影响(图 5-6),也导致了相对湿度的降低和日照时数的减少,造成了空气的干热和污染。

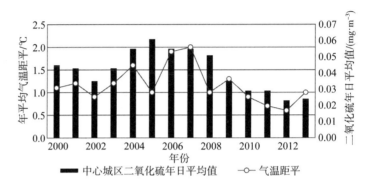

图 5-6　2000—2013 年上海年平均气温距平与二氧化硫年日平均值变化

3) 生态影响

上海具有农田、森林、近海海洋、河流湖泊、滩涂湿地等生态空间类型。气候变暖通过影响这些自然生态系统的非生物因子和生物因子,从而在长时期范围内对植物、动物资源的数量、结构、分布、行为、演化等产生影响。

(1) 影响农田生态系统。气温升高对农田生态空间的影响表现在农作物产量、生长发育、病虫害、农业水资源及农业生态系统结构和功能等方面(王原等,2010)。尽管上海的水稻生产潜力增加了 15% 左右(张厚瑄,1993),但是农作物虫害发生的可能性和强度也将提高。如果只考虑气候变化,那么 1961—2006 年上海农田年平均净初级生产力(Net Primary Production,NPP)值增加了 64.37 g·m^{-2}(以 ℃ 计),平均每年增长 1.43 g·m^{-2},年平均温度和降水量均与净初级生产力(NPP)呈显著正相关;在土地利用和气候变化双重因素的驱动下,自 20 世纪 80 年代以来,上海农田净初级生产力(NPP)总量减少了 42%(王原等,2010)。

(2) 影响森林生态系统。上海地区的森林植被属于中亚热带常绿阔叶林,但由于上海地处中亚热带的边缘,植被类型也会出现常绿、落叶阔叶混交林的过渡性植被。气温变暖影响了上海的森林物候,二氧化碳(CO_2)浓度的增加和气温的升高会造成森林物种生长期延迟或延长(郭广芬,2006),从而使森林结构组成和分布发生变化(陆佩玲等,2006);森林土壤有机碳含量也将增加成为碳汇(陈彬彬,2007)。这些变化最终导致上海生态空间的变化。

(3) 降低陆域生物多样性。气温变暖将直接影响生物的生存环境,在一定程度上改变了生物的空间分布、种群特性等。资料显示,气候变化以及人类的双重影响造成的环境改变已经导致上海的鸟类显著减少了(蔡音亭等,2011)。

(4)影响水文水资源。气候变暖对水资源数量、质量及其时空分布,水资源开发利用程度,供用水结构以及产水、供水、用水、耗水、排水之间的关系等产生影响(陶涛等,2008)。据《2013年上海市水资源公报》可知,上海地表水占99%以上,承压地下水不足1%;在地表水中,本地区降水占3.1%,太湖来水量占16.9%,80%的地表水为涨潮时从吴淞口带来的长江口的降水。上海水资源对外依赖性较大,而气候变化对长江流域和太湖流域的影响将直接影响上海的水资源供应。未来长江下游区域夏季和秋季的径流将减少,春季的径流将显著增加(林而达等,2006),由此上海需要调整水资源利用计划,以适应气温变暖的影响。

气温变暖使得用于降温、增温等提高舒适度的水资源消费和生态用水量增加(陈惠娟等,2008)。从城市用水量的气候变化响应来看,公共用水量的敏感程度最高、居民生活用水次之、工业用水敏感度最低(葛庆龙,2004)。从2010—2013年上海各类系统用水量和年平均气温之间的变化情况来看(图5-7),两者具有相似的变化趋势(其中2010年、2011年、2012年变化趋势一致)。据《2013年上海市水资源公报》可知,由于上海水质情况不容乐观,2013年评价的主要骨干河道全长719.9 km,根据《地表水环境质量标准》(GB 3838—2002),全年期优于Ⅲ类水(含Ⅲ类)河长210.6 km,占评价总河长的29.2%;Ⅳ类水河长170.6 km,占23.7%;Ⅴ类水河长63.1 km,占8.8%;劣Ⅴ类水河长275.6 km,占38.3%,水质污染以有机污染为主,主要污染指标为氨氮和高锰酸盐指数,由此加剧了水资源问题。

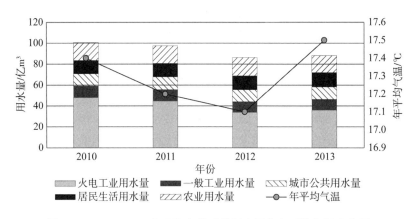

图5-7　2010—2013年上海各类系统用水量与年平均气温变化图

5.1.3　极端气候对上海的影响

气候变化因素造成台风、雷电、暴雨、干旱、大风、高温等高影响天气事件频发,往往成为重要的气候致灾因子,加重了对上海区域社会经济的影响(顾品强,2008)。上海地处长三角东端,海岸线长约213.05 km,全境地势平坦,且地处环太平洋沿岸的主要自然灾害带,每年的自然灾害较多,尤其是洪涝灾害最为突出(宋蕾,2012)。基于上海市气象局的气象数据和灾情数据,上海的主要气候灾害包括台风、暴雨洪涝和大风(表5-4),其中,暴雨洪涝、台风和雷电的致灾频次较高,台风和暴雨洪涝对上海农业发展的影响最为突出。

表5-4 上海各灾种年均致灾程度比较

灾害种类	年均发生频次/次	年均经济损失/万元	年均农业受灾面积/hm²	年均死亡人数/人
台风	14.3	8 895.7	8 529.0	2.4
暴雨洪涝	16.3	2 315.0	6 501.9	1.1
大风	90.0	618.6	530.7	1.8
龙卷风	48.0	437.6	756.5	2.0
雷电	142.0	149.9	231.8	—
大雾	35.0	0.0	0.0	—

(1)影响城市空间的安全,具体表现为:强降水天气导致城区地势低洼、排水不畅的区域极易发生内涝,出现停水、停电、交通受阻等状况,影响城市正常运转和市民正常生活,同时也容易导致大量物资被浸泡损坏;持续高温天气会造成单位、居民大量使用制冷设备,供电系统超负荷运转,易引发用电故障,水、电用量增加,并可因负载过大而导致供水、供电故障增多,且易引发火灾、危险化学品事故,也容易引起交通事故;频发的雷电可造成建筑物、电器的损坏,供电网络、计算机和网络通信系统、交通系统的瘫痪,威胁人民生命财产安全,其中城市工业区的雷电灾害影响较为显著;强风可导致建筑物、构筑物,特别是危房、简易大棚、车棚等倒塌,室外构筑物、广告牌被吹落,导致人员伤亡,威胁人民生命财产安全,对城市运行、生产、交通和人民生活等均具有不利影响;洪涝、暴雨等会造成大范围的人员伤亡,导致传染性疾病的暴发,呼吸疾病和皮肤病的风险增大。强气旋活动的增强会造成人员伤亡,诱发水源性和食源性疾病的风险增大(曾四清,2002)。

(2)影响农业和乡村地域的安全,具体表现为:洪涝使得农作物受淹致害、机械损伤,严重的洪涝会引起河水泛滥,淹没农田,冲毁农田、道路和房屋,给农业生产造成毁灭性的破坏;强风造成农作物倒伏、花果脱落,损坏塑料大棚等农业设施,影响农业产量和农产品市场供应。

5.1.4 海平面上升对上海的影响

(1)影响沿海区域的安全。据《2012年中国海平面公报》可知,上海是我国地面沉降最严重的地区之一,沉降速率最高达到 100 mm/a,海平面加速上升将导致风暴潮发生的频率和强度增加,潮差相对较小的岸段的频率增加幅度要高于潮差相对较大的岸段。长江口平均潮差为 2.6 m,海平面上升 20 cm,百年一遇的最高潮位变成 50 年一遇;风暴潮灾害也给海岸防护工程和海堤保护地区造成了损害。据预测,2050 年上海市相对海平面将上升 50 cm,海堤需加高 43 cm(蒋自翼,1994)。由于海平面上升,风暴潮发生的频率和强度增加,沿海的沙滩、沙丘向内陆转移,引起了湿地变化和损失、盐水入侵、排水不畅等问题。表 5-5 列举了部分年份上海沿海地区盐水入侵和海岸侵蚀的情况。

表 5-5　海平面上升对上海海岸侵蚀情况

年份	主要影响
2004—2006	崇明岛东岸侵蚀长度达 8.14 km,最大侵蚀宽度为 67 m;咸潮频繁入侵,对城市供水造成影响,地下水和土壤盐渍加重,严重危害了当地的水资源环境和生态环境
2007	受季节性高海平面、天文大潮和干旱等因素影响,咸潮多次侵袭上海,入侵强度加大。2 月下旬发生了近 10 年来最严重的咸潮,水库取水口盐度最高超过国家标准 5 倍多,对城市居民生活和工农业生产造成了影响
2009	2 月 17 日长江口宝钢水库取水口出现了近年最强的咸潮入侵过程,最大氯度值达 1 334 mg/L。10 月 22 日,适逢天文大潮期,长江口宝钢水库取水口遭受了秋冬季第一次咸潮入侵,时间比往年提前了 2 个月
2011	长江口共发生咸潮入侵 9 次,其中冬春季 7 次,秋冬季 2 次。冬春季咸潮入侵过程持续时间平均为 5.3 天;秋冬季咸潮入侵过程持续时间平均为 4.0 天。最为严重的咸潮入侵过程出现在 3 月 22—30 日,其中在 3 月 25 日天文大潮期间,长江口宝钢水库的氯度最高值达到 1 079 mg/L
2012	11 月,长江口入海径流量较大,长江口宝钢水库发生咸潮入侵 1 次,最大氯度值为 288 mg/L。崇明岛地区受海水入侵与土壤盐渍化影响较大,最大海水入侵距离约为 7.7 km,最大氯度值为 142 mg/L;土壤盐渍化最大含盐量为 0.323%
2013	长江口在宝钢水库和青草沙水库出现了 9 次咸潮入侵

(2)造成滩涂湿地的损失与生物多样性降低。海平面上升的累积作用导致海水倒灌程度加大和海岸侵蚀加剧,造成湿地面积减少、植被和底栖动物群落退化、湿地生态服务功能下降。崇明岛是上海地区海平面上升影响最脆弱的区域,尤其是东滩鸟类国家级自然保护区(图 5-8)。海平面上升、海岸侵蚀、水体温度、盐度变化导致崇明东滩鸟类国家级自然保护区内潮间带面积缩小,盐沼植被退化,原以河口海岸湿地为主要栖息地的鸟类栖息面积缩小、食物质量改变,严重影响保护区鸟类栖息环境与食物来源,威胁河口湿地生物多样性保护和上海城市生态安全(田波等,2010)。

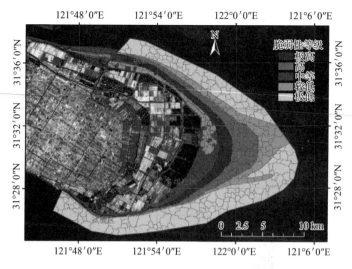

图 5-8　东滩鸟类国家级自然保护区气候变化脆弱性地理分布图

此外,海平面上升将影响沿海道路、海岸带生态系统的防风消浪、护岸护堤、调节气候等功能,导致护岸工程安全系数的下降。

5.2　上海气候变化影响的空间差异评估

5.2.1　研究方法与数据

对气候变化的影响评估是科学界不断认识和改善的问题之一,是气候变化脆弱性评估的基础和重要组成部分,处于不断发展之中。图 5-9 为气候变化脆弱性评估中气候变化影响模型(Füssel et al.,2006),可以看出,气候变化的影响由两个部分组成:一是城市在气候变化中的暴露度,即气候变化给城市带来的风险;二是城市对气候变化的敏感度,与人口、经济、社会、环境等系统受到气候变化影响的损害程度有关。与气候变化影响评

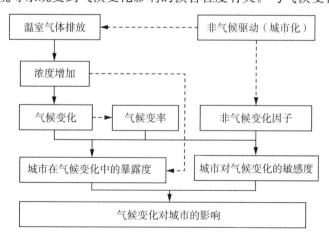

图 5-9　气候变化的影响评估模型

估密切关联的另一指标为脆弱性,但是目前尚未形成统一的认识(Klein et al.,1999;Lin et al.,2012)。

暴露度、敏感度、适应度、脆弱性和气候变化的影响四者之间的关系如下:

$$I_{(sy,t,sp)} = f[E_{(sy,t,sp)}, S_{(sy,t,sp)}], V_{(sy,t,sp)} = f[E_{(sy,t,sp)}, S_{(sy,t,sp)}, A_{(sy,t,sp)}] \tag{5-1}$$

其中,I(impact)为气候变化的影响;V(vulnerability)为气候变化的脆弱性;E(exposure)为系统在气候变化风险和灾害下的暴露度;S(sensitivity)为系统对气候变化的敏感度;A(adaptation)为系统对气候变化的适应度;sy(system)为系统属性,如城乡经济社会复合系统、海洋系统、森林系统等;t(temporal)为时间尺度;sp(spatial)为空间尺度。

本书的系统主要是指城市空间系统,主要考虑和城市空间发展相关联的要素;时间尺度包括历史时期和未来时期;空间尺度则为上海全域。对气候变化在时空尺度的影响评估是由城市在气候变化中的暴露度及其对气候变化的敏感度两个方面构成的关系评估。其中时间尺度主要考查过去一段时间内气候变化对城市影响的程度,并进一步预测未来的发展趋势;空间尺度主要考察气候变化过去和将来的空间影响范围和空间影响差异。从时间尺度来看,城市经济社会复合系统随着气候变化的加剧暴露度将提高,随着城市化的共同作用,未来将面临更严峻的挑战。

本书主要探讨气候变化对城市影响的空间差异,其本质是识别上海地域范围内不同区域对气候变化的暴露度和敏感度。按照"目标—领域—主题—要素—指标"的框架体系,建立气候变化影响的空间差异评估体系。鉴于每种气候变化要素的作用范围、影响领域和影响过程不同,气候因子和非气候因子的分布也不相同,所以如若建立统一的评估体系可能导致评估结果较为模糊,无法为适应性城市空间格局的构建提供依据。为此,按照不同的气候变化及其影响建立不同的影响评估指标体系,具体过程如下:

1) 确定目标层和领域层

目标层是气候变化影响的空间差异指数,分为气温变化、极端高温、极端降水和海平面上升四个方面。每个方面用综合指数来表征城市空间对气候变化的暴露度和敏感度,通过综合指数计算,辨识和评估气候变化影响的关键区域。

领域层由暴露度、敏感度组成,并通过主题层和要素层的层次设计进一步将领域层量化。这里,暴露度是表征城市空间在气候变化风险和灾害中的风险程度,以气候变化的空间分布与强度为考量指标,属于压力指标;敏感度是状态指标,表征城市空间承载的经济子系统、社会子系统和生态环境子系统的状态、内部结构及其荷载状况。

2) 主题层和要素层

暴露度的主题层为评估的影响因子,分别为气温变化、极端高温、极端降水和海平面上升,其中气温变化和海平面上升是长期的、缓慢的、持续的影响过程;极端高温和极端降水是瞬时的、短期的影响过程,往往造成高温、洪涝等气象灾害,影响较为明显,而洪涝灾害的发生又与地区不透水下垫面的占比和相对高程(即孕灾环境)具有密切的关联。如前定义,城市在气候变化中的暴露度是指影响系统的灾害或环境压力发生的概率、程度、滞留时间以及灾害的强度范围等因素,是城市在气候变化压力下的风险性,理想的评估指标为各种气候变化要素发生的概率和程度、强度范围,但是由于数据的不可获取性,本书暴露度的主题层对应的要素层指标为多年平均气温空间分布、极端高温空间分布(≥37℃的温度分布)、年平均降水量分布、洪涝发生可能性(沿河沿湖地区、降水量越多的地区越易发生洪灾,降水量越多、不透水下垫面占比越高、相对高程越低的地区越易发生内涝)、海平面上升影响范围,分别表征主题层指标的影响强度。

城市对气候变化的敏感度是指城市在受到某种气候变化胁迫压力或一系列胁迫压力作用下所受到的损害或遭受影响的程度。按照城市空间的组成要素,敏感度的主题层由经济、社会和生态空间构成。在分析每类气候要素的影响系统和行业的基础上,选择影响较大、能够在空间上予以测度和表征的指标作为要素层指标。

3) 空间评估因子选取及权重

综合考虑空间数据的代表性、可获取性、准确度以及城市空间数据的分辨率和空间尺度的要素,对每个要素层选择 1—2 个具有代表性的空间评估因子。选用层次分析法确定每个因子的权重(表 5-6),形成评估指标体系(表 5-7)。

4) 建立地理信息系统基础数据库并进行空间分析

气候变化对上海城市影响的空间差异评估原则上以 2013 年为评估年份,在数据不完整的情况下,部分数据采用其他年份数据。空间地理参考坐标统一为 WGS 1984 坐标系统。按照数据类型可以分为空间数据、属性数据,具体包括:上海市 2013 年高分一号卫星遥感影像数据、上海市分区行政区划图、上海市数字高程模型(Digital Elevation Model,DEM)、地面沉降分布图、水环境功能区划图、自然保护区分布图及相关的经济社会统计数据。

表 5-6　浦东新区气象灾害风险区划专家调查因子权重汇总

类别	暴雨	台风	冰雹	大风	雷电	大雾	低温	高温
人民生命财产安全	0.18	0.32	0.08	0.11	0.10	0.07	0.08	0.06
综合交通	0.22	0.22	0.10	0.08	0.08	0.17	0.07	0.06
工业与能源保障	0.13	0.26	0.10	0.09	0.13	0.06	0.06	0.17
农业	0.20	0.32	0.09	0.10	0.06	0.04	0.09	0.09

表 5-7　上海气候变化影响的空间差异评估指标体系

目标层	领域层	主题层	要素层	空间评估因子	单位
气温变化影响的空间差异指数	暴露度 (0.30)	气温变暖 (0.30)	多年平均气温分布(0.30)	2001—2010 年平均气温空间分布(0.300)	℃
	敏感度 (0.70)	经济空间 (0.20)	农业生产 (0.12)	地均第一产业产值 (0.12)	亿元/km²
			工业生产 (0.05)	地均工业产值(0.05)	亿元/km²
			第三产业生产 (0.03)	地均第三产业产值 (0.030)	亿元/km²
		社会空间 (0.20)	能源供需 (0.12)	工业综合能源消费量 (0.056)	万吨标准煤
				居民生活能源消费量 (0.064)	万吨标准煤
			人类健康与安全(0.08)	老年人口占比(0.050)	%
				人口密度(0.030)	万人/km²
		生态空间 (0.30)	植被生态系统(0.08)	农田、森林等空间分布 (0.080)	—
			水文水资源 (0.14)	湖泊和水系分布(0.060)	—
				水环境功能分区(0.030)	—
				水源保护地分布(0.050)	—
			近海岸生态系统(0.08)	沿海湿地和低洼地区分布(0.040)	—
				地面沉降分布(0.040)	—
极端高温影响的空间差异指数	暴露度 (0.35)	极端高温 (0.35)	极端高温空间分布(0.35)	2001—2010 年平均≥35℃的天数空间分布(0.350)	天
	敏感度 (0.65)	经济空间 (0.20)	农业生产 (0.080)	地均第一产业产值 (0.080)	亿元/km²
			工业生产 (0.120)	地均工业产值(0.120)	亿元/km²
		社会空间 (0.30)	能源供需 (0.15)	居民生活能源消费量 (0.150)	万吨标准煤
			综合交通 (0.05)	城市道路密度(0.050)	km/km²
			人类健康与安全(0.10)	老年人口占比(0.060)	%
				人口密度(0.040)	人/km²
		生态空间 (0.15)	植被生态系统(0.09)	农田、森林等空间分布 (0.090)	—
			水文水资源 (0.06)	湖泊和水系分布(0.030)	—
				水源保护地分布(0.020)	—
				水环境功能分区(0.010)	—

目标层	领域层	主题层	要素层	空间评估因子	单位
极端降水影响的空间差异指数	暴露度(0.45)	极端降水(0.45)	年平均降水量分布(0.20)	2001—2010年平均降水量分布(0.200)	mm
			内涝发生可能性(0.20)	城市建设用地占比(0.080)	%
				相对海平面的地面高程(0.120)	m
			洪灾发生可能性(0.05)	主要河流水系分布(0.050)	—
	敏感度(0.55)	经济空间(0.15)	农业生产(0.09)	地均第一产业产值(0.090)	亿元/km²
			工业生产(0.06)	地均工业产值(0.060)	亿元/km²
		社会空间(0.25)	综合交通(0.07)	城市道路密度(0.070)	km/km²
			人类健康与安全(0.18)	人口密度(0.100)	人/km²
				老年人口占比(0.080)	%
		生态空间(0.15)	植被生态系统(0.05)	农田、森林等空间分布(0.050)	—
			水文水资源(0.10)	湖泊和水系分布(0.070)	—
				水源保护地分布(0.030)	—
海平面上升影响的空间差异指数	暴露度(0.45)	海平面上升(0.45)	海平面上升影响范围(0.450)	相对海平面的地面高程(0.450)	m
	敏感度(0.55)	经济空间(0.10)	农业生产(0.10)	人均第一产业产值(0.100)	万元/人
		生态空间(0.45)	水文水资源(0.15)	湖泊和水系分布(0.100)	—
				水环境功能分区(0.050)	—
			近海岸生态系统(0.30)	沿海滩涂分布(0.200)	—
				自然保护区分布(0.100)	—

注:内涝发生可能性是通过极端降水和城市建设用地、相对海平面的地面高程综合确定的,即城市建设越密集、海拔越低、降水越丰富的地区越易发生内涝灾害。本书的影响评估将内涝发生简化,实际还要考虑内涝泵站的设施等。洪灾发生可能性是通过极端降水和主要河流水系确定的,即降水越丰富,河流两岸地区越易发生洪灾。本书的影响评估将洪灾发生简化,实际还要考虑河流两岸的防洪措施。

  将以上数据在地理信息系统软件 ArcGIS 9.3 中建立基础数据库,其中经济社会统计数据作为行政区的属性数据,森林、农田通过遥感影像解译后导入,气候变化、地面沉降、自然保护区等根据已有资料矢量化后导入。在生成单因子的空间分布图后,首先采用自然断裂法(natural breaks)

分类方法,将各单因子划分为不同等级,分别赋予1—5的数值,代表气候变化影响由小到大的程度。然后对每个指标根据层次分析法和专家咨询的方法计算其权重,分别生成气温变化、极端高温、极端降水和海平面上升的暴露度和敏感度分布图,继而根据其权重生成空间影响图,分为高、较高、中、较低、低影响五个区域。气候变化影响的空间差异评估流程见图5-10。其中暴露度为各因子的加权之和,敏感度为经济、社会、生态影响的加权之和。最后按照"气候变化影响=暴露度+敏感度"的函数关系评定气候变化影响的空间差异综合区划图。具体每个评估因子的数据来源和数据处理方法、影响程度分级见表5-8和表5-9。

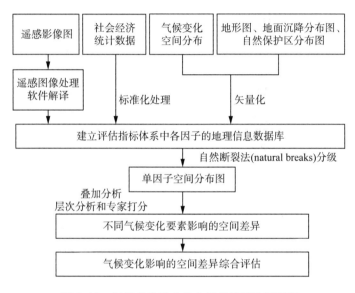

图 5-10　气候变化影响的空间差异评估流程图

表 5-8　数据来源及处理方法

领域层	空间评估因子	数据来源	数据处理和分析方法
暴露度	2001—2010 年平均气温空间分布	11 个气象站 2001—2010 年气象观测数据	根据 11 个气象站的多年平均气温观测数据,进行地理信息系统(GIS)差值分析,然后按照年平均气温的空间分布进行分类
	2001—2010 年平均≥35℃ 的天数空间分布	11 个气象站的观测数据	根据 11 个气象站的多年极端高温天数气温观测数据,进行地理信息系统(GIS)差值分析,然后进行分类
	2001—2010 年平均降水量分布	11 个气象站的观测数据	根据 11 个气象站的多年平均降水量观测数据,进行地理信息系统(GIS)差值分析,然后按照年平均降水量的空间分布进行分类
	相对海平面的地面高程	上海数字高程模型	根据上海的高程信息,进行地理信息系统(GIS)地形分析,建立数字高程模型。根据沿海海平面不同情景下的上升趋势,确定不同等级的淹没和侵蚀范围

领域层	空间评估因子	数据来源	数据处理和分析方法
暴露度	城市建设用地占比	上海 2013 年高分一号卫星遥感影像	利用遥感影像解译软件进行非监督分类,进一步采用监督分类校正后,统计每个分区的城市建设用地占比
敏感度	地均第一产业产值;地均工业产值;地均第三产业产值;工业综合能源消费量;居民生活能源消费量;老年人口占比;人口密度	上海市行政区划矢量图;《上海统计年鉴:2014》	将上海行政区划进行矢量化,根据统计年鉴数据计算每个区县的指标值,将其作为属性数据添加进空间分区,再按照均分法进行分类
	农田分布;湖泊和水系分布;沿海湿地分布	上海 2013 年高分一号卫星遥感影像	对遥感影像进行非监督分类和监督分类校正,并将其矢量化
	城市森林和自然保护区分布	上海自然保护区分布图,上海市土地利用分类	根据自然保护区分布将其矢量化,并结合遥感影像进行校正
	水环境功能分区	上海市水环境功能区划图	根据《上海市城市总体规划(1999—2020 年)》水环境功能分区规划,将其矢量化
	水源保护地分布	上海市水源保护地分布图	将上海市水源保护分布图矢量化
	低洼地区分布	上海市数字高程模型(DEM)	对数字高程模型(DEM)进行高程分析,将低洼地区单独输出并矢量化
	城市道路密度	上海 2013 年高分一号卫星遥感影像	根据遥感影像将城市道路矢量化,然后按照分区统计每个区县的城市道路密度

表 5-9 单因子分类及影响评估值

暴露度评估因子			敏感度评估因子		
评估因子	分级	暴露度	评估因子	分级	敏感值
2001—2010 年平均气温空间分布/℃	≥17.8	5	单位面积农业产值/(亿元·km⁻²)	0.00	1
	17.5—17.7	4		0.01—0.10	2
	17.2—17.4	3		0.11—0.15	3
	16.6—17.1	2		0.16—0.20	4
	≤16.5	1		0.21—0.27	5

暴露度评估因子			敏感度评估因子		
评估因子	分级	暴露度	评估因子	分级	敏感值
2001—2010 年平均≥35℃的空间分布天数/天	≥26	5	单位面积工业产值/(亿元·km⁻²)	0.11—0.90	1
				0.91—2.18	2
	19—25	4		2.19—3.80	3
				3.81—6.03	4
	11—18	3		6.04—14.44	5
			单位面积第三产业产值/(亿元·km⁻²)	0.09—1.00	1
				1.01—3.50	2
	7—10	2		3.51—10.00	3
				11.01—30.00	4
	≤6	1		30.01—85.0	5
2001—2010 年平均降水量分布/mm	≥1 293	5	工业综合能源消费量/万吨标准煤	1.50—33.23	1
				33.24—109.19	2
				109.20—193.12	3
	1 243—1 292	4		193.13—789.67	4
				789.68—1 727.00	5
	1 193—1 242	3	居民生活能源消费量/万吨标准煤	5.00—12.89	1
				12.90—43.65	2
				43.66—89.47	3
	1 143—1 192	2		89.48—130.45	4
				130.46—278.67	5
	≤1 142	1	老年人口占比/%	8—10	1
				11—13	2
				14—18	3
城市建设用地占比/%	≤45	1		19—29	4
				30—37	5
	46—60	2	人口密度/(万人·km⁻²)	588—1 691	1
				1 692—4 449	2
				4 450—7 346	3
	61—80	3		7 347—23 620	4
				23 621—35 757	5

暴露度评估因子			敏感度评估因子		
评估因子	分级	暴露度	评估因子	分级	敏感值
城市建设用地占比/%	81—90	4	植被空间分布	植被丰富区	5
				植被较丰富区	3
	91—100	5	湖泊和水系分布	湖泊河流	5
				湖泊河流 200 m 缓冲区	3
相对海平面的地面高程/m	≤0	5	水环境功能分区	水环境Ⅱ类	5
				水环境Ⅲ类	4
	0.1—1.0	4		水环境Ⅳ类	3
				水环境Ⅴ类	2
				水环境劣Ⅴ类	1
	1.1—2.0	3	水源保护地分布	水源保护区	5
	2.1—4.0	2		水源保护区 200 m 缓冲区	3
			地面沉降分布	沉降严重区	5
	≥5.0	1		沉降较严重区	4
				沉降一般区	3
主要河流水系	主要河流水系	5		沉降较不严重区	2
				沉降不严重区	1
	河流水系 200 m 缓冲区	3	沿海滩涂分布	沿海滩涂	3

注:洪涝灾害的产生不仅和降水量直接关联,而且和其孕灾环境密切相关,包括河湖分布、相对高程、城市不透水下垫面面积等,因此本书将相对海平面的地面高程、主要河流水系、城市建设用地占比(表征不透水下垫面比例)作为极端降水导致的洪涝灾害的暴露度因子。

5.2.2 气温变化影响的空间差异评估

1) 城市空间在气温变化中的暴露度

总体来看,上海的气温变化呈现波动上升的趋势,预计未来郊区的快速发展会导致气温上升的幅度高于城区。由于上海中心城区全部为城市建设用地,城市建设强度较高,城市近郊区、城市郊区的开发建设强度将大于中心城区,鉴于城市开发强度与气候变化之间的正相关关系,城市近郊区、城市郊区的气候变化幅度也将大于中心城区,但这并不意味着城市近郊区、城市郊区的气温高于中心城区。根据城市空间在气温变化下的暴露度的分布来看,浦西中心区在气温变化下的暴露度最高,说明其所受到的气温变化带来的风险也最强,这是城市热岛效应的反映;其次为城市中心区;再次为近郊区,其中以嘉定、宝山等为重;远郊区县的气温变化暴露度较小。此处,浦西中心区主要包括静安、黄浦两个区;城市中心区为城市外环线以内区域,主要涉及普陀、长宁、虹口、徐汇、闸北、杨浦、浦东北部;城市近郊区包括闵行、宝山、嘉定、青浦、松江等区;城市远郊区县主要包括金山、奉贤、崇明等区县和浦东南汇地区。

2) 城市空间对气温变化的敏感度

从城市经济空间对气温变化的敏感度来看,浦东新区的敏感度最高,这是由于其工业、农业、第三产业的发展对其经济均具有较大的贡献,因此未来气温变化带来的损伤程度也最为显著。其次为杨浦、奉贤、金山三个区,其中杨浦第三产业和第一产业的发展对气温变化的敏感度较高,金山区和奉贤区农业、工业对气温变化的敏感度较高。由于气温变化对第三产业发展的影响较第一产业、第二产业小,故中心城区对气候变化的敏感度较低。事实上,尽管崇明经济空间对气温变化的敏感度综合评定为中,但是其农业发展对气温变化具有极高的敏感度。

从城市社会空间对气温变化的敏感度来看,浦东新区的敏感度最高,这说明气温变化对其工业能源消费、居民能源消费和人类健康的影响最为显著;其次为黄浦区、宝山区和闵行区;再次为徐汇区、虹口区、杨浦区、嘉定区、青浦区等;其他区县城市社会空间对气温变化的敏感度相对较低。

相对城市经济空间和城市社会空间,城市生态空间对气温变化具有更高的敏感度。其中以黄浦江上游水源保护区、佘山国家森林公园、黄浦江沿岸地区的敏感度最高,这是由于这些地区往往具有较好的水环境和植被环境,容易受到外部环境的干扰,一旦遭受到破坏,其恢复能力也较弱,因此对气温变化的敏感度较高。其次,城郊结合处的植被丰富区以及崇明岛东滩鸟类国家级自然保护区,主要以农田、森林等土地利用为主,对气温变化也具有较高的敏感度,表现为气温变化引起的植被生长、植被结构变化、生物多样性变化等。由于地面沉降与气温变化之间具有内在的关联,因此尽管中心城区的植被不丰富,但是地面沉降问题使得其生态空间的综合敏感度仍然较金山、奉贤、浦东南汇等地区高。

将上述三个方面的敏感度按照权重叠加,得到城市空间对气温变化的综合敏感度。总体来看,浦东中心区、淀山湖—佘山地区、黄浦江上游水源保护区对气温变化的敏感度最高,其次为沿河沿湖地区、水质较好区域和植被丰富区域,其他区域对气温变化的敏感度则较低。

3) 气温变化影响的空间差异评估

根据暴露度、敏感度与气候变化的影响之间的函数关系,可以计算出气候变化对每个区域的影响。由于气温变化是长期的、持久的过程,因此其是气候变化众多因素中最主要的因子,其影响范围也是值得长期关注的。按照五个等级划分其影响区,每个分区的面积、占比、分布见表 5-10。气温变化对上海城市影响呈现出由中心向外围递减的趋势。

表 5-10　气温变化对上海城市影响的空间差异评估分区

气温变化影响差异分区	面积/km²	占比/%	分布
高影响区	700.63	11.05	浦西中心区、陆家嘴地区、宝钢长江水源保护地、黄浦江沿岸地区
较高影响区	1 237.03	19.51	城市外环以内区域,浦东北部区域,闵行、杨浦等区,黄浦江上游水源保护区
中影响区	1 323.26	20.87	宝山、嘉定、青浦等近郊区
较低影响区	1 756.32	27.70	崇明南部区域,金山、奉贤等区,浦东新区中部区域
低影响区	1 323.26	20.87	奉贤、浦东新区南部沿海区域,崇明北部区域

5.2.3　极端气候影响的空间差异评估

1) 极端高温影响的空间差异评估

极端高温主要发生在夏季,往往会引起人体的不适,还会提高居民和工业生产的消费需求、影响农作物的生长等,同时也会诱发其他灾害。从上海 2000—2010 年的极端气温分布来看,即城市空间在极端高温下的暴露度,其变化趋势与年平均气温变化趋势基本一致,但是黄浦、静安两个区发生极端高温的频率远远高于其他地区,达到年均 26 天;城市中心区也成为极端高温的易发区。与年平均气温在城郊之间差别不大不同,极端高温的分布在城郊之间差别较大,从而导致城市空间在极端高温下的暴露度指数也具有较大差异(高暴露度地区达到 1.73,低暴露度地区为 0.21)。

从城市经济空间对极端高温的敏感度来看,浦东新区最高,说明其产业发展受损程度也可能最高;其次为徐汇、嘉定等区,其他区域对极端高温的敏感度较低。从城市社会空间对极端高温的敏感度来看,仍然以浦东新区最高,主要和其人口规模大、能源消费量高有直接关联,城市中心区和闵行区、宝山区的敏感度也较高;其他区县的敏感度较低。从生态空间对极端高温的敏感度来看,河流丰富地区、水源保护地、植被丰富地区对极端高温的敏感度最高。综上,得到城市空间对极端高温的敏感度空间分布,其中浦东新区对极端高温最为敏感,其次为虹口区、闵行区、徐汇区等区域,其他区域的敏感度较低。

综上,得到极端高温影响的空间差异分区(表 5-11),其中以城市中心区的影响程度最高,而金山、奉贤、崇明等区域极端气温发生的频率较小,因此其影响相对较弱;其他地区的受影响程度处于中间位置。

表 5-11　极端高温影响的空间差异分区

极端高温影响的空间差异分区	面积/km²	占比/%	分布
高影响区	200.36	3.16	黄浦、静安、长宁等区
较高影响区	713.93	11.26	除黄浦、静安、长宁外的浦西中心城区和浦东新区北部
中影响区	977.71	15.42	闵行、宝山、嘉定、松江等区,黄浦江上游水源保护区
较低影响区	1 687.21	26.61	浦东新区中部、青浦等区
低影响区	2 761.29	43.55	崇明、金山、奉贤、浦东南汇地区

2) 极端降水影响的空间差异评估

降水本身不形成气象灾害,但是由于地面性质,降水往往是诱发洪涝灾害的因子。洪水灾害易发生在沿河、沿湖地区,内涝灾害易发生在地势低洼或雨水不能及时排除的不透水面较高地区。上海地势平坦,城市建设用地占比高、建设密度高,极易发生涝灾。从城市空间在内涝下的暴露度来看,极易发生洪灾的区域主要为浦西中心区和浦东、闵行、崇明东滩等地区,尽管上海地势东高西低,但是西部地区的降水较东部地区少,因此东部地区发生内涝的风险也就较大。从城市空间在洪水下的暴露度来看,沿河地区风险较大。

综上,从城市空间在极端降水下的暴露度来看,表现出中心城区最高、郊区较低、东部较高、西部较低的总体特征。

从城市经济空间对极端降水的敏感度来看,浦东最高,徐汇、虹口、宝山、奉贤、金山次之,其他区域产业发展的敏感度较低。从社会空间对极端降水的敏感度来看,黄浦区最为敏感,受损程度也最高,其次为浦西中心区其他各区,然后为浦东新区和宝山区,其他区域则不敏感。从城市生态空间对极端降水的敏感度来看,黄浦江上游水源保护区和淀山湖—佘山地区最为敏感,其次为浦东新区中心区、嘉定、松江等区域,其他区域敏感度较低。综合来看,黄浦区对极端降水敏感度最高,浦西中心区其他各区次之,浦东新区敏感度为中,其他区县对极端降水的敏感度较低。

综上,得到极端降水影响的空间差异分区(表 5-12)。极端降水的高影响区集中在黄浦区、浦东新区等区,较高影响区集中在浦西其他中心区和浦东新区北部区域,中影响区、较低影响区为近郊区和浦东新区中南部,其他区域受极端降水的影响最小。

表 5-12 极端降水影响的空间差异分区

极端降水影响的空间差异分区	面积/km²	占比/%	分布
高影响区	283.42	4.47	黄埔、浦东新区、陆家嘴等区域
较高影响区	937.13	14.78	浦西其他中心区、浦东新区北部区域
中影响区	1 285.85	20.28	闵行、松江城区、崇明东滩等区域
较低影响区	1 859.67	29.33	宝山、嘉定、崇明中部、奉贤等区域
低影响区	1 974.43	31.14	崇明北部、金山、青浦等区域

5.2.4 海平面上升影响的空间差异评估

与上述气候变化要素不同,海平面上升既是气温变化的结果之一,同时也是影响城市系统的因素之一,其影响是长远的,主要直接影响领域是沿海岸地区和生态系统,其中湿地系统和水文系统对其尤为敏感。上海是典型的河口城市,因此对海平面上升尤为敏感,而要完全准确地测度这种影响程度是较为困难的。由于本书主要讨论陆域范围内与城市发展直接相关的空间要素受气候变化的影响,而上海的自然保护区(包括九段沙、崇明东滩、长江出口、金山三岛等)和主要的滩涂湿地均位于陆域之外,因此不讨论其受海平面上升的影响。事实上,这些区域正是海平面上升影响最为严重的区域,其易受到沿海侵蚀。

海平面上升的过程是复杂的,为了简化研究,本书仅考虑在相对海平面上升情景下可能受到淹没的区域。因此,将相对海平面高程作为城市空间在海平面上升下的暴露度。长兴岛、横沙岛、崇明东滩等区域在海平面上升情况下的暴露度最高。

沿海的崇明、浦东、奉贤、金山经济空间对海平面上升的敏感度较高,主要是渔业的敏感度极高;鉴于海平面上升对城市社会空间的影响是间接的、不明显的,本书不做讨论;关于城市生态空间对海平面上升的敏感度,本书主要考虑水文水资源系统(湿地系统不在陆域)和地面沉降,其中以黄浦江上游地区的敏感度最高。综合来看,在城市空间对海平面上升的敏感度中,以崇明东滩、黄浦江沿河地区最为敏感。就海平面上升的影响程度而言,除了沿海区域外,内陆黄浦江上游地区、下游地区易受海平面上升影响,主要是因为这些地区往往会成为海平面上升后盐水侵蚀的主要区域。

5.2.5　气候变化影响的空间差异综合评估

城市空间在气候变化中的暴露度呈现出典型的由城市中心区向外围递减的特征,也就是说,城市中心区各种气候变化引起的气象灾害发生频率最高,多种气象要素的叠加也使得城市中心区成为受气候变化影响最为显著的区域。

从城市空间对气候变化的敏感度来看,浦西中心区和浦东新区核心区的敏感度较高,主要是因为其经济社会承载度高,经济社会系统一旦受到危害,引起的灾害也是巨大的;黄浦江上游地区敏感度也很高的原因是其生态系统较为脆弱,对环境变化的敏感度较高,要注意积极保护。其他区域对气候变化的敏感度相对较低,其中以崇明和奉贤、金山最低。不同暴露度分区见表5-13,敏感度分区见表5-14。

表 5-13　城市空间在气候变化中的暴露度分区统计

综合暴露度	面积/km²	占比/%	分布
高暴露区	314.49	4.96	浦西中心区
较高暴露区	768.47	12.12	除浦西中心区外的城市中心区
中暴露区	1 086.76	17.14	闵行、宝山、嘉定的城市建设区
较低暴露区	2 221.08	35.03	青浦、松江、浦东新区中部、崇明东滩地区
低暴露区	1 949.70	30.75	金山、奉贤、浦东南汇地区、崇明北部地区

表 5-14　城市空间对气候变化的敏感度分区统计

综合敏感度	面积/km²	占比/%	分布
高敏感区	538.31	8.49	浦东新区核心区
较高敏感区	1 010.68	15.94	浦西中心区、浦东东北部沿海区域、黄浦江上游地区
中敏感区	1 425.34	22.48	崇明东滩、浦东南汇地区
较低敏感区	1 585.76	25.01	松江、宝山、嘉定、青浦等地区
低敏感区	1 780.41	28.08	金山、奉贤、崇明北部和中部地区

气候变化对上海城市空间的影响也呈现出由中心向外围依次降低的空间分布特征(表5-15),其中城市中心区受到气候变化的影响最为显著,这不仅与中心区气温变暖、极端高温和极端降水发生频率最高有关,而且与其高密度的城市开发建设有关,即城市化带来的风险加大。其次受到气候变化影响的为城市中心区的近郊区和黄浦江上游保护区,前者是由于其

正处于快速发展阶段,气候变化的幅度增大,经济社会敏感度提高;后者是由于其生态系统较为脆弱,容易受到气候变化和城市化等自然和人为的双重影响。气候变化影响较小的地区则为青浦、崇明、金山、奉贤等地区,其影响主要集中在生态系统和农业生产方面。

表5-15 上海气候变化影响的空间差异分区

综合影响分区	面积/km²	占比/%	分布
高影响区	324.63	5.12	浦西中心区、浦东陆家嘴地区
较高影响区	809.68	12.77	除浦西中心区以外的外环以内地区
中影响区	1 370.82	21.62	宝山、嘉定、闵行等城市建设区, 黄浦江上游地区
较低影响区	2 075.88	32.74	青浦、松江、崇明东滩等地区
低影响区	1 759.49	27.75	金山、奉贤、崇明北部区域

第5章参考文献

蔡音亭,唐仕敏,袁晓,等,2011. 上海市鸟类记录及变化[J]. 复旦学报(自然科学版),50(3):334-343.

陈彬彬,2007. 河南省气候变化及其与木本植物物候变化相互关系研究[D]. 南京:南京信息工程大学.

陈惠娟,千怀遂,2008. 中国城市水资源消费与气候的关系研究[J]. 自然资源学报,23(2):297-306.

杜瑞英,杨武德,许吟隆,等,2006. 气候变化对我国干旱/半干旱区小麦生产影响的模拟研究[J]. 生态科学,25(1):34-37.

葛庆龙,2004. 城市主要能源及用水量对全球气候变化的响应:以大连市为例[D]. 大连:辽宁师范大学.

顾品强,2008. 2001—2005年奉贤地区气候变化、高影响天气事件对社会经济的影响及防灾对策的思考[C]// 中国气象学会. 第28届中国气象学会年会论文集. 厦门:中国气象学会.

郭广芬,2006. 未来气候变化对我国土壤有机碳储藏的影响[D]. 北京:中国气象科学研究院.

华东区域气象中心,上海市气象局,江苏省气象局,等,2012. 华东区域气候变化评估报告[M]. 北京:气象出版社.

蒋自翼,1994. 海平面上升对长江三角洲附近地区海堤工程的影响[J]. 中国科学院南京地理与湖泊研究所集刊(11):28-35.

林而达,许吟隆,蒋金荷,等,2006. 气候变化国家评估报告(Ⅱ):气候变化的影响与适应[J]. 气候变化研究进展,2(2):51-56.

刘洋,2014. 全球气候变化对长三角河口海岸地区社会经济影响研究[D]. 上海:华东师范大学.

陆佩玲,于强,贺庆棠,2006. 植物物候对气候变化的响应[J]. 生态学报,26(3): 923-929.

沈续雷,2011. 气候变化对大城市能源消费的影响研究:以上海为例[D]. 上海:复旦大学.

宋蕾,2012. 都市密集区的气候风险与适应性建设:以上海为例[J]. 中国人口·资源与环境,22(11):6-12.

陶涛,信昆仑,刘遂庆,2008. 气候变化下 21 世纪上海长江口地区降水变化趋势分析[J]. 长江流域资源与环境,17(2):223-226.

田波,马剑,王祥荣,等,2010. 崇明东滩鸟类自然保护区气候变化脆弱性分析与评价[C]// 中国气象学会. 第 27 届中国气象学会年会论文集. 北京:中国气象学会.

王原,黄玫,王祥荣,2010. 气候和土地利用变化对上海市农田生态系统净初级生产力的影响[J]. 环境科学学报,30(3):641-648.

曾四清,2002. 全球气候变化对传染病流行的影响[J]. 国外医学(医学地理分册),23(1):36-38.

张厚瑄,1993. 水稻气候生产力对气候变暖的响应问题的模拟计算[J]. 中国农业气象,14(1):35-40.

仇安娜,尚尔泰,张国毅,2009. 气候变化对人类健康影响的探讨[J]. 环境保护与循环经济,29:52-54.

周伟东,梁萍,2013. 风的气候变化对上海地区秋季空气质量的可能影响[J]. 资源科学,35(5):1044-1050.

FÜSSEL H M, KLEIN R J T,2006. Climate change vulnerability assessments:an evolution of conceptual thinking [J]. Climatic change,75(3):301-329.

KLEIN R J T,NICHOLLS R J,1999. Assessment of coastal vulnerability to climate change[J]. Ambio,28(2):182-187.

LIN Y C,LEE T Y,SHIH H C,2012. Assessment of the vulnerability and risk of climate change on water supply and demand in Taijiang Area[Z]. Trieste:World Academy of Science,Engineering and Technology.

第 5 章图表来源

图 5-1 源自:笔者绘制.

图 5-2 源自:笔者根据上海市气象资料绘制.

图 5-3 源自:笔者根据《上海统计年鉴:2014》能源消费资料绘制.

图 5-4 源自:笔者绘制.

图 5-5 至图 5-7 源自:笔者根据《上海统计年鉴:2014》资料绘制.

图 5-8 源自:田波,马剑,王祥荣,等,2010. 崇明东滩鸟类自然保护区气候变化脆弱性分析与评价[C]// 中国气象学会. 第 27 届中国气象学会年会论文集. 北京:中国气象学会.

图 5-9、图 5-10 源自:笔者绘制.

表 5-1、表 5-2 源自:笔者绘制.

表 5-3 源自:笔者根据上海同济城市规划设计研究院《奉贤区气象防灾规划(2012 年)》资料绘制.

表 5-4 源自:上海市气候中心《长三角城市群气候变化特别评估报告》(2012 年).

表 5-5 源自:笔者根据 2007—2014 年中国海平面公报资料整理绘制.

表 5-6 源自:笔者根据上海同济城市规划设计研究院《浦东气象防灾规划(2013—2030
　　年)》资料绘制.

表 5-7 至表 5-10 源自:笔者绘制.

表 5-11 源自:笔者根据极端高温对上海城市影响的空间差异结果绘制.

表 5-12 源自:笔者根据极端降水影响的空间差异结果绘制.

表 5-13 源自:笔者根据城市空间在气温变化中的暴露度结果绘制.

表 5-14 源自:笔者根据城市空间对气温变化的敏感度结果绘制.

表 5-15 源自:笔者根据上海气候变化对城市空间影响的空间差异结果绘制.

6 适应性城市空间格局的概念模型与适应性评估

应对气候变化的适应性规划（简称适应性规划）需要依赖一个新兴的跨学科领域，将人类和自然及其相互关系联系起来，需要规划师和地球科学家以及相关科学研究者共同努力才能攻克这一难关（顾朝林，2013）。适应性规划可以在多层面下展开。在社区规划层面，需要编制一体性、战略性、参与性并包含可变通的应对风险的规划；在总体规划层面，需要包括物质、生物、社会科学、气候变化模型、气候影响和脆弱性评价等多方面的综合性规划，编制内容至少需要增加海岸线、流域、土地利用和基础设施规划、能源规划等内容；在区域规划层面，海岸线总体规划是应对沿海地带极端情况最重要的规划。总体来看，适应性规划是与城市的多个方面相联系的。本书对适应性城市空间格局的研究就是在适应性规划框架内，以城市空间为着力点，探析应对气候变化的适应要素的空间布局，可以视作对适应性规划更为深入的探讨。

概念模型源于计算机领域，在电脑人机互动领域中，指的是关于某种系统一系列在构想、概念上的描述，叙述其如何作用，能让使用者了解此系统被设计师预设的使用方式。本书之所以采用这一概念对"适应性城市空间格局"进行描述，是因为试图通过概念性的描述和模块式的分析设计，厘清气候系统与城市系统两个复杂系统之间的关系，借助多个分析模块的组成，逐步探讨城市在适应气候变化方面的空间策略。气候变化与城市之间的内在关联为"应对气候变化的适应性城市空间格局"提供了可能。本章旨在探讨适应性城市空间格局的概念、研究目标、概念模型和模块设计。这一探究是"适应性规划"内容的延伸，是从空间视角探讨"适应性规划"中城市部分要素的空间布局问题。本章旨在探讨以下问题：如何理解应对气候变化的适应性城市空间格局的概念、如何架构应对气候变化的适应性城市空间格局的概念模型、如何设计应对气候变化的适应性城市空间格局的模块。

长期以来，城市已经建立了能够主动或被动适应外界环境变化的机制，涉及水资源管理、农业部门、旅游、交通、能源、医疗等多个部门和系统。本章作为适应性城市空间格局的输出要素之一，旨在探讨具有空间意义且在降低城市对气候变化的暴露度、敏感度以及提高其适应度等方面能够满足城市发展的支撑性要素，即上海适应性城市空间格局的构成要素；继而对现状的城市空间适应度进行评估。

6.1 适应性城市空间格局的概念与研究目标

6.1.1 适应性城市空间格局的概念解析

如第1章提出，"应对气候变化的适应性城市空间格局"（AUSLCC）的定义为：面对未来长期或短期的全球和局地气候变化，通过综合措施所获得的能够降低城市对气候变化的暴露度、敏感度以及提高其适应度（降低脆弱性）的城市空间布局。具体解析如下：

（1）适应性城市空间格局研究的背景是未来长期或短期的全球和局地气候变化，也就是承认全球和局地气候变化的不可避免性，将城市置于未来场景进行考察，既包括气温变暖、海平面上升等长期气候变化要素，又包括极端气候等短期的气候变化要素；需要通过历史气候变化的分析研究考察未来气候变化的趋势和走向，并以降低气候变化的不利影响为主旨。实际上在某些情况下，气候变化可能具有一定的正面影响，如气温升高增加了严寒地区植物生长的可能性，也可能给某些地区带来了丰富的降水。本书暂不讨论这些可能的正面影响，着重分析气候变化的负面影响及其规避措施。

（2）适应性城市空间格局研究的目标在于从空间要素配置的角度，使城市系统能够进行反馈调整，提高对气候变化的适应能力，降低可能产生的风险，综合来说就是降低城市对气候变化的脆弱性。

（3）适应性城市空间格局研究的物质主体是与暴露度、敏感度、适应度相关联的各种支撑性要素，这就需要在分析城市空间与气候变化关系的基础上，明晰哪些要素能够在降低城市对气候变化的暴露度、敏感度并提高其适应度（降低脆弱性）方面具有支撑作用。

（4）适应性城市空间格局研究的核心任务是确定适应气候变化的空间要素布局，这就需要明确不同空间区位下这些要素的位置分布，以提高整个城市对气候变化的适应能力。

（5）城市规划是适应性城市空间格局构建的途径和保证。只有明确城市规划的公共政策属性和法定地位，才能确保适应性城市空间格局的研究付诸实践，指导具体的城市空间开发建设。

综上，可以初步形成对适应性城市空间格局构建过程中需要研究的若干问题：① 历史的、未来的长期和短期的气候变化（本书主要指局地气候变化）要素及其时空特征；② 气候变化与城市之间的相互关联，具体来说就是城市空间发展对气候变化的胁迫、气候变化的影响及其空间差异；③ 明确适应性城市空间格局构建的要素（与城市对气候变化的暴露度、敏感度和适应度相关联）；④ 提出这些要素在空间上的位置分布策略；⑤ 将适应性城市空间格局融入城乡规划。

6.1.2 适应性城市空间格局的研究目标

（1）适应性城市空间格局研究致力于降低城市在气候变化灾害和风险中的暴露度。换句话说，适应性城市空间格局应该在减缓气候变化、降低气候变化灾害发生的强度和频率方面有所贡献。气候现象本身是自然现象，其承载体即城市的脆弱性导致了自然现象演变为自然灾害。从灾害风险评估的角度来看，气候变化导致的高温、降水、极端天气、海平面上升等是致灾因子。合理的城市空间结构、土地利用方式、空间密度和建筑布局，在一定程度上可以降低气候变化灾害发生的强度和频率。城市化与气候变化的双重胁迫，提高了城市空间自然灾害发生的风险性。因此，适应性城市空间格局首先要在满足城市化发展的基础上，有效降低对局地气候变化的胁迫效应，这点与低碳城市发展策略是一致的。

（2）适应性城市空间格局研究致力于降低城市对气候变化的敏感度。气候变化能够成为自然灾害的根本原因在于地球表面人和物的分布状态，而城市又是人口、经济社会活动高度集中的区域，一旦受到气候变化影响，所受到的损害远远大于自然生态系统。适应性城市空间格局就在于合理布局城市范围内的人口、产业、人类活动，通过城市空间开发强度的调控，使城市系统不超过气候变化影响的阈值，将灾害损失降低到最小。

（3）适应性城市空间格局研究致力于提高城市对气候变化的适应能力。与上述两个目标比较，提高适应气候变化能力是适应性城市空间格局研究的核心目标。城市对气候变化适应能力的提高，一方面有赖于人为的调节控制，如制定低碳发展政策，发展低碳交通、公共服务设施和基础设施、防灾应急设施建设等；另一方面则要发挥生态系统的服务功能，如气候调节、水源涵养、水土保持、雨水渗透、污染物吸收、空气质量调节等。适应性城市空间格局就要考虑这些具有适应气候变化重要功能的要素在城市空间上的合理布局，以与城市经济社会发展相协调、与地区生态环境本底相协调，从而提高城市对气候变化的适应度。

适应性城市空间格局研究要达到城市的系统最优性。以上三点是降低气候变化脆弱性的三个方面，前两者是降低气候变化的不利影响，后者是提高城市的适应能力。在某些要素的布局方面可能存在矛盾，如紧凑的城市能够降低城市在气候变化中的暴露度，但是却提高了城市对气候变化的敏感度。为此，需要分析这些要素和目标之间的相互关联，寻找到最为合理的空间布局结构或边界、平衡点，以达到系统最优化。基于此，定量方法的评估对于适应性城市空间格局构建过程中的分析评估非常重要。

6.2 适应性城市空间格局的概念模型

6.2.1 适应气候变化的概念模型综述

适应气候变化是指自然和人为系统对于实际的或预期的气候刺激因素及其影响所做出的趋利避害的反应。本书所提出的适应性城市空间格局这一概念是适应气候变化的组成部分之一,因此首先应了解当前适应气候变化的概念模型。

适应气候变化既具有不确定性,又具有复杂性;既涉及气候变化和自然生态系统的科学问题,又与人类社会经济活动密切相关。适应气候变化的研究涉及众多概念:温室气体的排放及其浓度、低碳、气候变化、气候变异、暴露度、风险度、敏感度、脆弱性、适应度、适应能力、减缓、减排能力等(陈迎,2005)。这些概念有各自的科学含义,且相互之间有密切的联系。概念模型是从对大量具体问题的研究中总结出来的规律,同时也为具体问题的研究提供指导。建立适应气候变化的概念模型,其目的在于明确适应的基本内涵,研究和分析与适应问题相关的主要概念,以及这些概念之间相互影响和相互作用的关系。当前对于适应概念模型基本分为四个发展阶段(表6-1),体现了对气候变化适应问题的研究由科学驱动向政策驱动方向转变。

适应政策评价的概念模型如图6-1所示。适应政策分为两类:一类是实施性的适应措施,指通过降低对气候危害的暴露度和敏感度,或通过影响非气候因素,从而降低气候变化的不利影响;另一类是促进性的适应措施,指通过增强适应能力的措施来改善实施适应措施的条件,如提高公众意识,加强能力建设、制度建设、信息网络建设等。适应能力决定了实施性适应措施的可行性,同时适应能力又是由促进性适应措施所决定的。

表6-1　适应概念模型在气候变化评估不同发展阶段中的综合比较

比较项目	影响评价阶段	第一代脆弱性评价阶段	第二代脆弱性评价阶段	适应政策评价阶段
分析方法	实证研究,主要考虑人为引起的气候变化	实证研究,主要考虑人为引起的气候变化,脆弱性不变	实证研究,主要考虑人为引起的气候变化,脆弱性不变	规范研究,考虑自然和人为引起的气候变化,政策介入改变脆弱性
主要结果	潜在影响	适应前的脆弱性	适应后的脆弱性	推荐适应政策措施
对适应问题的考虑	少	部分	全面	全面
自然科学与社会科学的结合程度	低	中低	中高	高

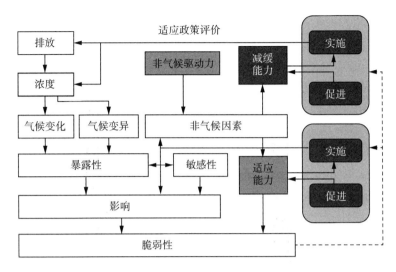

图 6-1　适应政策评价的概念模型

6.2.2　适应性城市空间格局的概念模型构建的原则

1) 社会科学和自然科学相互结合

适应气候变化研究已经不局限于自然科学,也不局限于应用实证性的评价方法来客观评价人为气候变化对自然生态系统和人类生态系统可能带来的潜在不利影响,而是更多地采用规范性的分析和评价方法,更全面地考虑自然和人为气候变化的复杂情景及其不确定性,对适应行动的不同选择做出更全面的分析,注重和鼓励利益相关者的参与,从而更好地满足制定和实施适应政策的现实需要(陈迎,2005)。政府间气候变化专门委员会(IPCC,2001)构建的气候变化综合概念模型就是自然科学和社会科学的结合(图 6-2)。

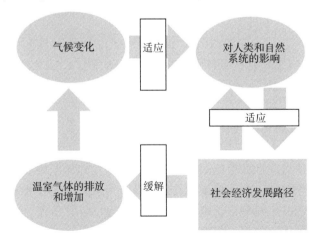

图 6-2　政府间气候变化专门委员会(IPCC)气候变化综合概念模型

适应性城市空间格局的构建以城市规划关注点为基础,涉及自然科学和社会科学问题,其中,自然科学问题关注土地利用、生态环境改变、气候变化的产生等,社会科学问题则关注城市发展战略、人为活动影响、城市基础设施配置等。作为人和环境耦合体系的城市地域,适应性城市空间格局的概念模型的构建需要考虑社会科学和自然科学体系的结合。

2) 以城市空间为研究的本体

从系统论的角度来看,城市是一个复杂的巨系统,而城市空间既是各种子系统的承载体,又是城市复杂系统的组成部分。本书的研究涉及城市的诸多方面,本体关注的是城市空间以及以其为载体的各种经济社会活动和要素的发展变化。本书的研究既包含了城市建筑、道路、绿地等物质实体,又包含了城市系统所涵盖的子系统和要素。在不同的研究语境下,可能涉及城市的不同方面,如在气候变化与城市空间发展的关系分析中主要考察城市化过程与城市空间开发强度在时间和空间尺度上与局地气候变化之间的相关性;在气候变化的影响评价中主要考察气候变化对城市的经济子系统、社会子系统和自然生态子系统的影响及其空间体现和地域性特征;在适应性城市空间格局构成要素探讨中重点考察物质实体要素,如城市风道、城市基础设施系统、绿色基础设施等。通过这些分析,旨在揭示城市空间系统和气候系统两个动态系统之间的变化规律、相互关系和影响机制。

3) 以气候变化与城市的关系为基础

从对城市适应气候变化这一问题的认识来看,两者是耦合关系,"适应"的主体是"城市",客体是"气候变化",构建适应性城市空间格局概念模型,首先要明确两者之间的关系,继而才有可能提出行之有效的空间发展对策。这些关系包括城市空间发展对气候变化的胁迫和影响、气候变化对城市空间的影响、城市对气候变化的适应等。

6.2.3 适应性城市空间格局的概念模型构建的步骤

适应性城市空间格局的概念模型的构建包括确定目标、确定理论假设、确定输入输出要素、构建模型、模块设计、确定方法与技术体系、模型实践与验证、模型优化等步骤(图6-3)。

6.2.4 适应性城市空间格局的概念模型构建

根据上述适应性城市空间格局的概念模型构建的原则和步骤,本书在把握气候变化与城市空间要素的关系以及城市规划可调控要素的基础上,借鉴了王原(2010)对城市化地区气候变化的脆弱性评价概念模型框架,构建了适应性城市空间格局的概念模型(图6-4)。

概念模型由框图和箭头组成。概念模型中的关键要素或概念用框图

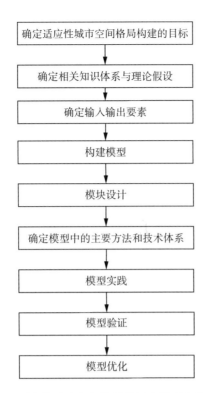

图 6-3　适应性城市空间格局的概念模型的构建步骤

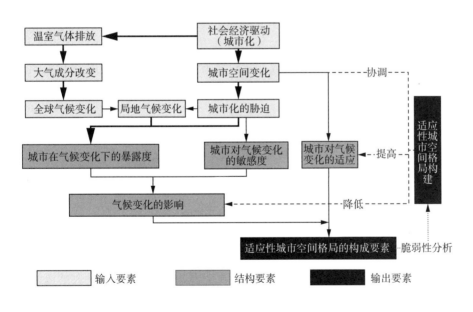

图 6-4　适应性城市空间格局的概念模型

表示,其中模型整体分为输入要素、结构要素、输出要素,输入要素包括城
市空间、气候变化情况;结构要素是适应性城市空间格局研究中的分析模

块;输出要素是适应性城市空间格局构建的目标和输出结果。

图中不同线型的箭头代表不同类型的要素之间的关系,可分为因果关系、影响关系、响应关系和包含关系。其中,粗实线代表因果关系,细黑线代表影响关系,长虚线代表响应关系,短虚线代表包含关系。

该模型是适应气候变化的城市空间格局构建与优化的一次尝试,可用于分析城市化对气候变化的胁迫、气候变化的影响评估、城市对气候变化的适应度评估以及城市适应气候变化的对策。模型在分析的过程中,具体可以从空间尺度和时间尺度分析若干关键问题:从空间尺度来看,模型主要以局地尺度为主;从时间尺度可以分为历史、现状及未来不同情景。

可以从以下几点理解该模型:一方面,在社会经济发展驱动下的城市化过程中,能源的大量消耗造成了大气中温室气体排放量的剧增,改变了大气成分,造成了全球近几十年来显著的气候变化,如气温升高、降水分布不均、极端天气变化、风暴潮发生频率提高、海平面上升等,这些成为制约全球可持续发展的因素之一,同时会进一步影响局地气候变化。另一方面,城市化的快速推进,使原有自然生态系统格局被打破,取而代之的是具有人工特性的城市空间系统,大量的非建设用地转变为建设用地,从而打破了原有自然生态系统的平衡,城市大量的高层建筑、不透水地面、小汽车的大量使用等,产生了一系列城市化对局地气候变化的胁迫效应,如城市热岛效应、城市雨岛效应、城市干岛效应、城市浑浊岛效应等。在城市化与气候变化的双重胁迫作用下,未来城市系统在气候变化中的暴露度更高,而城市地区人口集聚、经济社会活动集中、财富聚集,对气候变化具有较高的敏感度,两者共同导致了气候变化对城市空间的影响(主要是不利影响)更为显著,表现为城市经济、社会、自然生态子系统等多个方面受到气候变化的影响。

面对气候变化可能造成的灾害,人们通过制定相应的政策、措施,通过多种政策、工程、技术方法形成了对气候变化的适应机制,这在一定程度上降低了气候变化的不利影响,提高了城市系统对气候变化的综合应对能力。这一过程与降低气候变化的脆弱性是一致的,可以通过建立暴露度、敏感度和适应度三者之间的关系进行量化评估。

然而,从时间上来看,未来城市化过程继续推进,由此产生的局地气候变化仍将加剧,城市气温上升、降水分布不均、极端气候频繁发生、海平面上升、城市空气污染等一系列问题可能更为严重,给城市带来更大的风险;从空间上来看,城市规模不断扩大,自然生态用地占比继续下降,生态环境破坏的状况可能更糟,而不同地区对气候变化的敏感度存在差异,高敏感度地区的范围可能由于人口向城市集聚和城市空间开发强度的继续提高而有所扩展。为此,在研究局地气候变化形成过程中城市空间发展的贡献、两者之间的变量关系的基础上,适应性城市空间格局从系统最优化的角度探讨适应气候变化的支撑性要素,并将其合理布局于城市地域范围内,从而提高城市对气候变化的适应能力。

以下对概念模型的输入要素、结构要素和输出要素进行讨论。

(1)模型的输入要素主要是气候和城市空间发展要素的变化情况,包括年平均气温、降水、极端天气、海平面上升、日照时数、相对湿度等气候要素在时间和空间尺度的变化和分布特征,还有城市化发展过程中人口、产业、城市空间开发强度、基础设施建设、能源消费、城市土地利用方式等一系列城市发展要素的变化规律和分布状态。

(2)模型的结构要素是适应性城市空间格局构建的关键要素,也是主要的分析模块。除了对气候的历史变化及其与城市空间发展相关性进行分析之外,还涉及暴露度、敏感度、影响程度、适应能力、适应度、脆弱性、应对能力等概念。这里一并进行简单解释,后续章节研究中将重点讨论。结构要素部分主要是针对这些概念进行时间和空间尺度的量化分析,以揭示局地气候变化与城市系统之间的关系和发展规律。

① 城市在气候变化中的暴露度(简称暴露度),指影响系统的灾害或环境压力发生的概率、程度、滞留时间以及灾害的强度范围等因素(Clark et al. ,2000),是城市在气候变化压力下的风险性。

② 城市对气候变化的敏感度(简称敏感度):指城市系统在受到某种或一系列气候变化胁迫压力作用下所受到的损害或遭受影响的程度,如人口密度越高、老年人口占比越高的地区,对极端高温的敏感度就越高。

③ 气候变化的影响程度:是从暴露度和敏感度两个方面综合评价城市受气候变化影响的大小和受损程度,与暴露度和敏感度呈正相关,即城市在气候变化中的暴露度越高、对气候变化的敏感度越高,也就认为受到气候变化的影响程度越高。

④ 城市对气候变化的适应能力(简称适应能力):指城市采取有效适应气候变化措施所需的能力、资源等方面因素的总和,是系统调整和减缓环境变化可能造成的损害或充分利用可能产生机会的本领或能力,也是衡量城市对于气候变化做出主动调整和被动调整,以降低气候变化风险和不利影响的程度。

⑤ 城市对气候变化的适应度(简称适应度):是衡量和表征城市对气候变化的适应能力的指标,与城市的经济财政支持、社会认知与社会公平、基础设施的运行等相关。

⑥ 城市对气候变化的脆弱性(简称脆弱性):指城市遭受气候变化危害的范围或程度,是城市系统内的气候变化幅度和速率与敏感度、适应能力的函数。气候变化的脆弱性是自然和人类各种系统长期暴露于环境胁迫压力之下并受其影响的结果。

⑦ 城市对气候变化的应对能力:是综合衡量城市受气候变化影响时,能够处理和调整关键性因子,以免遭不必要的风险和灾害的能力。城市对气候变化的应对能力可以分为减缓和适应能力,其与暴露度、敏感度呈负相关,与适应度呈正相关,与气候变化的脆弱性呈负相关。

（3）概念模型的输出要素就是适应性城市空间格局的构成要素及其空间布局。本书所指的适应性城市空间格局主要从适应的角度出发，与当前开展较多的低碳城市相辅相成，但又相互区别，其根本目的不仅是遏制气候变化，而且更多地强调在减缓气候变化与适应气候变化之间寻求平衡，两者的示意关系如图6-5所示。适应性城市空间格局的概念模型的输出主要在于探讨更为合理的城市空间要素及其布局（如城市市政基础设施、绿色基础设施、城市空间开发强度调控等），强调经济社会可持续发展。

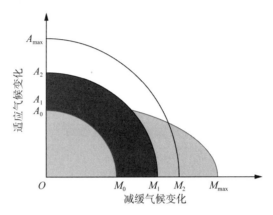

图6-5　城市在减缓与适应气候变化方面的关系示意图

注：横轴代表城市系统在减缓气候变化方面的作为，纵轴代表城市系统在适应气候变化方面的作为，扇面面积为城市对气候变化的综合应对能力。假设当前城市在减缓和适应气候变化方面的能力分别为M_0和A_0，未来随着气候变化的加剧，如果城市不采取相应的措施，可能会面临较大的风险，因此采取了若干应对措施。以缓解气候变化的最大可能性来看，采取城市紧凑高密度发展、混合土地利用、公共交通等空间措施后，达到M_{max}，对应的适应能力则为A_1；如果采取一定的适应性措施A_2，如提高基础设施配置要求，增加城市生态绿地占比，降低人口和经济密度，则会造成城市的蔓延与扩张，此时在减缓气候变化方面的能力为M_2；适应性城市空间格局需要讨论两者之间的平衡问题，即达到缓解和适应气候变化总体效能的最大化，即为图中的A_{max}和M_2情景。

6.2.5　适应性城市空间格局研究的模块设计

遵循"分析问题—解决问题"的逻辑框架和"历史—现状—未来"的时间分析框架，以提高城市对气候变化的适应能力为目标，在构建适应性城市空间格局的过程中，要分析气候变化的历史脉络、时间和空间尺度上变化的规律；研究气候变化的形成与城市空间发展要素之间的相关性，即城市化对气候变化的胁迫研究；分析气候变化对城市的影响及其空间分布情况；分析对适应气候变化具有支撑性的城市空间要素；针对不同区域在分析适应性要素相互关系的基础上，提出其总体空间布局策略，最后将其纳入城乡规划，形成指导实践的依据。基于上述部分的分析，本章提出适应性城市空间格局研究的五个子模块，其相互关系如图6-6所示。

输入模块：城市发展背景与气候变化的时空特征分析模块。该模块主

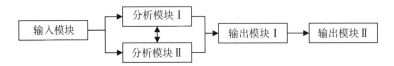

图 6-6　适应性城市空间格局研究五个子模块的关系示意图

要从历史的角度研究城市的发展背景(自然地理、社会经济和城市空间变化等),以及城市范围内气候要素在时间和空间范围内变化的规律,包括对城郊年平均气温、降水、海平面上升、极端气候等气候要素过去几十年甚至上百年的时间变化特征、空间分布特征的研究,以分析城市气候变化的总体趋势和基本特征。

分析模块Ⅰ:气候变化与城市空间发展的相关性分析模块。在对城市发展背景和气候变化时空特征分析的基础上,该模块首先界定城市空间在时间和空间尺度测度的方法,继而评价人为影响因素,尤其是气候变化与城市空间要素之间的相关性。从时间和空间两个层面,探讨具有重要时空分布规律的气候要素,与城市空间的时间变化强度和空间开发强度之间是否具有内在关联,不同因子与气候变化之间的关联性如何。

分析模块Ⅱ:气候变化的影响及其空间差异评估模块。气候变化的影响是多方面的,该模块主要关注气候变化对城市的影响及其在空间分布上的情况。在定性辨识气候变化对城市影响的基础上,针对气温上升、极端气候、海平面上升等不同气候变化要素影响的特点,从暴露度和敏感度两个方面综合评估气候变化对城市影响的空间分布情况。

输出模块Ⅰ:适应性城市空间格局的构成要素及适应度评估模块。该模块首先定性探讨对城市适应气候变化具有支撑性作用的空间要素,并将其作为适应性城市空间格局的构成要素,继而对当前城市的适应度进行评估,以作为适应性城市空间格局构建的重要依据之一。

输出模块Ⅱ:适应性城市空间格局构建模块。在适应性城市空间格局构成要素及适应度分析的基础上,本模块主要探讨这些要素的空间布局状况,以提高城市对气候变化的适应能力。

6.3　上海适应性城市空间格局的构成要素

6.3.1　上海适应性城市空间格局构成要素的分类

与自然生态系统对气候变化的响应不同(吴绍洪等,2005),城市对气候变化的响应机制更为复杂,其人工性更为显著。综合前几章的研究,本书提出城市对气候变化的响应机制(图 6-7)。气温变化、极端气候和海平面上升等气候变化问题与城市化双重作用对城市经济社会复合生态系统产生了一系列负面影响,为此需要经济支持、社会群体的共同行动并发挥生态系统的服务功能、依靠基础设施的支持作用以共同适应气候变化。通过构建模型和评价指标体系,对采取的适应性措施进行评估,以确定城市应对气候变化的能力,并分别从减缓和适应两个方面提出应对的措施。其中减缓气候变化主要从降低城市系统在气候变化中的暴露度和降低其对气候变化的敏感度这两个方面入手,低碳城市的研究已经在此方面进行了大量的研究;适应气候变化主要通过各种城市系统适应气候变化的途径,从经济、社会、生态系统的适应方面提出对策。

本书的主要目标在于通过适应性城市空间格局的构建,提高上海城市对气候变化的适应能力,需要从降低气候变化的影响(不利影响)和提高城市的适应度两个方面着手。而降低气候变化的影响又可以从降低城市在气候变化中的暴露度和降低其对气候变化的敏感度两个方面着手。适应性城市空间格局就是探讨哪些要素能够降低城市对气候变化的暴露度、敏感度,提高城市对气候变化的适应度,以及这些支撑性要素的空间布局。上述几方面的关系如图 6-8 所示。

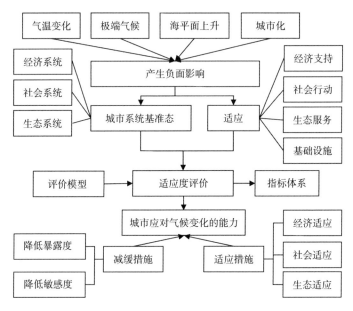

图 6-7　城市对气候变化的响应框架

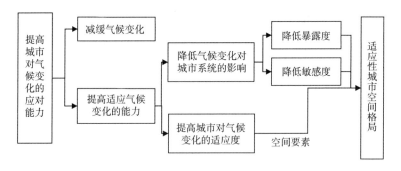

图 6-8　提高城市对气候变化的应对能力措施

从适应性城市空间格局的概念来看,其构成要素要具有降低城市在气候变化中的暴露度及其对气候变化的敏感度以及提高适应度方面的功能(且具有空间意义),因此可以分为降低暴露度、敏感度要素和提高适应度要素;从城市空间的构成要素特性来看,可以分为空间要素和非空间要素(表6-2),其中非空间要素主要是经济、社会领域的各种适应性举措,空间要素即城市空间组成的物质实体,包括建筑、道路、绿地、市政基础设施、社会公共服务设施、绿色基础设施等,具体如下:

表6-2 上海适应性城市空间格局的构成要素

功能	空间要素	非空间要素
降低城市在气候变化中的暴露度	构建低碳城市空间(优化和控制城市建设用地规模,构筑空间紧凑化的多级网络拓展模式);从土地利用与交通互动角度出发,提倡土地功能的混合利用,减少交通出行需求,缩短出行距离,大力发展公共交通,促进城市交通的可持续发展等	① 进一步优化产业结构,加快第三产业发展。 ② 调整能源消费结构,控制和削减化石能源消费,发展可再生能源。 ③ 开发能源相关技术,降低重点领域能耗强度,提高能源利用效率
降低城市对气候变化的敏感度	—	① 对农业系统加强实时观测,健全农业体系,推进农业科技创新,加强农业基础设施建设;对工业系统要合理布局,改进能源利用技术。 ② 合理引导人口的空间布局,适当将城市中心区(黄浦区、静安区、虹口区等高密度区域)人口向外疏散。 ③ 加强对生态空间的保护,对于生态系统服务功能极高、生态环境敏感性高的区域,划定生态红线,严格禁止开发建设,并对生态系统进行实时监测,分析研究其对气候变化的敏感程度,适时适地地做出调整
提高城市对气候变化的适应度	城市基础设施(供电、供热、供水、排水、燃气、通信等市政基础设施,社会公共服务设施);绿色基础设施;城市风道;城市建筑色彩等	为了适应气候变化所制定的各种战略、政策、技术、标准、规划、信息系统等(低碳发展规划和适应性规划,加强气候防灾知识宣传、建立专项资金等)

(1) 降低城市在气候变化中暴露度的要素。观察与气候变化(尤其是城区年平均气温变化)相关性较高的城市空间发展因子,包括第一产业、非

农业人口、工业能源消费量、年末实有铺装道路长度、基础设施投资额、机动车数量,这些均反映了城市的产业结构变化、能源消费和机动车数量(本质也是能源消费和废气排放),它们对于局地气候变化的形成具有较大的贡献,这些指标均主要反映了能源消费需求。因此可以断定,降低城市在气候变化中的暴露度就是要减少温室气体的排放,而其中最主要的非空间要素是调整产业结构、降低能源消费量。

(2)降低城市对气候变化敏感度的要素。敏感度反映了城市经济社会复合生态系统受到气候变化影响后的受损程度,敏感度越高的地区一旦受到气候变化的不利影响,往往会造成人员伤亡、经济损失等。降低城市对气候变化的敏感度,以非空间要素为主,需要对城市产业、人口合理布局,对生态敏感区积极保护。

(3)提高城市对气候变化适应度的要素。从空间要素构成来看,城市适应气候变化的要素包括能够维持城市功能运转、保障城市安全的城市基础设施(包括市政基础设施和社会公共服务设施),组成中具有工程性质的设施被称为灰色基础设施,即"物质干预或者建设措施,利用工程性的建筑或基础设施确保社会经济系统更有能力抵御极端事件";能够调节气候、减轻气候灾害的绿色基础设施(自然生态系统的组成部分),即提供生态系统服务的植被区域和要素,例如公园、花园、湿地、自然保护区、绿色屋顶和墙体、森林等,致力于增强生态系统的弹性、防止生物多样性损失、生态系统服务质量降低、恢复水循环等;调节城市微气候的城市风道;增加城市反射率的城市建筑色彩。从非空间要素构成来看,包括为了适应气候变化所制定的各种战略、政策、技术、标准、规划、信息系统等(软措施),是空间物质要素实施的保障。

空间要素是构成适应性城市空间格局的核心,其中低碳城市空间的研究较多,而鉴于本书研究的主旨目标是提高城市对气候变化的适应度,所以本书所指上海适应性城市空间格局的构成要素以提高适应度的空间要素和非空间要素为主,下文将对其进行具体分析。

6.3.2 上海适应性城市空间格局的空间要素

1)城市基础设施

城市基础设施是为城市生产和居民生活提供公共服务的物质工程设施,是城市赖以生存和发展的条件。城市基础设施在不同的历史时期具有不同的内容,既是城市发展的基础,又随着城市的发展不断变化,尤其是经济社会的发展、科学技术的进步,既对城市基础设施提出了新的要求,又探索出了基础设施发展的新道路。城市基础设施作为城市运行的载体,与城市的自然附属物(土地、水体、矿床等)紧密联系,是在原有自然附属物的基础上经过人工加工改造建立的,受到自然和技术的制约,因此城市基础设施的建设要遵循自然规律,以合理利用自然资源、保护生态环境为前提。

城市基础设施在空间上的布局也会影响城市土地利用、城市功能、城市建筑等多个方面,因此城市基础设施建设既要立足长远、适度超前,又要符合地方发展实际需求。

上海城市系统在应对气候变化方面减缓气候变化的可能性有限,主要有两个方面原因:一是局地气候变化与全球气候变化密切关联,而全球气候变化的总体趋势并不会由于上海采取的低碳措施而对局地气候变化产生影响;二是低碳城市的发展本身也是一个艰难的过程,目前围绕着低碳发展与城市产业转型之间的问题还在探讨过程中,而产业转型并非一朝一夕能够解决的问题。因此,对于上海而言,在应对气候变化的过程中,对提高气候变化适应能力的要求更高,不仅要求上海的经济系统、社会系统和生态系统能够适应未来变化中的气候及其产生的不利影响,而且要求城市空间做出反馈。本书将讨论公共服务设施和综合防灾防卫、交通运输设施、能源供应系统等在应对气候变化方面的布局和功能提升问题。

面对气候变化的新挑战,对城市基础设施的布局和建设也提出了新的要求。城市基础设施建设、运行、调度、养护和维修的技术标准要充分考虑气候变化的影响,供电、供热、供水、排水、燃气、通信等城市生命线系统应提高对极端天气气候事件的保障能力。城市发展格局、农业发展格局和生态安全格局的构建要和气候变化相结合,使城市安全、乡村发展、农产品供给和生态安全都得到切实保障。表 6-3 为城市基础设施的类型及其在气候变化的新背景下新的发展趋势和要求。

表 6-3 城市基础设施类型及其在应对气候变化中的要求

类型	主要构成	适应气候变化的发展要求
能源供应系统	包括电力生产及输变电设施;煤气、天然气、石油液化气供应设施;热力生产及供应设施	提高能源供应效率,减少能源供应过程中的能量损失;满足不同地区的能源需求,具有地区调配、季节调配的能力,如加强极端气温的能源供应能力;开发利用可再生能源,减轻对煤、石油等传统能源的依赖;科学规划建设城市生命线系统和运行方式,根据适应需要提高建设标准;根据气温变化调整城市分区供暖调度方案,提高地下管线的隔热防潮标准等
水源供水排水系统	包括水源工程、输水工程和管理设施;自来水生产及供应设施;雨水排放设施、污水排放处理设施及下水管网设施	加强饮用水卫生监测和提升安全保障服务;开展城市水系综合配置工程,调整改造黄浦江及其支流水系,在重要地区兴建蓄水河道、人工湿地、防洪生态工程;在城市主要的公园开展雨水收集建设;按照城市内涝及热岛效应状况,调整完善地下供水管线布局、走向以及埋藏深度;根据气温变化调整供水调度方案;改造原有排水系统,提高城市排涝能力,构建和完善城市排水防涝和集群区域防洪减灾工程布局

类型	主要构成	适应气候变化的发展要求
交通运输系统	包括城市内部交通的道路、桥梁、客货站、停车场、电车、汽车、出租汽车、货运汽车、地下铁道、交通管理等设施；城市对外交通的航空、铁路、公路、水运等多项设施	继续完善全市交通网络建设，尤其是加强奉贤、青浦、崇明等郊区县的轨道交通建设，提高综合运输能力；建立交通运输系统在极端灾害情况下的恢复和正常运转机制
邮电通信系统	包括邮政、市内电话、长途电话、国际电话、电报、传真、广播、电视和电脑网络等设施	实现通信系统全覆盖，加强通信系统在灾害应急能力中的作用；向市民普及应对气候变化的知识
环保环卫处理系统	包括空气、水体净化设施；废弃物、垃圾处理设施；环境监测设施；环境卫生和市容管理设施；园林绿化设施等	加强对全市环境卫生的检测和处理，对气温变化的影响提出适应性对策；加强疾病防控体系、健康教育体系和卫生监督执法体系建设，提高公共卫生服务能力。修订居室环境调控标准和工作环境保护标准，普及公众适应气候变化的健康保护知识和极端事件的应急防护技能
防灾防卫安全系统	包括防火、防洪、防风、防雪、防地面下沉、防震、防海水入侵、防海岸侵蚀及人防战备等设施	工程性与非工程性措施同步进行；建立和完善保障重大基础设施正常运行的灾害监测预警和应急系统；向通信及输电系统提供高温、洪涝、风暴潮、台风、大雾等灾害的预警；向城市生命线系统提供内涝、高温的动态信息和温度剧变的预警，向交通运输等部门提供大风、雷电、浓雾、暴雨、洪水、风暴潮、海浪等灾害的预警等；开展台风监测预警，提高台风预警预报能力，确保台风信息的及时发布。健全应急指挥和社会联动的台风响应机制，建立多部门协作应急防御体系

　　上海正处于稳定发展时期，人口的集聚速度逐渐趋缓。针对极端天气气候事件损失较大、海平面上升等问题开展试点示范工程，以气象、海洋灾害防护标准修订及配套设施建设为重点，推广大城市加强基础设施建设以增加防御极端天气气候事件能力的经验。据 2013 年《国家适应气候变化战略》可知，在城市规划建设中应充分考虑气候变化因素，开展城市防护标准修订，重点修订上海的城市防洪、排水、供电、供水、供气和通信等基础设施的气象灾害防护标准，对已有和在建基础设施按照新标准进行改造。

　　除了传统的市政基础设施，城市公共服务设施，尤其是医疗卫生设施的布局和服务水平、应急防灾能力对应对气候变化同样具有关键作用。尤其是对于上海这样一个人口密度高、老龄化问题突出的城市,建立高服务水平、高覆盖率、高救灾能力的医疗卫生体系异常重要,这不仅需要保证医疗卫生设施的均衡布局,而且需要保证通畅的、服务水平高的交通运输系统布局。本书使用空间可达性这一概念,基于 2013 年上海道路交通网络进行交通时间成本分析,利用地理信息系统软件 ArcGIS 9.3 中的成本加权距离方法对上海目前的三甲医院布局及其空间可达性进行分析,结果显示,三甲医院的布局存在空间不均衡、郊区医院可达性较低的问题,尤其是嘉定、青浦、奉贤、崇明的高等级医院设施不足。从应对气候变化的角度来讲,这一情况需要尽快改善。其中空间可达性是指某地域利用一种特定的交通系统从某一给定区位到达活动地点的便利程度,反映了区域间相接触进行社会经济和技术交流的机会与潜力。可达性的度量主要有距离、拓扑、重力和累积机会四种方法。其中,运用地理信息系统(GIS)空间分析技术进行距离度量计算是最容易实现的。本书采用成本加权距离法对上海全市三甲医院的交通可达性进行分析,从侧面反映当前医疗卫生设施布局的现状;综合考虑城市道路系统构成与交通方式特征,从主干路、次干路、支路、轨道交通、陆域、水域对交通可达性的影响角度出发,对每种要素设置时间阻碍成本,设定时间成本数值按照平均出行 10 km 大约所需要的分钟数,即时间成本(cost)=10/$V×60$,其中,V 为设定速度,并对水域和陆地赋予相对较大的时间阻碍数值。将各种要素空间化,赋值后在地理信息系统软件 ArcGIS 9.3 中进行马赛克(mosaic)叠加,以求得研究范围内不同空间范围到目标地的成本加权栅格图,空间表达时间化后可以定量地进行空间可达性的分析评价。

从气候变化的适应要素来看,城市基础设施包括以下几个方面:

(1) 应对高温的城市基础设施,包括:建筑保温层确保内部凉爽;提供遮阴的百叶窗;建筑物冷却;考虑庇荫的设计;保证城市空间的通风;减少空气污染物的排放。

(2) 应对洪涝的城市基础设施,包括:通过适当的材料和设计提高新建筑物和基础设施的抗洪能力;升级和维护排水系统;建立临时蓄水设施;分流制排水;抬高入口,建设屋顶花园、临时水存储、斜面房屋等创新性设计;建设防洪坝、防洪堤。

(3) 应对缺水和干旱的城市基础设施,包括:节水设备;中水回收;地下水补给;雨水收集系统;郊区的水供应管道;海水淡化厂。

(4) 应对海平面上升的城市基础设施:通过工程技术和建设项目保护海岸线,防止海岸线后退,包括建设隔离壁、海堤、大坝、防洪堤、护岸等,这是一种直接的防护方法,但是施工成本高、对生态环境影响大;加高建筑物、拓宽道路等,或者保持现有的用途不变,随时间发生用途变化(滚动性使用)等,以适应海平面上升所产生的一系列影响。

2）绿色基础设施

绿色基础设施是在尽量不改变自然环境的前提下,利用自然条件和自然规律进行的基础设施建设,是城市有机系统中覆盖绿色的区域,是一个真正的生物系统"流"。这意味着绿色基础设施的元素只包含绿色区域,不包括其他开放的场所,如硬质铺装构成的广场、没有植被绿化的街道等。除了常规的绿地系统外,采用人工湿地的方法,收集、净化地表水,并将其纳入城市供水系统,以此保障生态系统的正常运行,为城市和社区居民提供高品质的生活环境,这也是绿色基础设施的重要组成部分(EFLA,2012)。绿色基础设施可为野生动物迁徙和生态过程提供起点和终点,系统自身可以自然地管理暴雨,减轻洪水的危害,改善水的质量,节约城市管理成本。上海的城市安全,不仅需要城市各种市政基础设施,而且需要发挥绿色基础设施在应对气候变化方面的能力,主要表现在其城市降温、雨水管理等方面。在城市降温方面,绿色基础设施利于减缓气候变化;在雨水管理方面,则利于城市更好地适应气候变化。可适用于上海适应性城市空间格局构建的主要绿色基础设施途径见表6-4。

绿色基础设施建设也是实现上海城市低影响开发的关键,从而在微尺度上减缓和适应气候变化。低影响开发强调通过源头分散的小型控制设施,维持和保护场地自然水文功能,有效缓解不透水面积增加造成的洪峰

表 6-4　可适用于上海适应性城市空间格局构建的主要绿色基础设施途径

主要途径	作用机制	应对气候变化方面的作用
生物滞留系统	在处于低洼地区的停车场、居住区、高速公路中央分隔带等绿化节点中种植有助于提升水体质量的过滤介质与植物	滞留和处理污染物,对开发前的水文环境进行保护,减轻雨洪危害
人工湿地	在部分河流两岸、城市公园人为设计建造的,由饱和基质、植物(挺水、浮水、漂浮和沉水)、动物、水体组成,通过模仿自然湿地来满足人类需求的复合系统	城市雨洪管理,提供野生动物栖息地,提升景观的审美情趣,提供游憩设施
绿色停车场	通过一系列技术的综合运用减少停车场中存在的不可渗铺装,如增加多种植物组合的停车场设计,合理使用当地植物,栽种树木,铺设可渗水材料,修建排水边沟等	减缓地表径流,减少暴雨径流导致的水土流失,减轻污水处理压力,减缓城市热岛效应
绿色街道	是一种集合了透水表层、树木覆盖、景观元素的相融街道。在道路边缘,选择具有引流作用的侧石,而在路旁,挖掘边沟,选择植被取代管道进行雨洪的分流排泄	减少雨水径流,降低面源污染,降低汽车尾气带来的空气污染;将自然元素纳入街道;为慢行交通系统的通行提供机会

主要途径	作用机制	应对气候变化方面的作用
立体绿化	由于上海中心城区以高密度建设为主,因此很难开辟新的绿地,所以提倡屋顶绿化、垂直绿化等立体绿化技术。其中,屋顶绿化是指用生长着的植物代替裸露的合成屋顶、复合和木质屋面板瓦、钻土和水泥瓦,以及金属板、拉膜等各种屋顶材料。屋顶绿化可以以密集或粗放方式,在屋顶或建筑物或构筑物的其他地方种植植物。垂直绿化,即指在地面或升高的花槽中种植植物,目的是在相关构筑物的垂直面种植植物,如在建筑物或构筑物的边沿地方种植攀缘下垂植物,在合适的多层组件式花槽或组件板上种植植物,或两者同时进行	提高城市绿化覆盖率,减少暴雨径流,减弱热岛效应
绿色开放空间	将开放空间作为一个绿色网络进行综合规划和建设,利用公园、绿道和自发组织的保护区保持水体功能和生态系统的连通性,抑制城市的恶性扩张,包括动植物保护区、雨水处理公园、雨水收集公园等类型	地下含水层调节和补给地下水,维持河道基流区域集水区的功能,保护野生动物栖息地和迁徙廊道,维持城市生物多样性和生态系统的弹性,创造适宜的微气候,减弱城市热岛效应、碳汇作用,营造社交空间,净化空气,净化水质,提供科研场所,促进城市旅游业发展,保护生物多样性等
绿色廊道	在城市中构建线性的开放空间,如城市绿岛,其主要作用是将分散的景观元素构成一个独特完整的体系,其中的基本元素是植被	提供动物栖息环境、环境保护屏障,降低噪声,过滤污染,提升环境质量,减缓和适应气候变化
滨水区与河道岸带	以自然生态驳岸和绿化型岸带为主的城市滨水区域河道景观绿带	调节雨洪,净化水体,提供生物栖息地,满足游憩娱乐需求

流量增加、径流系数增大、面源污染负荷加重的城市雨水管理理念。绿色基础设施中的部分途径是实现低影响开发的关键,包括屋顶绿化、植被浅沟、雨水利用等措施。与传统的"管道—水池"传输的雨洪管理模式不同,低影响开发倾向于在场地内通过植被处理即以软质工程管理雨水,其目标是采用雨水的渗透、过滤、储存和蒸发方法,维持场地开发前后的水文平衡,将宝贵的生态效益传递到城市中(阿肯色大学社区设计中心,2017),具有提高生物多样性、减少径流、健全分布式水文网络、阻止水体污染物传播的优点。低影响开发模式可运用在建筑、地产、街道和公共空间等诸多城市建设领域。其中建筑低影响开发以土壤、植物和水为主要搭建要素,配

合雨水收集、运输、储存和处理设备,将雨洪灾害转变为可利用的水,达到景观灌溉、建筑灰水乃至饮用水标准,屋顶绿化也是建筑低影响开发的方式之一。

从气候变化适应的要素来看,绿色基础设施包括以下方面:

(1)应对高温的绿色基础设施,包括:绿色的城市地区、树木,绿色墙体和屋顶;确保城市外围新鲜空气可以流入城市的相应设施。

(2)应对洪涝的绿色基础设施,包括:尽量减少、避免不渗透表面;建设公园、花园、湿地、绿色屋顶等;维护和管理户外绿地,保留泄洪区、农田、森林等;河流和湿地自然化。

(3)应对缺水和干旱的绿色基础设施,包括:通过湿地存储雨水并后续使用;维护和管理城市内外的绿地,确保蓄水功能发挥;种植适应干旱条件的植物。

(4)应对海平面上升的绿色基础设施,包括:划定并保护湿地自然保护区;人工育滩、沙丘和沼泽建设,对退化湿地进行人工修复,恢复潮汐湿地,建造栖息地;人工培育沙滩或种植湿地植物,作为海水侵蚀的缓冲区,从而保护现有湿地和建成区。

3) 城市风道

风道即风的通道,主要作用是促进对象内部与外界气流的畅通,空间形态可以是点、线、面(朱亚斓等,2008)。城市风道将温度较低的郊区风带入城市,或将城市中的"凉风"送往温度较高的区域,其主要作用体现在两个方面:一是降温,城市风道模拟显示,理想情况下街区温度最多可下降3—5℃,其他周边地区的温度和通风情况也在一定程度上得到改善(李鹍等,2006);北风情况下,北部几块楔形绿地周围 0.5—1 km 范围的温度可降低 0.5℃,楔形绿地下风方向的降温范围可达 3 km(佟华等,2005)。二是增强了城市中空气的流动,有助于提高风速、正确引导风向,在加速排输污染物的同时稀释其浓度,降低城市大气污染,当风速大于 6 m/s 时,空气污染程度会大大降低,而风速低于 2 m/s 时,污染程度会增加(宋永昌等,2000),因此城市风道是城市风良性运动的便捷通道(李军等,2014)。城市风道由作用空间、补偿空间和空气引导通道三个部分构成,其中作用空间是冷空气流的聚集场所(主城区),补偿空间为冷空气迁移源(郊区),空气引导通道为联系两者的线性通道(张晓钰等,2014)。城市风道的建设必须从城市尺度出发,对城市气候条件、地理地形特征、城市主导风向、空气污染及污染源分布、城市热岛效应、城市下垫面粗糙度、城市绿地类型、城市开敞空间及绿地系统等多方面展开研究,经叠加分析得出适合构建城市风道的地区,择优选择城市风道位置(李军等,2014)。

上海城市风道是适应性城市空间格局构建的构成要素之一,其目标在于降低主城区温度、降低大气污染。城市风道的构建需要遵循以下原则:

（1）城市风道的构建应当具有空间层次性。在宏观总体布局结构层面，应注重城市风道的构建与上海城市形态、城市开敞空间系统、城市绿地系统、城市道路系统相协调。一般来说，城市规模越大，越容易产生热岛效应。通风道若要发挥良好的通风降温效果，其尺度和规模都要随之增大，而通风道越长其有效性会大大降低。对于上海这样一个巨型城市而言，其风道的规模在市域层面应该是比较大的，而多中心的城市空间结构更有利于风道的构建，该空间结构能减少郊区风进入市中心的障碍，从而提高通风道调节气候的能力，发挥其改善环境的作用。在微观层面，街区内的建筑布局形式、建筑密度、单个建筑物外形和尺度都是城市风道需要控制的要素。

（2）城市风道的构建要因地制宜。上海城市风道的构建应与城市夏季主导风向一致，并适当考虑局地风。上海夏季的主导风向为东南风，因此开敞空间的方向宜采用东南—西北方向，同时城市道路应当顺应海风、黄浦江风的方向，将凉爽的海风和江风引入城区。应充分利用上海的天然资源和地理位置优势，将上海的河流、湖泊、郊区农业带、城市森林等作为调节城市温度的天然冷（风）源。

（3）城市风道的构建要注重人工与自然要素的结合。除城市绿地系统外，城市道路、城市建筑布局等人工要素也是构筑风道的有力手段。

上海城市风道构建的主要策略在于借助城市总体布局、城市绿地系统、城市建筑布局、城市道路、城市广场的要素整合和规划设计，形成城市风道，见表6-5。

表6-5 上海城市风道的主要策略

组成	主要策略
城市总体布局	良好的城乡边缘结构有利于郊区的自然风导入城市。在城乡边缘地带设置永久性的环城绿带等生态绿地，将为郊区至城市的通风道创造良好的导入口。在营建城市通风道时，森林离城市越近，生态效果越明显。另外，增大城郊气候的接触面，如采取指状交错的边缘过渡形态，可以缩短郊区至城市的通风道距离，并增加通风口的数量（朱亚斓等，2008）
城市绿地系统	城市绿地宜形成规模、形成"林源风"，过于零散的小型绿地风道效果不佳，应在保证上海总绿地率提高且城市绿化质量较好的情况下，相对集中布置大面积绿地，通过城市绿地系统与外围建立网络化的联系。在风道的绿地系统构成中，树冠疏密应适度，下部通风，靠近污染源的部分应紧密，以迫使进入绿带的气流向上穿越树冠，使净化效果最佳；提高粗糙度较小的草坪与其他被物面积之比，以利于夜间冷空气的生产与空气的流动
城市建筑布局	城市高密度的高层建筑极不利于城市通风。建筑密度过大，会阻碍空气流动。为了给通风道创造条件，宜把高层建筑布置在城市的下风向，同时将其分布在城市中心，而越靠近城市边缘区，建筑高度应越低

组成	主要策略
城市道路	为了利于通风,城市交通干道两侧不宜种植树冠张开的乔木,应选择灌木和直立树木,以使街道上空敞开。商业步行街或人行道宜与城市通气道结合布局,但要和干道隔离。对于与干道、步行道结合的道路,可在干道两侧向外依次设置宽度为 20—30 m 的密林带,种植稀疏、低矮的植物。这样可形成理想的干道模式,排污的同时又利于空气流通。一般的城市主干道路只有 40—80 m 宽,因此为了达到良好的通风效果,应采用"梯度开发"的模式
城市广场	广场位于道路一侧时,尽量使道路顺应城市主导风向,广场位于"丁"字路尽端时,应使垂直广场的道路顺应城市主导风向;降低广场周边的建筑密度,建筑布局尽量顺应盛行风,建筑场边与主导风向的夹角不宜超过 45°(李军等,2014)

4)城市建筑色彩

城市建筑色彩对城市的气候环境有着独特的影响。建筑气候学家吉沃尼(Givoni)认为,材料表面的温度取决于投射到不同朝向表面上的太阳辐射强度,并且此种辐射对表面所产生的热作用首先取决于外表面的颜色,任何辐射强度的热作用都随着颜色亮度的增强与气流速度的加快而减弱(韦湘民等,1994)。城市建筑色彩的影响因子包括色彩文脉、气候因素、地理位置、环境背景、建筑材料、光影条件、建筑功能、区域功能和政策环境(陈霆,2014)。

城市建筑色彩之所以对温度有影响,其原因与城市的能量守恒和气温高低以及城市吸收或反射的可见光数量有关。一个城市的反射率主要取决于屋顶、道路、停车场等设施的颜色。城市的反射率是决定城市吸收太阳光数量的重要因素,一般而言,黑色的反射率较低,白色的反射率较高。因此,城市建筑物的色彩尤其是屋顶的色彩能影响城市气温,这是因为在密集型城市中,屋顶面积占据了城市表面积相当大的一部分。不同色彩的热吸收系数和反射效果见表 6-6。

表 6-6 不同色彩的热吸收系数和反射效果

色彩	热吸收系数
白色、淡黄色、淡绿色、粉红色	0.20—0.40
灰色—深灰色	0.41—0.50
浅褐色、黄色、浅蓝色、玫瑰红色	0.51—0.70
深褐色	0.71—0.80
深蓝色—黑色	0.81—0.90

色彩	反射率/%	反射效果
白色	84.0	最好
乳白色	70.4	较好
浅红色	69.4	较好

色彩	反射率/%	反射效果
米黄色	64.3	较好
浅绿色	54.1	较好
浅蓝色	45.5	中等
棕色	23.6	较差
黑色	2.9	最差

在上海气温较高地区,通过白色的屋顶增加城市的反射率,可以降低城市白天的温度。有数据表明,如果将反射率从 0.25 改为 0.40,在夏日能量使用高峰期用于制冷的能量会从总能耗的 45% 减少到 21%(Akbari et al.,2001)。上海应对气候变化的适应性城市空间格局构成要素之一就是对城市建筑色彩进行规划,在建筑节能和降温上发挥色彩的作用。基于上海的地域气候特征进行色彩规划定位,对应城市热岛源分布的城市色彩分区、建筑外表面色彩选择及遮阳色彩、遥感色彩监测等节能措施进行详细的研究。

6.3.3　上海适应性城市空间格局的非空间要素

上海适应性城市空间格局的非空间要素即为了适应气候变化而制定的各种政策措施。

(1)适应高温的政策措施,包括:提升公众的认知度和参与度;绘制城市热岛和阴凉地方的地图;识别弱势群体及其分布;建立预警系统;制订防热行动计划;建立健康和社会保健系统体系;在热浪期间,特别向弱势群体提供应对信息;制订适应热浪的建筑法规;通过市区重建项目和城市规划降低热浪的影响;减少空气污染的运输管理费用。

(2)适应洪涝的政策措施,包括:发布洪涝风险地图和信息;建立预测和预警系统;提高应对洪涝能力;在洪涝易发区禁止建设,保留蓄洪绿地;制订洪涝风险管理计划;雨水管理;指导居民行为,如不将贵重物品存放于地下室;提高建筑防洪规范标准;税收和奖励政策,如对进行废水处理的物业提供奖励;赔偿损害保险。

(3)适应缺水和干旱的政策措施,包括:制作气候变化不同情景下的干旱风险和可利用水区划图;建立预测和预警系统;普及节约用水的知识;提高用水税率;水的使用限制;制订干旱和水管理计划;建立应急供水的组织。

(4)适应海平面上升的政策措施,包括:制定综合性规划;将沿海侵蚀、风暴和海平面上升的适应性规划策略、项目进行整合;重新修订沿海建筑和基础设施设计规范;制订长期计划,降低海平面上升对资源型产业的影响;成立气候变化保险咨询委员会;发布沿海地区开发咨询声明;发展绿色经济;明确健康和安全机构之间的责任;开展健康影响评估;病媒监测和控制;制订森林和沿海湿地保护计划;加强海岸线及其缓冲区的管理;建立综合观测系统;地理信息系统(GIS)制图、建模和监控海平面上升及其影响;加强公众宣传、培训等;指导地方政府规划;制定绩效评估制度。

(5) 城市空间开发强度控制。已有的研究均认为紧凑型城市是低碳城市建设的重要方面,这是从降低碳排放的角度提出的减缓气候变化的措施。然而,事实是紧凑型城市在减碳的同时,却提高了局地气候变化的强度和城市系统对气候变化的敏感度。紧凑型城市的某些方面在减缓气候变化和适应气候变化方面是相悖的(表 6-7),尤其表现在人口密度、建筑密度、城市绿地率、城市不透水下垫面等方面。

表 6-7　紧凑型城市在减缓和适应气候方面的作用

类别	减缓气候变化 (降低暴露度)	适应气候变化 (降低敏感度)
居住和就业密度高	+	−
混合用地	+	−
用地细密化(各种用地间相互紧邻 且地块面积相对较小)	+	+
社会和经济互动水平更高	+	+
连片式开发(一些地块或结构物可能空置、 启用或作为地面停车场使用)	+	−
包容性城市发展,界限分明	+	+
城市基础设施,尤其是污水和供水干网高效运转	+	+
多模式综合交通系统	+	+
地方/区域通达程度高	+	+
街道连通性高,包括人行便道和自行车车道	+	+
不透水地面覆盖度高	+	
空地率低	+	
土地开发规划可实现整体控制或基本协调控制	+	+
政府在城市设施和基础建设方面财力充足	+	+

注:+表示具有正面作用;-表示具有负面作用。

城市空间发展强度和城市空间开发强度均对局地气候变化(尤其是年平均气温和城郊温差)的形成产生了一定的影响;反之高密度的城市空间对气候变化的敏感度也越高,即受到气候变化的影响也越大。年平均气温与城市空间开发强度的回归曲线为 $y=0.102\ 1x^3-0.331\ 5x^2+0.348\ 3x+17.579$,而人口密度在城市空间开发强度中的权重为 0.176,建筑面积毛密度在城市空间开发强度中的权重为 0.184。换句话说,人口密度、建筑面积毛密度对于城市系统在气候变化中暴露度的贡献系数分别为 0.176 和 0.184。在气候变化对城市空间影响的评估中,人口密度的权重为

0.03，也就是说人口密度在增加城市对气候变化的敏感度方面的贡献为0.03，而建筑面积毛密度没有被考虑在气候变化的直接影响范围中。

综上可以认为，人口密度和建筑面积毛密度对适应气候变化方面的贡献分别为−0.206和−0.184(上述两者之和)。也就是说，人口密度越高、建筑面积毛密度越高的地区，其适应气候变化的能力也越低。因此理论上降低人口密度和建筑面积毛密度在一定程度上可以提高城市对气候变化的适应能力，然而实际上这既与目前的发展态势和经济社会发展规律、上海人多地少的基本情况是有悖的，也不符合低碳城市的发展路径。尽管如此，对于脆弱性极高的城市中心区，则需要从降低敏感度的角度对城市空间开发强度进行必要控制，该措施既是对气候变化的适应，也是为了降低其他社会和环境风险。

6.4 上海城市对局地气候变化的适应度评估

6.4.1 气候变化适应度评估指标体系建立

为了衡量城市对气候变化的适应能力及其在时间和空间尺度的变化和差异，采用气候变化适应度(简称适应度)这一概念来进行测度，即表征城市系统在受到气候长期和短期影响的过程中，能够减缓灾害、对不利影响进行快速修复的能力。

目前对气候变化的适应度评估有从系统要素展开评估的，如对交通、能源、水、生态、城乡发展等城市子系统对气候变化灾害做出的应对进行评估(Smit et al.，2000)；有从城市系统构成进行评估的，如陈太根(2010)提出的区域气候变化适应度评估，包括经济子系统(经济发展水平与结构指标、经济发展效益与能力指标)、农业子系统(农业发展水平指标、农业发展效益指标)、社会子系统(人口与发展现状指标、发展水平指标)、资源环境子系统(环境治理指标、生态建设指标、资源支持指标)，冯彩琴(2012)从气候因子、人口因子、经济因子、农业因子四个方面构建适应度评估体系；也有基于压力、状态、响应框架进行适应度评估的，如金桃(2012)提出压力包括社会发展、公众能耗消费两个方面，状态包括环境指标、产业结构两个方面，响应包括环境控制、教育科技、非政府组织、信息四个方面。欧洲环境署(EEA，2012)对欧洲城市气候变化适应度的评估指标，侧重从认知能力、技术和基础设施能力、经济资源和组织机构三个方面进行评估。纵观已有对城市适应度的评估，存在两个方面问题：(1) 评估指标的选取很多与适应气候变化关联不大；(2) 关注时间尺度上适应度的变化较多，而对空间适应度的关注较少，仅王原(2010)从经济能力、人力和社会资本、基础设施和科技支持三个方面构建了城市空间尺度上的适应度评估体系。

基于上文分析结果可知，理想的城市适应气候变化的适应度评估应该基于适应性城市空间格局的构成要素建立指标进行评估，即对城市在降低暴露度、敏感度和提高适应度方面就空间要素和非空间要素进行评估。因此城市对气候变化的适应度评估应该包括城市基础设施适应度、绿色基础设施适应度、城市风道适应度、城市建筑色彩适应度四个空间要素的适应度评估,以及城市政策措施的适应度评估。从城市适应气候变化的支撑性作用来看,城市基础设施和绿色基础设施的作用更为显著,且具有明显的空间地域特征和时间变化特征,因此是气候变化适应度评估的主要内容;城市风道和城市建筑色彩在适应气候变化方面的作用力较弱,且较难准确评估,因此不予考虑;城市政策措施的适应度评估既与地方政府、个人对气候变化适应问题的认识及采取的措施息息相关,又与区域的经济社会发展水平相关。基于以上认识,本书对城市气候变化适应度的评估主要包括:经济支持、社会发展、绿色基础设施促进和城市基础设施运转四个方面,且从时、空两个维度对气候变化的适应度进行评估。

1）适应度评估指标体系确定的原则

（1）全面性和典型性相结合。城市在长期的发展过程中,已经形成了抵御各种灾害的机制,包括人为主动的活动和物质实体的功能运转。对气候变化的适应也是全面而综合的,这就要求适应度评估指标体系具有足够的涵盖面,以全面反映各个子系统对气候的适应。同时为了避免信息重叠,应尽可能选择综合性强、覆盖面广的典型性指标。

（2）系统性和层次性相结合。对气候变化的适应,是整个城市系统各要素、各层次之间共同作用的结果,因此构建适应度评估指标体系要体现系统特性及其层次属性。

（3）科学性和可操作性相结合。适应度评估指标体系的构建基于对适应性城市空间格局构成要素的分析,在选择指标时,不能脱离其资料信息,且要考虑资料和数据的可获取性和可操作性。

2）适应度评估指标确定的方法

首先确定目标层和领域层。目标层分别是城市在时间和空间尺度上对气候变化的适应度,领域层是影响城市适应气候变化的若干方面。欧洲环境署(EEA,2012)强调城市适应气候变化的认知、基础设施的能力、行动计划,国内学者则从经济子系统、社会子系统、资源子系统、农业子系统四个子系统出发来评估其对气候变化的适应(表6-8)。本书基于上海城市对气候变化适应度的评估,从经济支持能力、社会发展能力、绿色基础设施促进能力和城市基础设施运行能力四个方面展开,其中前两者是对适应性城市空间格局构成的非空间要素进行评估,后两者是对空间要素进行评估。城市对气候变化的适应度(Urban Adaptation for Climate Change,UACC)为

$$UCCA = \alpha_{en} \times E_nA + \alpha_c \times CA + \alpha_d \times E_lA + \alpha_i \times IA \qquad (6\text{-}1)$$

其中,E_nA 为经济支持能力;CA 为社会发展能力;E_lA 为绿色基础设施促进能力;IA 为城市基础设施运行能力;α_{en}、α_c、α_d、α_i 分别为 E_nA、CA、E_lA、IA 的权重。

其次确定评估因子和权重。本书在常用城市对气候变化的适应度评估指标进行统计的基础上,选取引用频次较高的指标(引用频次≥3次的指标),并剔除相关性极高的指标及农业系统指标(本书主要以城市地区为研究对象,且上海的城市化水平较高),将其作为适应度评估的初始指标(见表6-8加＊号的指标),具体包括:人均财政收入、人均国内生产总值(GDP)、第三产业产值占比、年末从业人数占总人口的比重、万人均拥有卫生技术人员数、普通高等学校在校生数、城区居民人均可支配收入支出比、科技经费支出占总国内生产总值(GDP)的比重、工业固体废弃物综合利用率、人均公共绿地面积、城市建成区绿化覆盖率、环境保护投资占国内生产总值(GDP)的比重。

表6-8　常用城市对气候变化适应度评估指标的统计

类别	领域层	指标	频次/次	来源
经济子系统	经济发展水平与结构指标	人均财政收入＊	4	王原,2010;刘洋,2014;崔利芳等,2012;李响等,2015
		国内生产总值(GDP)增速	1	陈太根,2010
		人均国内生产总值(GDP)＊	9	陈太根,2010;杨谨菲,2011;刘洋,2014;崔利芳等,2012;李响等,2015;马晓庆等,2015;IPCC,2007;WWF,2009;EEA,2012
		第三产业产值占比＊	6	陈太根,2010;杨谨菲,2011;冯彩琴,2012;崔利芳等,2012;李响等,2015;马晓庆等,2015
		全社会固定资产投资同比增长	3	陈太根,2010;马晓庆等,2015;李响等,2015
		人均社会消费品零售总额	1	陈太根,2010
		国内生产总值(GDP)	3	崔利芳等,2012;冯彩琴,2012;李响等,2015
		社会消费品零售总额	3	崔利芳等,2012;李响等,2015;马晓庆等,2015
		高新技术占比	1	李响等,2015
		工业总产值	1	马晓庆等,2015
		建筑业总产值	1	马晓庆等,2015
		进出口总额	1	马晓庆等,2015
	经济发展效益与能力指标	工业增加值增长率	1	陈太根,2010
		工业新产品产值	1	陈太根,2010
		工业资产负债率	3	陈太根,2010;崔利芳等,2012;马晓庆等,2015
		全员劳动生产率	3	陈太根,2010;崔利芳等,2012;李响等,2015

类别	领域层	指标	频次/次	来源
经济子系统	经济发展效益与能力指标	人均旅游收入	1	陈太根，2010
		旅游总收入	1	崔利芳等，2012
		工业经济效益综合指数	1	李响等，2015
		总资产贡献率	2	李响等，2015；马晓庆等，2015
		旅游产业增加值占生产总值的比重	1	李响等，2015
		工业企业单位数	1	马晓庆等，2015
		国内旅游人数	1	马晓庆等，2015
		保险业比重	1	EEA，2012
社会子系统	人口与发展现状指标	人口自然增长率	3	陈太根，2010；崔利芳等，2012；马晓庆等，2015
		婴儿死亡率	2	陈太根，2010；崔利芳等，2012
		高中阶段毛入学率	1	陈太根，2010
		年末从业人数占总人口的比重*	4	陈太根，2010；崔利芳等，2012；李响等，2015；马晓庆等，2015
		万人均拥有卫生技术人员数*	4	陈太根，2010；崔利芳等，2012；李响等，2015；马晓庆等，2015
		万人均拥有床位数	3	陈太根，2010；崔利芳等，2012；李响等，2015
		普通高等学校在校生数*	4	马晓庆等，2015；崔利芳等，2012；刘洋，2014；李响等，2015
		户籍人口期望寿命	1	李响等，2015
		养老床位占60周岁及以上老年人的比重	1	李响等，2015
		文盲率	2	王原，2010；马晓庆等，2015
		两基保险平均参保人数占比	1	刘洋，2014
	发展水平指标	居民消费价格总指数	3	陈太根，2010；崔利芳等，2012；李响等，2015
		城区居民人均可支配收入支出比*	4	陈太根，2010；崔利芳等，2012；李响等，2015；马晓庆等，2015
		农民人均纯收入	3	陈太根，2010；崔利芳等，2012；马晓庆等，2015
		人均科技活动经费支出	1	陈太根，2010
		人均教育支出	1	陈太根，2010
		科技活动经费支出	2	崔利芳等，2012；马晓庆等，2015
		农民年人均可支配收入	1	李响等，2015

类别	领域层	指标	频次/次	来源
社会子系统	发展水平指标	科技经费支出占总国内生产总值(GDP)的比重*	3	王原,2010;刘洋,2014;李响等,2015
		城市基础设施投资额	1	李响等,2015
		综合指数:道路网密度、医院床铺、可持续的水利用总体评价	1	EEA,2012
		教育和文化娱乐支出	1	马晓庆等,2015
		每万人公路里程数	1	刘洋,2014
	其他	教育水平:15—64 岁人口中中学学历及以下人口占比	1	EEA,2012
		观念上重视适应气候变化的人口占比	1	EEA,2012
		城市议会中女性的占比	1	EEA,2012
		研究气候变化的区域机构	1	EEA,2012
		经济:人均国内生产总值	1	EEA,2012
		保险占国内生产总值(GDP)的占比	1	EEA,2012
		人力资源:人口抚养指数	1	EEA,2012
		政府效率指数	1	EEA,2012
		社会资本:对其他人的相信度	1	EEA,2012
资源子系统	环境治理指标	工业废水达标排放率	3	陈太根,2010;崔利芳等,2012;马晓庆等,2015
		工业二氧化硫去除量占排放量的比重	1	陈太根,2010
		工业固体废弃物综合利用率*	4	崔利芳等,2012;陈太根,2010;刘洋,2014;李响等,2015
		生活污水集中处理率	2	陈太根,2010;崔利芳等,2012
		污水处理量占废水排放量的比重	1	李响等,2015
		环境空气质量优良率	1	李响等,2015
		耕地面积	2	杨谨菲,2011;崔利芳等,2012
		污染治理项目投资	1	马晓庆等,2015
		二氧化硫排放量	1	马晓庆等,2015
		城市污水日处理能力	1	马晓庆等,2015

类别	领域层	指标	频次/次	来源
资源子系统	生态建设指标	万元工业产值耗煤量	1	陈太根,2010
		万元工业产值耗油量	1	陈太根,2010
		植被覆盖率	2	陈太根,2010；李响等,2015
		造林面积	3	冯彩琴,2012；崔利芳等,2012；马晓庆等,2015
		人均公共绿地面积[*]	3	崔利芳等,2012；李响等,2015；马晓庆等,2015
		城市建成区绿化覆盖率[*]	4	王原,2010；崔利芳等,2012；李响等,2015；马晓庆等,2015
		环境保护投资占国内生产总值(GDP)的比重[*]	3	杨谨菲,2011；刘洋,2014；李响等,2015
		人均日生活用水量	1	马晓庆等,2015
	资源支持指标	人均年末耕地面积	1	陈太根,2010
		人均原煤产量	1	陈太根,2010
		人均发电量	1	陈太根,2010
		全市地下水平均水位	1	陈太根,2010
		发电量	2	崔利芳等,2012；马晓庆等,2015
		原油加工量	1	崔利芳等,2012
		能源生产总值	1	马晓庆等,2015
农业子系统	农业发展水平指标	农业产值占农、林、牧、渔业总产值的比重	1	陈太根,2010
		林业产值占农、林、牧、渔业总产值的比重	1	陈太根,2010
		粮食作物播种面积增长率	1	陈太根,2010
		农业产值	2	崔利芳等,2012；马晓庆等,2015
		林业产值	3	崔利芳等,2012；李响等,2015；马晓庆等,2015
		牧业产值	3	崔利芳等,2012；李响等,2015；马晓庆等,2015
		渔业产值	3	崔利芳等,2012；李响等,2015；马晓庆等,2015
		粮食作物播种面积	3	崔利芳等,2012；李响等,2015；马晓庆等,2015
		种植业产值	1	李响等,2015
		耕地面积	2	冯彩琴,2012；李响等,2015

类别	领域层	指标	频次/次	来源
农业子系统	农业发展效益指标	粮食单产	1	陈太根，2010
		农业生产资料价格指数	1	陈太根，2010
		万元农业产值农业机械动力	4	陈太根，2010；崔利芳等，2012；李响等，2015；马晓庆等，2015
		万元农业产值农用化肥施用量	4	陈太根，2010；崔利芳等，2012；李响等，2015；马晓庆等，2015
		万元农业产值农药使用量	3	陈太根，2010；崔利芳等，2012；李响等，2015；
		农村小型水电站装机容量	1	马晓庆等，2015
		乡村畜牧兽医站	1	马晓庆等，2015

注：黑色加粗字体为"引用频次≥3次"的指标；＊为初始备用指标。

上述指标尽管反映了经济子系统、社会子系统、资源子系统对气候变化的适应度，但是还存在若干不足：（1）对城市基础设施在适应气候变化的主导作用认识不足，因此缺乏城市基础设施运行能力指标；（2）缺乏对政府、社会公众在适应气候变化所持有的态度及采取措施的衡量指标，以上两点恰是城市适应气候变化的关键所在。基于此，本书在采纳上述引用频次较高的评估指标时，主要增补了城市基础设施运行能力的指标，见表6-9。继而采用层次分析法确定指标的权重，即两两比较各因子对适应气候变化的重要程度，利用数学方法对各因子进行排序，最后对排序结果进行分析，以此作为每个因子的权重。

表 6-9　时间尺度上城市对气候变化的适应度评估

领域层	因子层	单位	备注	权重
经济支持能力(0.26)	人均国内生产总值(GDP)	元	—	0.054
	人均财政收入	元	—	0.056
	第三产业产值占比	％	—	0.020
	环境保护投资占生产总值的比重	％	—	0.078
	研究经费支出占生产总值的比重	％	—	0.052
社会发展能力(0.23)指标	年末从业人数占总人口的比重	％	用"城镇就业率＝100－城镇失业率"代替	0.056
	每万人拥有大学生数	人	表征单位万人"普通高等学校在校生数"	0.046
	城镇居民人均住房居住面积	m²	新增指标，反映居民生活质量	0.058

领域层	因子层	单位	备注	权重
社会发展能力 (0.23)指标	城市居民家庭人均可支配收入	元	—	0.070
绿色基础设施促进能力(0.07)	城市绿化覆盖率	%	—	0.036
	人均公园绿地面积	m²	—	0.034

领域层			因子层	单位	备注	权重
城市基础设施运行能力(0.44)	市政基础设施	社会服务设施	每万人医院床位数	张	缺乏万人均拥有卫生技术人员数数据	0.062
		道路交通	人均道路面积	m²	新增指标	0.066
			每万人拥有出租车辆数	辆	新增指标	0.049
			每万人拥有公交车辆数	辆	新增指标	0.055
		给水排水	人均城市供水管道长度	m	新增指标	0.043
			每万人拥有城市排水管道长度	m	新增指标	0.038
		电力设施	年末平均每万人发电设备容量	kW·h	新增指标	0.045
		防灾设施	防洪堤长度	km	新增指标	0.042
		环卫设施	每万人拥有消防站数量	个	新增指标,数据缺乏	—
			工业固体废弃物综合利用率	%	—	0.040

注:社会发展水平越高,政府和社会群体对于气候变化的认知程度越高,适应气候变化的能力越强。理想的城市发展水平应该包括城市居民对气候变化的认知能力、城市政府采取适应气候变化的措施等,但是由于数据有限,较难从量化上衡量这两个指标。

以上选择的适应度评估指标均具有动态性,即反映了时间尺度上城市对气候变化的适应度。在表 6-9 的基础上,先对具有地域空间意义的指标进行筛选,并予以修正,以反映其空间属性;再根据数据的可获得性进一步筛选,以作为空间尺度上城市对气候变化的适应度(某种意义上也可称之为城市空间对气候变化的适应度)评估指标,按照层次分析法确定每个指标的权重,见表 6-10。

表 6-10　空间尺度上城市对气候变化的适应度评估

领域层	因子层	单位	权重
经济支持能力(0.25)	地均国内生产总值(GDP)	万元/m²	0.085
	地均财政收入	万元/m²	0.165
社会发展能力(0.24)	城镇居民人均可支配收入	元	0.125
	每十万人中本科及以上学历人数	人	0.115

领域层	因子层	单位	权重
绿色基础设施促进能力(0.29)	城市绿地率	%	0.125
	城市非建设用地占比	%	0.165
城市基础设施运行能力(0.22)	每万人拥有医院床位数	张	0.075
	道路密度	km/km²	0.105
	每 10 km² 拥有消防站数量	个	0.040

时间尺度上的城市适应度评估数据采用 2000—2013 年数据,数据来源于 2001—2014 年上海统计年鉴,见表 6-11;空间尺度上的城市适应度评估数据采用 2013 年数据,数据来源于《上海统计年鉴:2014》,郊区部分数据来源于《松江区统计年鉴:2014》,见表 6-12。将每个数据标准化,按照适应度计算公式进行计算。得分为负表示低于平均水平,得分为正表示高于平均水平,分值越高,说明系统的适应度越高。将适应度的空间分异情况用地理信息系统(GIS)中的自然断裂(natural breaks)方法进行分类后可视化显示,并评价分析结果。

表 6-11　时间尺度上上海城市的适应度评估数据及来源

领域层	因子层数据	来源
经济支持能力	2000—2013 年人均国内生产总值(GDP)	
	2000—2013 年人均财政收入	
	2000—2013 年环境保护投资占生产总值的比重	
	2000—2013 年研究经费支出占生产总值的比重	
社会发展能力	2000—2013 年城镇就业率(100—城镇失业率)	
	2000—2013 年每万人拥有大学生数	
	2000—2013 年城镇居民人均住房居住面积	
	2000—2013 年城市居民家庭人均可支配收入	
绿色基础设施促进能力	2000—2013 年城市绿化覆盖率	2001—2014 年上海统计年鉴
	2000—2013 年人均公园绿地面积	
城市基础设施运行能力	2000—2013 年每万人医院床位数	
	2000—2013 年人均道路面积	
	2000—2013 年每万人拥有出租车辆数	
	2000—2013 年每万人拥有公交车辆数	
	2000—2013 年人均城市供水管道长度	
	2000—2013 年每万人拥有城市排水管道长度	
	2000—2013 年年末平均每万人发电设备容量	
	2000—2013 年防洪堤长度	

表 6-12　空间尺度上上海城市的适应度评估数据及来源

领域层	因子层数据	来源
经济支持能力	2013 年各区县地均国内生产总值（GDP）	市区数据来源于《上海统计年鉴：2014》；郊区数据来源于《松江区统计年鉴：2014》
	2013 年各区县地均财政收入	
社会发展能力	2013 年各区县城镇居民人均可支配收入	
	2013 年各区县每十万人中本科及以上学历人数	
绿色基础设施促进能力	2013 年各区县城市绿地率	
	2013 年各区县城市非建设用地占比	
城市基础设施运行能力	2013 年各区县每万人拥有医院床位数/常住人口	
	2013 年各区县道路长度/行政区面积	
	2013 年各区县消防站个数/行政区面积	

6.4.2　时间尺度上上海城市对气候变化的适应度评估

从经济支持能力评估结果来看（图 6-9），上海经济能力不断提升，为更好地适应气候变化奠定了基础。上海作为我国的经济中心之一，自 2005 年以后，人均国内生产总值（GDP）和财政收入稳步增加，同时对科研和环境的投资力度也加大，这说明上海具有较好的经济状况，为城市系统适应气候变化提供了物质支持。

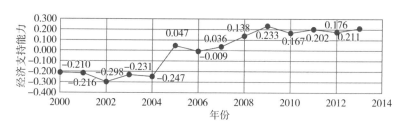

图 6-9　2000—2014 年上海城市适应气候变化的经济支持能力

上海的社会发展为适应气候变化奠定了良好的基础。适应气候变化，不仅需要政府层面的政策制定、发展战略谋划、资金投入、基础设施建设等，而且需要动员全社会，使公众能够认识到气候变化所带来的风险，提高公众应对各种自然和人为灾害的处理能力，认识到适应气候责无旁贷，此举也能保证相关政策和规划的执行。从社会发展能力评估结果来看（图 6-10），随着教育水平和人口素质的提高，上海有能力在适应气候变化方面获得更多的社会认知与支持。

由于近年来上海在城市快速发展过程中加快了对绿地公园的建设步伐，人均公园绿地面积和城市绿化覆盖率得以稳步增加，因此上海城市适

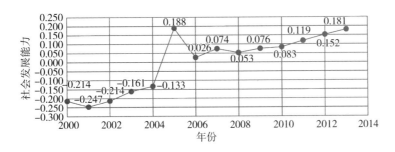

图 6-10 2000—2014 年上海城市适应气候变化的社会发展能力

应气候变化的绿色基础设施促进能力逐年提高(图 6-11)。这里需要指出的是,由于缺乏有效的数据,显然仅仅依靠这两个指标无法完全表征上海绿色基础设施的建设情况,所以得到的基本理论可能失之偏颇。实际上,尽管城市建成区范围内公园绿地面积和城市绿化覆盖率不断增加,但是越来越多的生态用地被转换为城市建设用地,实际上降低了城市对气候变化的适应能力(自然生态系统对自然界的环境变化适应能力高于人工生态系统)。所以这里的绿色基础设施促进能力主要指的是城市建成区的适应能力,并不能理解为整个城市系统。

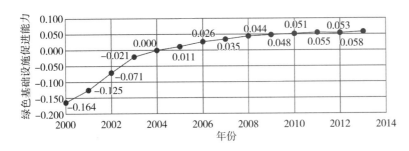

图 6-11 2000—2014 年上海城市适应气候变化的绿色基础设施促进能力

城市基础设施是应对各种灾害的生命线保障系统,也是维系城市系统运行的基础。从 2000—2014 年上海城市适应气候变化的基础设施运行能力来看(图 6-12),总体呈现波动趋势,这说明城市基础设施的建设能力并非和人口规模的增长相同步,基础设施运行能力具有不稳定性。从各种基础设施的运行能力来看(图 6-13),公共服务设施运行能力呈现波动变化特征,这与上海公共服务设施水平提升和人口规模持续增大所导致的耦合效应有关,整体来看公共服务设施的服务水平和保障能力还有待提升;道路交通水平呈现逐步降低的趋势,这说明公共交通(主要是地上公共交通和出租车)的服务水平降低,保障能力不足;给排水系统适应能力稳步提升,保障了上海水资源的供应和处理;防灾建设也取得了较大进步,防洪堤的建设大大降低了上海遭受洪水侵蚀的概率。

将以上四个方面按权重累加,得到 2000—2014 年上海城市对气

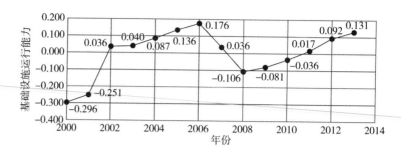

图 6-12 2000—2014 年上海城市适应气候变化的基础设施运行能力

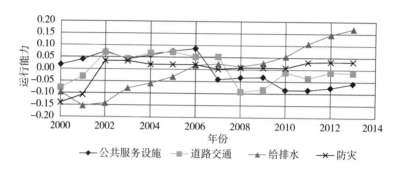

图 6-13 2000—2014 年上海各种基础设施的运行能力变化情况

候变化的适应度(图 6-14)。从结果来看,适应度整体呈现上升态势,这说明上海在应对灾害、保障城市安全方面具有越来越高的能力和越来越大的潜力。从城市适应气候变化度的组成来看(图 6-15),上海在适应气候变化方面的经济支持能力和社会发展能力潜力最大,除个别年份外均呈稳步上升,为上海适应气候变化奠定了经济和社会基础;然而城市基础设施运行能力则表现出不稳定态势,绿色基础设施促进能力方面由于数据不完善,评价结果存在一定的误差,这两个方面是上海城市适应气候变化的软肋,制约着上海的可持续发展。基于此,本书将在第 7 章讨论适应气候变化的城市基础设施和绿色基础设施建设举措及空间的合理布局等问题,这也是适应性城市空间格局构建的核心内容。

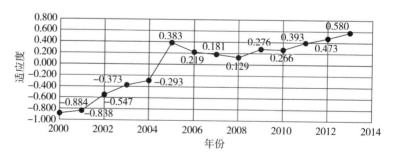

图 6-14 2000—2014 年上海城市对气候变化的适应度

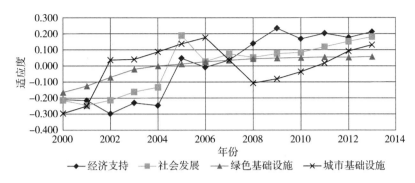

图 6-15　2000—2014 年上海城市对气候变化适应度的组成

6.4.3　空间尺度上上海城市对气候变化的适应度评估

从上海市各区县 2013 年适应气候变化的经济支持能力来看,黄浦区、静安区的经济支持能力最强,具有资金支持的有利条件;其次为浦东新区、长宁区;然后为虹口区、闸北区、普陀区、杨浦区、徐汇区等中心城区和嘉定区;其他郊区县的经济能力则较弱。从各区县 2013 年适应气候变化的社会发展能力来看,长宁区、徐汇区、静安区最高,这说明该区域的人才优势较为显著;其次为中心城区各区;然后为浦东新区和闵行区;其他郊区县则普遍较弱,尤其是郊区城镇居民可支配收入远远低于市区,还存在一定的城乡居民收入差异,其中以青浦、松江的城乡居民可支配收入差距最大(图6-16)。

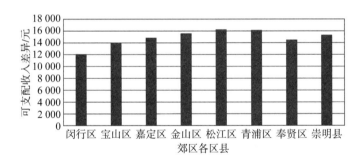

图 6-16　2013 年上海市郊区各区县城乡居民收入差异

适应气候变化的城市基础设施运行能力呈现出中心城区高、外围郊区低的分布状态,其中黄浦区、静安区的城市基础设施运行能力最高,其次为中心城区其他区,青浦区和松江区的城市基础设施运行能力最低。绿色基础设施对城市适应气候变化的促进能力则呈现出外围郊区高、中心城区低的分布状态,这与各区县的城市开发强度与生态空间比例成反比的关系是一致的,所以郊区在绿色基础设施构筑方面具有潜力和优势。

综合来看,城市中心区的经济支持能力、社会发展能力和城市基础设施运行能力均高于郊区,而绿色基础设施促进能力则是郊区高于中心城区。从2013年上海城市对气候变化的适应度空间分布来看(表6-13),中心城区的适应度高于近郊区,近郊区的适应度又高于远郊区县,其中黄浦区、静安区的适应度最高,但其面积仅占0.97%,这说明上海城市对气候变化适应度高的地区占比极低,也反映了全市总体对气候变化的适应度不高;适应度较高的地区为浦东新区、长宁、徐汇区,面积占22.71%;适应度为中的地区为虹口区、闸北区、杨浦区,面积占13.6%;适应度较低的地区为普陀区、闵行区、嘉定区,面积占32.23%;其他区县对气候变化的适应度低,面积占30.49%。

表6-13 2013年上海城市对气候变化的适应度分区

适应度分区	面积/km²	比重/%	分布
高适应区	61.50	0.97	黄浦、静安
较高适应区	1 439.93	22.71	长宁、徐汇、浦东
中适应区	862.31	13.60	闸北、虹口、杨浦
较低适应区	2 043.54	32.23	嘉定、普陀、闵行
低适应区	1 933.22	30.49	宝山、青浦、松江、奉贤、金山、崇明

第6章参考文献

阿肯色大学社区设计中心,2017. LID 低影响开发:城区设计手册[M]. 卢涛,译. 南京:江苏凤凰科学技术出版社.

陈太根,2010. 咸阳市气候变化适应度评价及可持续发展模式[D]. 西安:陕西师范大学.

陈霆,2014. 城市中心区建筑色彩与地域性光气候的适应性研究[D]. 重庆:重庆大学.

陈迎,2005. 适应问题研究的概念模型及其发展阶段[J]. 气候变化研究进展,1(3):133-136.

崔利芳,任学慧,2012. 大连市气候变化适应度评价[J]. 资源科学,34(2):273-279.

冯彩琴,2012. 西安市气候变化城郊对比分析及适应度综合评价[D]. 西安:陕西师范大学.

顾朝林,2013. 气候变化与低碳城市规划[M]. 2 版. 南京:东南大学出版社.

国家发展和改革委员会,财政部,住房和城乡建设部,等,2013. 国家适应气候变化战略[Z]. 北京:国家发展和改革委员会.

金桃,2012. 中国城市应对气候变化能力评估[D]. 上海:上海师范大学.

李军,荣颖,2014. 城市风道及其建设控制设计指引[J]. 城市问题(9):42-47.

李鹍,余庄,2006. 基于气候调节的城市通风道探析[J]. 自然资源学报,21(6):991-997.

李响,钱敏蕾,徐艺扬,等,2015. 基于区域气候与城市发展耦合模型的气候变化适应度评价:以上海市为例[J]. 复旦学报(自然科学版),54(2):210-219.

刘洋,2014. 全球气候变化对长三角河口海岸地区社会经济影响研究[D]. 上海:华东师范大学.

马晓庆,邵文婷,曹永强,等,2015. 基于主成分分析法的辽宁省气候变化适应度评价[J]. 水力发电,41(3):16-19,100.

宋永昌,由文辉,王祥荣,2000. 城市生态学[M]. 上海:华东师范大学出版社.

佟华,刘辉志,李延明,等,2005. 北京夏季城市热岛现状及楔形绿地规划对缓解城市热岛的作用[J]. 应用气象学报,16(3):357-366.

王原,2010. 城市化区域气候变化脆弱性综合评价理论、方法与应用研究:以中国河口城市上海为例[D]. 上海:复旦大学.

韦湘民,罗小未,1994. 椰风海韵:热带滨海城市设计[M]. 北京:中国建筑工业出版社.

吴绍洪,尹云鹤,赵慧霞,等,2005. 生态系统对气候变化适应的辨识[J]. 气候变化研究进展,1(3):115-118.

杨谨菲,2011. 商洛市全球变化适应度评价[D]. 西安:陕西师范大学.

张晓钰,郝日明,张明娟,2014. 城市通风道规划的基础性研究[J]. 环境科学与技术,37(120):257-261.

朱亚斓,余莉莉,丁绍刚,2008. 城市通风道在改善城市环境中的运用[J]. 城市发展研究,15(1):46-49.

AKBARI H,POMERANTZ M,TAHA H,2001. Cool surfaces and shade trees to reduce energy use and improve air quality in urban areas[J]. Solar energy,70(3):295-310.

CLARK W C,et al,2000. Assessing vulnerability to global environmental risks[Z]. Cambridge:Harvard University.

EEA,2012. Urban adaptation to climate change in Europe:challenges and opportunities for cities together with supportive national and European policies[Z]. Copenhagen:European Environment Agency.

EFLA,2012. EFLA Regional Congress Green Infrastructure:from global to local[C]. Uppsala:International Conference Proceedings Uppsala (Sweden).

FÜSSEL H M,KLEIN R J T,2006. Climate change vulnerability assessments:an evolution of conceptual thinking[J]. Climate change,75(3):301-329.

IPCC,2001. Working group II:impacts,adaptation and vulnerability[M]. Cambridge:Cambridge University Press.

IPCC,2007. Climate change 2007:the physical science basis:contribution of working group I to the fourth assessment report of the intergovernmental panel on climate change[M]. Cambridge:Cambridge University Press.

SMIT B,BURTON B,KLEIN R J T,et al,2000. An anatomy of adaptation to climate change and variability[J]. Climatic change,45:223-251.

WWF,2009. Mega-stress for mega-cities:a climate vulnerability ranking of major coastal cities in Asia[Z]. Gland:World Wildlife Fund.

第6章图表来源

图 6-1 源自:陈迎绘制.

图 6-2 源自:政府间气候变化专门委员会(IPCC)绘制.

图 6-3 至图 6-16 源自:笔者绘制.

表 6-1 源自:法塞尔(Füssel)等绘制.

表 6-2、表 6-3 源自:笔者绘制.

表 6-4 源自:刘滨谊等绘制.

表 6-5 源自:笔者绘制.

表 6-6 源自:柳孝图绘制.

表 6-7 源自:纽曼(Neuman)绘制.

表 6-8 至表 6-13 源自:笔者绘制.

7　上海适应性城市空间格局构建及城市规划响应

适应性城市空间格局的构建就是在确定适应性城市空间格局构成要素的基础上,针对不同空间区位在暴露度、敏感度和适应度方面存在的问题进行分析,提出这些支撑性要素的空间布局,以提高城市对气候变化的适应能力。本章从问题导向与目标导向的双重视角出发,提出上海适应性城市空间格局构建的若干策略,以期为提高上海城市适应气候变化的能力、为上海土地利用和防灾规划编制、为引导上海弹性城市建设等提供依据和建议。

7.1　上海适应性城市空间格局构建的目标

7.1.1　提高上海城市适应气候变化的能力

适应性城市空间格局的概念是基于应对气候变化这一目标提出的,其实质是对适应气候变化的支撑要素在城市空间上的优化、调整和合理布局。上海适应性城市空间格局构建的主旨目标在于提高上海城市适应气候变化的能力,是城市主动应对适应气候变化的表现。如图 7-1 所示,城市应对气候变化可以从减缓和适应两个方面着手,前者通过减少温室气体的排放来降低气候变化的幅度,即降低城市系统在气候变化中的暴露度或降低气候变化的风险性;后者通过降低城市对气候变化的敏感度和提高城市的适应能力来展开。城市是由经济、社会、生态子系统构成的复合生态系统,其共同的空间载体是城市空间,城市在减缓气候变化方面的主要举措是低碳发展,在适应气候变化方面的主要举措是各种适应设施的高效运作,两者都离不开城市运行的载体,即城市空间。适应性城市空间格局构建的主旨目标是通过空间要素的合理优化配置来应对气候变化,提高城市适应气候变化的能力。

上海的城市化发展和城市空间的开发建设,在局地尺度上对局地气候变化产生了重要影响,反过来也受到了气候变化的不利影响。作为一个拥有庞大规模的超大型城市,尽管上海提出低碳发展的举措,但是其对局地气候变化的贡献可能收效甚微,也就是说在降低暴露度方面的作为不大;而上海聚集的人口、财富是其城市发展的不竭动力,不可能通过政策性措

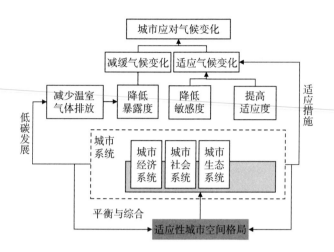

图 7-1　适应性城市空间格局在城市应对气候变化中的作用

施来强制进行改变,即上海城市降低对气候变化敏感度的机会也较小;相对而言,通过适应性要素在城市空间的合理布局,提高上海城市对气候变化的适应能力,对上海更具有现实意义。

7.1.2　为上海土地利用和防灾规划的编制提供支撑

进入新的发展时期,上海面临着土地、资源、能源的紧约束,产业的转型升级,全球城市的建设目标、定位、路径等新的挑战,城市自然灾害和人为灾害等一系列城市安全问题凸显,对上海的可持续发展提出了考验。在气候变化的新背景下,这些问题表现得更为突出,因此需要通过战略性的规划制定更为全面、长远的发展对策。然而在《上海市城市总体规划(2040)战略研究议题》所提出的重要发展议题中(图 7-2),并未将适应气候变化作为上海的发展目标之一,这无疑是一个缺陷。适应性城市空间格局,可以视作上海低碳城市建设、城市安全和防灾等议题的补充和完善,也能够从应对气候变化的视角为土地利用和防灾规划的编制提供支撑。

7.1.3　引导上海弹性城市的建设

弹性是指一个系统、社区或社会暴露于危险中时能够通过及时有效的方式抵抗、吸收、适应并且从其影响中恢复的能力,包括保护和恢复其必要的基础设施和功能(UNISDR,2009)。这一概念起源于生态学,并逐步扩展到城市、区域等社会学(彭翀等,2015)。弹性城市是指城市系统能够准备、响应特定的多重威胁并从中恢复,将其对公共安全健康和经济的影响降至最低(Wilbanks et al.,2007)。从弹性城市概念框架研究来看,弹性城市主要包括基于城市系统、基于气候变化和灾害风险管理、基于城市能源三大类型(李彤玥等,2014)。弹性城市已经成为城市发展新的目标之一。

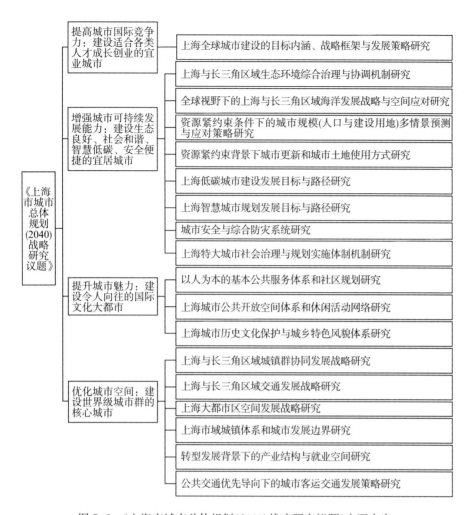

图 7-2 《上海市城市总体规划(2040)战略研究议题》主要内容

适应性产生于气候变化背景下,弹性则是影响适应性的一个因子(Füssel et al.,2006)。因此两者之间既有联系,又有区别。两者的联系在于系统的适应能力越强,当它面临气候变化压力时,系统的弹性就越大,恢复到满意状态的可能性也就越大。区别在于弹性是影响适应性的一个因子,与短期干扰相联系,是系统的内在属性;适应性是一个总概念,与长期或持续干扰相联系,是系统的外在表现(De Bruijn,2005;Folke,2006;俞孔坚等,2015)。灾害风险管理和气候变化是城市发展和管理不可或缺的组成部分(The World Bank,2009),也是弹性城市研究的重要出发点。从图 7-3 所示的应对气候变化的降低灾害风险框架中就可以看出两者内涵的一致性(Prabhakar et al.,2009)。面临未来发展中的诸多挑战,上海应该将弹性城市和低碳城市、生态城市、智慧城市等作为城市可持续发展的路径。上海适应性城市空间格局的构建,不仅能使城市系统更好地适应气候变化,而且能提高上海城市系统的弹性,已成为上海基于气候变化和灾害风险管理建设弹性城市的重要举措。

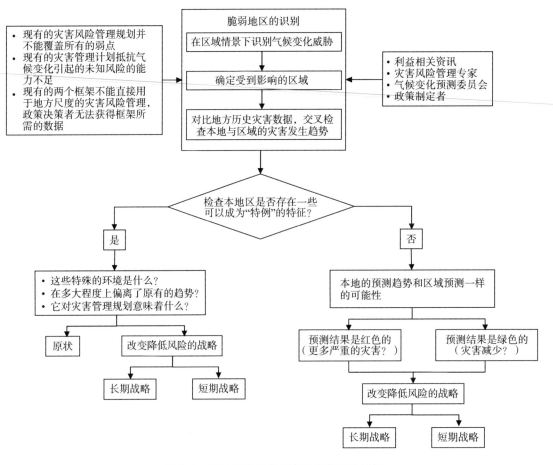

图 7-3 应对气候变化的降低灾害风险框架

7.2 上海适应性城市空间格局构建的原则

7.2.1 战略性与现实性相结合的原则

应对气候变化是一个长期的议题,需要广泛的、战略性的对策,而气候变化的不确定性增加了制定对策的难度,也要求城市发展政策不断调整以选择更具有可靠性的城市发展路径。对于上海来说,应对气候变化也会是一项长期的、艰巨的任务,应该随当前世界主流从低碳城市建设走向适应性城市建设。适应性城市空间格局的构建应该考虑上海长期的发展战略,向着可持续的全球城市目标迈进。在具体的构建框架和举措上要立足长远,认识到气候变化对城市发展战略的影响和城市空间的战略性布局。现实性则需要考虑上海能够更好地适应极端气候事件的影响,也需要从上海应对气候变化的可行性路径出发,从上海当前经济社会发展的基本背景、城市不同区域发展的现实出发,不能脱离实际构建一个理想的框架,如不可能在城市中心区用绿色基础设施替代城市基础设施,在城市郊区不能开发建设超乎标准的城市基础设施等。

7.2.2　与经济社会协调的原则

经济社会发展水平是城市系统应对气候变化的根本保障。一般来说,经济水平越高、社会发展程度越高,适应气候变化的能力就越强。因此提高上海应对气候变化能力的根本着眼点在于提高上海的经济社会发展水平。上海的经济社会发展水平在全国处于前列,这也就决定了其具有较大的潜力来应对气候变化。适应性城市空间格局的构建和经济社会协调发展的原则表现在两个方面:一方面,应对气候变化的适应性城市空间格局的构建应当立足经济社会发展水平,能在一定程度上促进经济社会的发展,考虑经济社会发展所需要的土地、水等资源和能源,并能前瞻性地提出重要的保障性措施,以协调好当前与长远的发展需求;另一方面,经济社会发展政策也要随着气候变化的不同时期、不同状况进行调整,将经济社会发展政策和战略置于应对气候变化的大框架下。

7.2.3　与生态环境协调的原则

一个城市乃至地区的生态环境本底是形成其气候特点的根本。城市生态环境特征反映了城市生态环境系统演变的特征及规律,同时也是人类与生态环境相互作用后的结果。上海具有地域狭窄、人口密度高、自然资源相对贫乏、能源依靠外部供给、城乡并存等特点,存在建设用地占比过高、生态用地占比低且逐渐减少、生态承载力较低等生态环境问题和隐患,也存在环保投入滞后于经济发展、农业生态保护任务艰巨、人口集聚给区域资源环境带来巨大压力、生态进步目标实现程度下降等问题(国家统计局上海调查队,2014)。这些特点导致上海对气候变化表现出较高的脆弱性,即城郊温差大、气候变化幅度高于周边地区、极端气候灾害发生频率高、城市系统的暴露度和敏感度也高于一般城市。这就决定了上海在应对气候变化的适应性城市空间格局构建时,要充分考虑和尊重上海的生态环境本底特征,并以解决生态环境问题和隐患、消除其所带来的负面影响为目标之一,将解决生态环境问题和应对气候变化并重,提出与生态环境协调的城市空间要素布局。尤其是要将绿色基础设施布局和生态环境特色相结合,发挥生态空间的生态系统服务功能,特别是调节气候、涵养水源、保持水土、预防灾害等方面的功能。同时也要认识到,将重要生态空间的保护作为安全原则的重点,可以使上海的建设用地占行政辖区的比重、生态用地占行政辖区的比重控制在一个安全的水平上,各类宝贵的生态用地(如湿地、森林、水体或生态保育区等)资源必须得到切实的维护;单位用地的人口数量应控制在一个利于人群健康、利于城市健康运营、满足可持续发展的水平上,以降低对气候变化的敏感度。

　　基于以上分析,上海适应性城市空间格局的构建要充分考虑长远发展战略,解决当前城市安全问题,从地域狭窄、人口高度密集、资源短缺等缺陷出发,发挥上海的经济社会及技术等发展水平在全国居于前列等优势,充分扬长避短,利用有利条件,克服不利因素,针对性地提出能够更好地适应气候变化的城市空间要素布局对策,实现上海全球城市、可持续城市、弹性城市的建设目标。

7.3　上海适应性城市空间格局构建的流程

　　上海不同区域内应对气候变化的背景和目标是不同的,因此要区别对待,适应性城市空间格局的构建也应具有针对性。如图 7-4 所示,综合气候变化影响的空间差异评估和空间尺度城市对气候变化的适应度评估,进行城市适应气候变化分区;根据主要问题识别,探讨适应性城市空间格局构建的对策,并将其与城乡规划相结合。

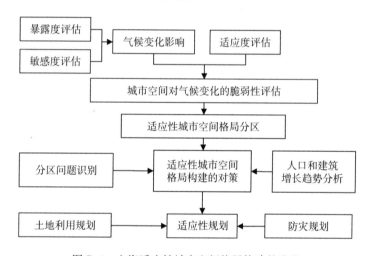

图 7-4　上海适应性城市空间格局构建的流程

　　(1)综合气候变化影响的空间差异评估和空间尺度城市对气候变化的适应度评估,进行城市空间对气候变化的脆弱性评估,继而进行适应性城市空间格局分区。识别每个分区在应对气候变化方面的问题和弱点,根据其地域特征以及在对气候变化影响和气候变化适应度分析的基础上,细化每个分区,作为分区指导的依据。

　　(2)从暴露度、敏感度、适应度三个方面对每个适应性城市空间格局分区进行分析,针对问题提出城市空间调控、城市基础设施、绿色基础设施等规划和布局的空间对策,根据每个分区未来人口增长和城市建筑面积变化的趋势,从定性和定量(经济社会变化要素与暴露度、敏感度、适应度之间的相关关系)的角度逐步分析每种措施的可行性,以确定分区空间发展对策。

　　(3)将适应性城市空间格局构建对策与城乡规划相结合,融入土地利用规划和防灾规划,制定应对气候变化的适应性规划。

7.4 基于脆弱性评估的上海适应性城市空间格局分区

7.4.1 城市空间对气候变化的脆弱性评估

从"压力—状态—响应"的角度来看,城市空间在气候变化中的暴露度为压力,即气候变化对城市空间施加的压力和风险;城市空间本身遭受损害的程度即敏感度为状态;对于气候变化做出调整的适应为响应。要综合比较各个区域是否能够适应气候变化,就需要综合考虑气候变化所带来的压力和城市空间的状态。综合确定城市空间在应对气候变化方面时的状态,需要将三者结合起来综合考量。鉴于脆弱性与暴露度、敏感度和适应度三者之间具有内在关联,能够综合反映城市不同地域在应对气候变化方面的情景,所以进一步对不同地域进行脆弱性评估。

通过层次法构建暴露度、敏感度和适应度与城市空间对气候变化脆弱性的关系构架评估矩阵如下:

$$\boldsymbol{M} = \begin{bmatrix} 1 & 1 & 3 \\ 1 & 1 & 2 \\ 0.33 & 0.5 & 1 \end{bmatrix} \tag{7-1}$$

计算其特征值,确定暴露度、敏感度、适应度的权重分别为 0.44、0.39、0.17。由于前两者与脆弱性呈正相关,后者与脆弱性呈负相关,则城市空间对气候变化的脆弱性=0.44×城市空间在气候变化中的暴露度+0.39×城市空间对气候变化的敏感度−0.17×城市空间对气候变化的适应度。

在地理信息系统(GIS)空间分析中进行栅格计算,得到最终的气候变化脆弱性空间区划。可以看出,尽管城市中心区对气候变化的适应度最高,但是其受气候变化的影响也最为严重,系统的适应度不能抵消气候变化的负面影响,导致其对气候变化的脆弱性最高。郊区尽管适应度最低,但是其受气候变化的影响相对较小,最终结果是金山、浦东南汇地区的气候变化脆弱性最低。其他地区则介于两者之间。总体来看,城市空间对气候变化脆弱性高的地区面积为 461.59 km²,主要分布在浦西中心区、浦东陆家嘴地区、宝山区南部城市集中建设区等;城市空间对气候变化脆弱性较高的区域面积为 1 261.75 km²,主要分布在城市中心区外围近郊区和黄浦江上游地区,包括宝山北部、浦东北部、嘉定南部、闵行区等;城市空间对气候变化脆弱性中的地区面积为 2 522.25 km²,主要分布在青浦—松江西部区域、崇明南部东滩和长兴岛、横沙岛、浦东新区中部;城市空间对气候变化脆弱性较低的地区面积为 1 261.13 km²,达到 19.89%,主要分布在奉贤区、崇明北部、嘉定北部、淀山湖区域;城市空间对气候变化脆弱性低的地区面积为 833.78 km²,主要分布在金山和浦东南汇部分地区。对气候变化脆弱性高的地区气候变化的形势最为严峻;反之则具有较好应对气候变化的能力。

7.4.2 根据脆弱性评估结果进行分区

气候变化对城市产生了一定的不利影响,带来了风险,但是同时由于城市系统本身具有一定的适应度,在一定程度上降低了这种风险,导致不同地域对气候变化的脆弱性存在差异。气候变化的影响和城市对气候变化的适应度都具有时间和空间上的差异性。从时间上来看,气候变化将进一步加剧,即提高了城市在气候变化中的暴露度;而上海城市的综合发展还会进一步聚集人口,提高城市开发建设强度,进而提高城市对气候变化的敏感度,综合两者气候变化对城市的影响程度也会随着时间不断加强。城市经济社会更全面的稳定发展、科学技术的进步和适应措施的施行,也会提高城市对气候变化的适应度。因此,气候变化对城市的影响加强与城市对气候变化的适应度加强是同步进行的。本书主要从适应性城市空间格局构建的角度关注城市不同区域对气候变化的应对对策,因此需要进行适应性城市空间格局分区。

从空间角度来看,气候变化的形成与城市空间具有内在关联,尤其表现在城郊温差和城郊降水的区别上;气候变化对城市的影响具有明显的地域分布特征,对城市经济、社会和生态方面的影响具有空间特征;城市对气候变化的适应也具有空间特征。在城市空间对气候变化脆弱性分析的基础上,按照脆弱性等级并根据城市发展现状和行政区划,进行一定程度的整合梳理,得到五类城市空间格局分区,不同分区的面积、占比和空间分布见表7-1。

表 7-1 适应性城市空间格局分区的综合评估

应对气候变化能力	综合评估指数	面积/km²	占比/%	分布
低	−0.750—0.000	461.59	7.28	浦西中心区、浦东陆家嘴地区、宝山区南部城市集中建设区等
较低	0.000—0.500	1 261.75	19.90	城市中心区外围近郊区和黄浦江上游地区,包括宝山北部、浦东北部、嘉定南部、闵行区等
中	0.501—0.100	2 522.25	39.78	青浦—松江西部区域、崇明南部东滩和长兴岛、横沙岛、浦东新区中部
较高	0.101—1.580	1 261.13	19.89	奉贤区、崇明北部、嘉定北部、淀山湖区域
高	1.581—2.549	833.78	13.15	金山、浦东南汇地区

结合行政边界、河流水系、总体地域特征进一步细分这五类分区,形成上海适应性城市空间格局分区,具体包括城市中心区(包括宝山区南部)、

城市近郊区、黄浦江上游地区、青浦—松江片区、浦东中部片区、崇明东滩片区(包括长兴岛、横沙岛)、嘉定区北部、奉贤、淀山湖片区、崇明北部片区、金山区、浦东南汇片区12个分区。结合前面几章的分析评估结果,每个分区的地域特征和应对气候变化方面的评估见表7-2。针对不同级别分区进行更为详细地评估,就其城市空间格局构建过程中与适应气候变化关联的空间要素布局提出相应对策。本书针对上海城市适应气候变化不足的表现,主要探讨城市空间开发控制、基础设施布局、绿色基础设施建设等措施的空间布局问题。

表7-2 上海适应性城市空间格局分区特征及适应评估

分区		范围与面积	地域特征	气候变化影响及适应评估
大类	小类			
一级区	城市中心区	城市外环线以内地区,主要包括黄浦、静安、虹口、闸北区、普陀区、徐汇区、杨浦区、宝山区南部、浦东新区西北部,面积共计708.23 km²,占11.17%	城市人口密度和建筑密度均最高,发展较为稳定,是以第三产业、生活空间为主的区域	暴露度高、敏感度高、适应度高
二级区	城市近郊区	宝山区北部、嘉定区南部、青浦区和松江区东部,闵行区,面积共计701.89 km²,占11.07%	处于快速发展时期,人口和产业发展迅速,是以第三产业为主、生活空间为主的区域	暴露度较高、敏感度较高、适应度较低
	黄浦江上游地区	黄浦江上游沿岸地区,主要分布在松江区和青浦区南部,面积共计320.83 km²,占5.06%	河流水系众多,对气候变化具有较高的生态敏感度,发生洪涝灾害的可能性大,是以农田和河流生态系统为主的区域	暴露度较低、敏感度高、适应度低
三级区	青浦—松江片区	青浦区中部和松江区北部,面积共计563.67 km²,占8.89%	发展较缓慢,是以农业、工业、农田生态系统和乡村生态系统为主的区域	暴露度较低、敏感度较低、适应度低
	浦东中部片区	浦东新区中部,面积共计523.73 km²,占8.26%	处于较快发展期,是以农业、工业、农田生态系统、城镇生态系统为主的区域	暴露度较低、敏感度中、适应度较高
	崇明东滩片区	崇明岛南部的东滩和长兴岛、横沙岛,面积共计587.13 km²,占9.26%	以湿地生态系统为主,对海平面上升极为敏感,是以农业发展为主的区域	暴露度较低、敏感度中、适应度低
四级区	嘉定区北部	嘉定区北部,面积共计308.73 km²,占4.87%	处于快速发展期,是以农业、工业、城镇生态系统、农田生态系统为主的区域	暴露度中、敏感度较低、适应度中
	奉贤	奉贤区全部,面积共计689.21 km²,占10.87%	发展相对缓慢,农业、工业、第三产业综合发展	暴露度低、敏感度低、适应度低
	崇明北部片区	崇明北部区域,面积共计680.34 km²,占10.73%	以农田生态系统为主	暴露度低、敏感度低、适应度低
	淀山湖片区	淀山湖及周边地区,面积共计159.78 km²,占2.52%	以湖泊型生态系统为主	暴露度较低、敏感度低、适应度低

分区		范围与面积	地域特征	气候变化影响及适应评估
大类	小类			
五级区	金山区	金山区全部,面积共计 592.84 km²,占 9.35%	发展相对缓慢,是以工业、农业为主的区域	暴露度低、敏感度低、适应度低
	浦东南汇片区	浦东新区南部地区,面积共计 504.07 km²,占 7.95%	发展相对缓慢,农田生态系统和城镇系统同时存在	暴露度低、敏感度中、适应度较高

注:一至五级区域划分对应应对气候变化能力由低到高,即气候变化的脆弱性由高到低。

7.4.3 各分区应对气候变化形势分析

从某种意义上讲,引起上海城市空间对气候变化脆弱性差异的根本原因在于城市空间开发强度具有差异性。城市中心区成为对气候变化脆弱性最高的地区,也在于其超高的城市空间开发强度。通过对 2004—2013 年各区县人口密度变化、人口迁移情况和建筑面积密度变化情况的分析,可以大致判断未来各个区县的城市空间开发强度发展状况,继而分析气候变化的大致走向。从 2004—2013 年浦西中心城区各区人口密度变化情况来看(图 7-5),人口密度最高的为黄浦区、静安区和虹口区,其次为闸北区、普陀区和杨浦区,再次为徐汇区、长宁区;从人口密度的变化趋势来看,黄浦区、静安区人口密度整体上呈现逐渐减少的趋势,这给我们的启示是从人口密度控制的角度降低上述两个区对气候变化的敏感度具有可能性;其他各区则普遍呈现人口密度逐渐增加的趋势,但是基本趋于平稳。从浦东新区及郊区各区县的人口密度变化来看(图 7-6),除崇明县外其他各区的人口密度在整体上均呈现持续上升趋势,其中以闵行区和宝山区两个近郊区人口密度上升最快,自 2010 年以来人口密度上升的趋势更为明显;浦东新区、嘉定区、松江区人口密度整体上持续上升;而金山区、青浦区、奉贤区三个远郊区人口密度上升较为缓慢,反映了其发展速度较慢。

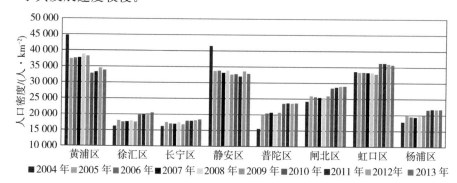

图 7-5 2004—2013 年浦西中心城区各区人口密度变化情况

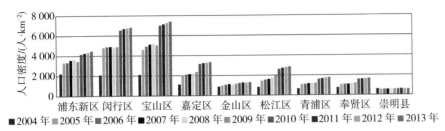

图 7-6 2004—2013 年浦东新区及郊区各区县人口密度变化情况

从容积率来看(图 7-7),静安区的容积率最高,其次为黄浦区、虹口区,再次为闸北区、普陀区、徐汇区、长宁区、杨浦区,这说明城市中心区的开发强度远远大于郊区(2013 年城区均在 0.8 以上,静安区达到 2.3,而郊区均未超过 1.0)。中心城区各区的建筑面积密度仍然在保持一定量的增长,而在郊区中闵行区、宝山区、浦东新区的建筑面积密度也在一定程度上有所增长。

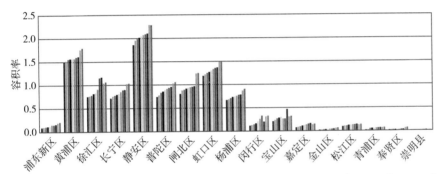

图 7-7 2004—2013 年上海各区县容积率变化情况

综上可以判断,未来黄浦、静安、虹口的人口密度趋于稳定,容积率还有小幅度增长;普陀、徐汇、杨浦、闸北、长宁的人口密度呈小幅度增长,城市空间还保持一定量的开发;嘉定、闵行、浦东新区、宝山、松江的人口密度呈大幅增长,其中宝山和闵行的城市开发强度大幅度提高;青浦、金山、奉贤、崇明的人口密度增长缓慢,城市空间开发也较慢。根据城市空间开发强度和气候变化(气温和降水)之间的关系,气候变化影响的空间分布是,总体应对气候变化的挑战更强;城市空间的高暴露度地区范围将进一步扩大至近郊区,近郊区对于气候变化的敏感度大大加强,即闵行、宝山、嘉定等区受气候变化的影响将更显著;城市中心区对气候变化的敏感度更高;其他区域对气候变化的敏感度变化幅度相对较小。

7.5 上海适应性城市空间格局构建的分区对策

7.5.1 降低暴露度对策:低碳城市建设

降低暴露度就是降低气候变化的风险性,也就是减缓局地气候变化的幅度。具体来讲,就是发展低碳城市,减缓城市空间发展对气候变化的胁迫效应。

城市近郊区的着力点在于进一步优化产业结构,加快第三产业发展;城市远郊区县要提高产业市场准入的标准,淘汰高耗能、高污染行业,有效降低单位国内生产总值(GDP)碳排放的强度;全市要调整能源消费结构,控制和削减化石能源消费,加快发展风能、太阳能、潮汐能等可再生能源的开发利用;发展能源生产、输送、利用方面的技术,提高能源使用效率,在电力、冶金、石化、化工、建材、交通、建筑等部门开展技术创新,使得单位生产总值的能耗和电耗不断下降;在建筑领域需要推广环保建筑、绿色建筑;大力发展公共交通,尽量减少小汽车的刚性需求,研发混合燃料汽车、电动汽车等新能源汽车,降低城市交通系统的燃油消耗和尾气排放,减轻交通运输对环境的压力。

在上海的未来发展中,土地资源和水资源的刚性约束将更加明显,如何保障城市建设的同时提高城市地区应对气候变化的能力显得尤为重要,需要继续优化和控制上海城市建设用地规模,合理优化上海城市空间布局,构筑空间紧凑化的多级网络拓展模式;从土地利用与交通互动角度出发,提倡土地功能的混合利用,减少交通出行需求,大力发展公共交通,促进城市交通的可持续发展;将上海的城市空间置于更广的区域系统,考虑与周边的互动、联动发展,采用智慧发展的模式构筑可持续的城市空间。

7.5.2 降低敏感度对策:城市空间开发强度调控

降低城市对气候变化的敏感度,主要通过合理布局人口、产业等要素,使其避开气候变化的高风险区,因此城市空间开发强度调控是降低城市对气候变化敏感度的主要对策。

尽管调控城市人口密度和城市空间开发强度对于上海减缓气候变化的意义较小,但是对于优化上海城市空间格局、降低城市化和对气候变化脆弱性来说却具有一定作用。当前上海城市核心区(静安区和黄浦区)已经出现了人口密度降低的趋势,这说明调控人口的合理布局是具有现实可操作性的。当然,上海目前城市中心区的人口密度还在增加,城市近郊区人口增加的幅度更为明显,城市中心区的城市空间开发强度也在保持着增长的态势,这固然是经济社会发展的客观规律,但是也有必要通过产业结构调整和城市空间合理规划引导不同区域的城市空间开发强度维持在一个较合理的水平。根据各个气候变化分区的空间类型特征,本书提出以下城市空间开发强度调控政策:城市中心区应该保持目前较为稳定的开发强度,城市近郊区则要限制城市空间开发强度,必须严格控制好组团间的生态隔离带,防止城市摊大饼式无序蔓延;以生态空间为主的黄浦江上游地区、淀山湖片区和崇明东滩片区,要将生态敏感性较高的地区划分为限制建设区或禁止建设区,以保护好上海地区脆弱的生态环境系统和水文水资源系统;其他远郊区则应适当提高开发强度,节约利用土地资源,适当将乡村人口集聚,这也是减缓气候变化的反映。

7.5.3 提高适应度对策之一:城市基础设施空间布局

城市基础设施在应对气候变化、提高城市的适应度方面具有关键性作用,也最具现实操作性,其布局必须结合城市空间特征从应对气候变化方面的弊端和不足出发,用以解决开发建设导致的生态系统灾害处理能力下降的问题,因此其空间布局也应该具有针对性,并非均衡布局。城市中心区的人口密度最高,人口数量最多,因此各种基础设施的供应要求均高于其他地区,相对而言中心区在交通运输系统方面比其他地区更具优势。以生态空间为主的淀山湖片区、黄浦江上游地区、崇明东滩片区对城市基础设施的供应需求则最低,因为其生态系统服务功能强于其他地区,且人口分布较少。其他地区对城市基础设施的供应要求介于两者之间,但是对于不同地区,由于产业结构、人口数量和密度、地形地貌等不同,已有的基础设施条件不同,应该分区对待。

从分区来看,城市中心区、城市近郊区由于人口数量多,居民耗能和第三产业耗能较高;金山区、浦东中部片区由于工业耗能较高,因此这些地区是能源供应的重点地区。基于目前交通设施的可达性分析,金山、奉贤、浦东南汇等地区的轨道交通发展较为缓慢,和主城之间的联系不够紧密,因此是交通设施建设的改善区;除崇明东滩片区和淀山湖片区外,其他地区的交通运输系统需要优化,以提高交通系统的综合运输效率,提高交通系统在适应气候变化方面的重要作用。根据人口的分布特点,城市中心区、城市近郊区是城市供水的重点地区,其次为青浦—松江片区,再次为奉贤、金山等南部各区。根据对上海的高程分析和对主要河流的缓冲区分析,城市防涝泵站主要布局于黄浦、静安、虹口等城市中心区以及青浦—松江片区和横沙岛、长兴岛,城市防洪堤坝则根据实际已经发生灾害的情况布局于主要河流分布地区。城市中心区和城市近郊区主要应对极端高温、洪涝灾害带来的风险,奉贤、崇明主要应对台风、风暴潮带来的风险,因此是防灾安全设施布局的重要分区;金山、浦东南汇片区对气候变化的适应能力较好,和其他区域一样属于城市防灾安全设施布局的一般分区。

以目前重要医疗设施(三甲医院)布局的情况和可达性来看,奉贤区、浦东南汇片区要改善高等级医院不足的情况,城市中心区和近郊区要对医疗卫生的不均衡分布进行改善,除以生态空间为主的区域外其他地区要优化已有的医疗卫生设施格局,全面提高医疗卫生机构在长期和短期防灾应急系统中的重要作用。

在保障城市各种功能正常运转的前提下,采用分区规划的方式合理布局城市基础设施,以发挥其在适应气候变化这一目标的主导作用。不同分区城市基础设施建设的重点及适应气候变化目标如表7-3所示。

表7-3　不同分区城市基础设施的建设重点及适应气候变化目标

城市基础设施格局	主要分区	规划要点	适应气候变化目标
能源供应	城市中心区、城市近郊区、浦东中部片区、金山区	提高能源供应效率,减少能源供应过程中的能量损失;保证居民生活用电;提高地下管线的隔热防潮标准;调整分区供暖调度方案	适应城市热岛效应,满足夏季居民的用电需求;在受到洪涝、台风等气象灾害时确保城市生命线系统的正常运转
	奉贤区、浦东南汇片区、嘉定区北部、青浦—松江片区	提高工业生产能源利用效率;沿海地区开发可再生能源;采用分布式能源供应系统,满足居民生产和生活需求	通过低碳技术缓解气候变化;通过新能源利用降低对传统能源的依赖
	淀山湖片区、黄浦江上游地区、崇明县	建立环境监测预警系统;能源供应管线不影响生态系统及环境健康	降低气候变化对生态系统的不利影响
交通设施	金山区、奉贤区、浦东南汇片区	加强轨道交通建设,提高综合运输能力,加强与城市中心区的联系,构筑弹性大都市空间格局;建立灾害性天气的公路交通预警机制;沿海道路研究海平面上升的影响,做好屏障保护工作	降低气候灾害条件下对交通事故的不利影响,防范海平面上升对沿海道路的侵蚀
	城市中心区、城市近郊区、浦东中部片区、青浦—松江片区、嘉定区北部、黄浦江上游地区、崇明北部片区	大力促进公共交通发展,完善道路交通网络化布局,完善停车设施建设,建设绿色停车场	
	崇明东滩片区、淀山湖片区	加强道路交通的环境评估,减少交通造成的环境污染	

城市基础设施格局	主要分区	规划要点	适应气候变化目标
供水设施	城市中心区、城市近郊区、青浦—松江片区	开展城市水系综合配置工程,加强水系污染治理和环境整治,改造黄浦江及其支流水系;调整并完善地下供水管线布局、走向及埋藏深度,以确保城市供水需求;根据气温变化适时调整供水调度方案	确保各种气象灾害及高温条件下的生活、生产用水需求
	浦东中部片区、金山区、奉贤区、浦东南汇片区	重要地区开展雨水收集工程,兴建蓄水河道、人工湿地、防洪生态工程	确保各种气象灾害下饮用水源地的环境不受破坏
	嘉定区北部、黄浦江上游地区、淀山湖片区、崇明县	提升饮用水卫生监测和安全保障服务	
排水设施	城市中心区、城市近郊区、青浦—松江片区	完全实现雨污分流,改造排水困难地区的排水管道,提高排水能力;部分地区建设海绵城市试点	提高城市在高强度降雨情况下的快速排水能力,以免造成不必要的人员伤亡、交通事故、城市洪涝等
	嘉定区北部、崇明东滩片区、浦东中部片区、金山区、奉贤区、浦东南汇片区	新建市镇积极践行海绵城市建设,提高排水设施标准,对工业废水进行重点监测和整治,加强农村面源污染治理	
	淀山湖片区、黄浦江上游地区、崇明北部地区	建立饮用水源监测预警制度,对排入自然河道的污水进行检测,确保水质达标	
洪涝设施	沿河湖洪水易发区	在人口、建筑密集地区提高防洪工程标准,加强沿河沿湖堤坝建设,确保人口、建筑物的安全;在人口、建筑分布较少的自然区域,以生态湿地为主形成防洪天然屏障	降低洪水发生概率,保障城市安全
	城市内涝易发区	在有条件的地区以海绵城市建设为主要手段,加强对雨水的收集、自然渗透;在洪水易发区构筑排水泵站,改造原有排水系统,提高排涝能力	降低内涝发生概率,保障城市安全

城市基础设施格局	主要分区	规划要点	适应气候变化目标
防灾安全设施	城市中心区、城市近郊区、奉贤区、崇明县	重点加强防洪、防涝、防地面下沉设施建设;在城市建设集中区要合理利用地下空间,做好应急防灾设施规划;及时提供高温、内涝等灾害的动态信息,建立预警机制	减少气象灾害对人口密集区造成的人员伤亡损失和经济财产损失
	青浦—松江片区、浦东南汇片区、金山区、浦东中部片区、黄浦江上游地区	加强非工程性措施在抵御气象灾害、减少经济社会损失方面的作用;向交通运输部门提供大风、雷电、浓雾、暴雨、洪水、风暴潮、海浪等灾害预警;开展台风监测预警,加强台风信息的及时发布	减少极端气象灾害造成的经济社会损失和人员伤亡,以及降低其对农业、工业的影响
	嘉定区北部、淀山湖片区	建立气象灾害对环境的预警机制,防止对饮用水源地环境造成破坏	降低气候变化对农业、生态环境、饮用水保护的影响
医疗卫生设施	城市中心区、城市近郊区、奉贤区、浦东南汇片区	完善医疗卫生设施的网络化布局,提高社区级医疗卫生所的服务水平,实现医疗服务的全市覆盖;在高温时节向公众提供防暑宣传与救护工作	减少气象灾害造成的人员伤亡
	浦东中部片区、崇明北部片区、青浦—松江片区、金山区、嘉定区北部	根据人口居住分布情况新建若干高等级医院,改善现有医疗卫生设施不足状况;加强对农村地区的医疗救助	
	淀山湖片区、黄浦江上游地区、崇明东滩片区	在人口集中地区集中建设若干医疗卫生机构,同时建立生物救助庇护所等	

7.5.4 提高适应度对策之二:绿色基础设施空间布局

根据每个分区的发展现状和地域特征,应该采取不同的绿色基础设施建设途径,具体如表 7-4 所示。对于上海而言,控制城市蔓延的重要手段之一就是确定基本生态网络,划分严格保护区,这不仅与绿色基础设施的空间布局是相辅相成的,而且是从政策上予以保护生态空间的保证,即形成中心城以"环、楔、廊、园"为主体,中心城周边地区以市域绿环、生态间隔带为锚固,市域范围以生态廊道、生态保育区为基底的"环形放射状"的生态网络空间体系。

表 7-4　不同分区的绿色基础设施建设途径

气候变化分区	绿色基础设施建设途径
城市中心区	绿色街道＋立体绿化＋绿色停车场
城市近郊区	绿色街道＋立体绿化＋滨水区河道岸带
黄浦江上游地区	滨水区河道岸带
青浦—松江片区	生物滞留＋滨水区河道岸带
浦东中部片区	绿色开放空间＋绿色廊道
崇明东滩片区	人工湿地＋绿色开放空间
嘉定区北部	绿色开放空间＋滨水区河道岸线
奉贤区	人工湿地＋绿色开放空间＋绿色廊道
淀山湖片区	人工湿地＋滨水区河道岸带
崇明北部片区	人工湿地＋绿色开放空间＋绿色廊道
浦东南汇片区	人工湿地＋绿色开放空间＋绿色廊道
金山区	人工湿地＋绿色开放空间＋绿色廊道

此外,绿色基础设施建设也适用于沿海地区应对海平面上升的策略中。根据遥感影像解译和高程分析,适应海平面上升的重点地区主要分布在崇明岛东端和南端沿海地区、长兴岛、横沙岛、浦东新区沿岸和奉贤、金山沿海部分地区。这些地区是沿海湿地的重要保障,在居民分布较多的地区要进行隔离壁、海堤、大坝、防洪堤、护岸等设施的建设;对于一般的农田、湿地地区,鉴于工程性措施在直接预防灾害的同时也会对当地的生态系统进行阻隔和破坏,则建议采用人工湿地、人工育滩、沿海防护林等生态措施进行防护,且能够发挥气候调节、干扰调节、栖息地保护、废物处理等生态系统服务功能,降低海水对沿海地区的侵蚀率。同时采取应对海平面上升的应急措施。加强对海洋和海岸带生态系统的监测和保护,增设沿海、岛屿以及水源地的观测网点,对气候变化可能造成的威胁进行监控,建立沿海潮灾预警和应急系统,建立区域性海平面上升影响评价系统,以提高灾害预警预防能力。同时在近海工程项目建设和经济开发活动中,充分考虑海平面上升的影响,在防潮堤坝、沿海公路、港口和海岸工程的规划设计过程中,将海平面上升作为重要的影响因素加以考虑,提高设计标准。

绿色基础设施的建设也应该与生态空间的保护密切关联,包括以下方面:

(1) 严格保护生态敏感区域。长江口岛群、淀山湖水源地、杭州湾海湾休闲地带和东海海域湿地及与之相依存的自然保护区、崇明东滩等主要滩涂湿地、黄浦江上游和长江口重要水源地、长江口南岸和杭州湾北岸沿岸、淀山湖一带的洼地、东平国家森林公园、佘山国家森林国家、黄浦江等主要水系和湖泊区域,不仅对气候变化极为敏感,而且对人类活动和城市开发建设也具有很高的敏感度,因此必须严格保护,划为禁建区,以维护水资源平衡、保护生物多样性。

（2）划定基本生态功能区。除了受到严格保护的自然保护区外,由农田、森林等组成的生态空间是维系上海生态安全的重要保障,因此要在数量上保证上海的基本生态空间,在要素上保护和存续上海珍贵的、不可再生的生态用地,在格局上通过构建合理科学的结构来保证上海的生态环境安全,以提高全区域适应气候变化的能力。因此《关于编制上海新一轮城市总体规划的指导意见》提出,要突出生态优先的发展底线,坚决遏制城市无序蔓延,严格控制城市发展规模,严守生态底线,加强重要空间的保护和修复;优化市域空间格局,形成以"环、带、廊、区"为特征的基本生态空间格局,构建"多心、开敞"的网络化市域生态空间结构模式;构建生态网络体系,形成以生态保育区、生态廊道为基底,以绿环、生态间隔带为锚固的生态网络空间体系,促进市域生态空间结构布局优化;强化生态载体,将郊野公园、城市绿道等作为推进上海生态环境建设的物质性载体,通过郊野公园和城市绿道的建设,保护和改善上海的乡村自然风貌,优化城乡空间布局,推进郊区功能发展。

（3）选择新优势树种以应对气候变化。陆地植被是上海城市生态系统主体组成部分,选择能够适应未来气候变化的树种极为重要。根据对上海 65 个树种抗逆性的综合评价和 40 种园林植物的耐盐性试验结果可知,在水涝、盐碱和风害较严重地区可以应用的树种有黑松、水松、彩叶杞柳、金叶皂荚、复羽叶栾树、喜树、海滨木槿等,其中在水涝、盐害、风害不同的地区有不同的适应品种。在不同的盐碱度下也适宜选择不同的园林绿化植物(张德顺等,2010)。

综上,除发展低碳城市外,本书每个适应性城市空间格局分区主要的适应性措施要点如表 7-5 所示。总体来说,以生活空间为主的分区以加强城市基础设施建设、提高公共服务设施水平为主要的适应措施;以生产空间(主要指工业等第二产业)为主的分区以城市土地利用的合理布局、基础设施建设和绿色基础设施建设为主要的适应措施;以生态空间(农田、森林、城市公园等)为主的分区以发挥生态系统在调节气候、涵养水源、减轻污染、调节雨洪等方面的生态系统服务功能为主,通过绿色基础设施的设计和构筑来减缓和适应气候变化;沿海地区则适时适地采取防护、后退、适应等措施,以提高沿海地区对海平面上升的适应度。

表 7-5　各适应性城市空间格局分区应对气候变化的主要措施

分区	应对气候变化要点	适应性城市空间格局构建的主要措施		
		城市空间开发强度控制	城市基础设施建设	绿色基础设施建设
城市中心区	重点适应平均气温升高带来的能源紧张、夏季高温热浪引起的伤亡、极端降水引起的城市洪涝问题	调整黄浦区、静安区、虹口区人口密度,制定分区开发强度容量	确保能源供应系统、供水排水系统、环保环卫系统的服务范围和水平,在低洼地区加强防洪排涝设施建设	提倡屋顶绿化、垂直绿化等立体绿化技术,建设绿色停车场和绿色街道
城市近郊区	重点适应未来城市空间开发强度大幅提高引起的各种气候变化不利影响,处理好建设用地扩张与生态隔离带保护的关系,宝山地区保护好长江口水源保护地	引导人口合理增长和布局,防止密度过高,提出开发强度控制要求	进一步完善交通运输系统尤其是轨道交通建设,加强邮电通信、环保环卫处理系统建设,考虑到人口密度的不断提高,应加强对能源供给系统的保障,建立高水准的防灾防卫设施	在主要河流两岸建设人工湿地,建设绿色廊道,保护生物支流系统,保留组团间的绿色隔离带,修建滨水区与河道岸带,实现低影响开发
黄浦江上游地区	重点适应气候变化对黄浦江水文水资源产生的水质影响,防止洪涝灾害发生,保护农田和森林资源	控制人口规模,保障城乡安全	加强防洪堤坝的建设,确保黄浦江两岸居民点和农田的安全	修建滨水区与河道岸带,严格保护好森林公园和重要的农田,保留绿色斑块
青浦—松江片区	重点适应地势低洼导致的内涝问题,提高水文水资源系统对气候变化的适应度,防止建设用地扩张	提高人口密度和开发建设强度,人口适当向重点城镇集中	在地势低洼的居民区设置排涝泵站;提高交通运输系统效率	在低洼地区建设生物滞留系统,实施雨洪资源化管理
浦东中部片区	重点解决城市建设用地扩张和生态环境保护的矛盾问题,提高农田生态系统对气候变化的适应度	提高人口密度和开发建设强度,人口适当向重点城镇集中	保障产业发展和居民生活的能源供应系统建设,优化道路交通网络,通过轨道交通建设加强与城市中心区的联系,提高其他基础设施的服务水平	预留绿色斑块,修建滨水区人工湿地

分区	应对气候变化要点	适应性城市空间格局构建的主要措施		
		城市空间开发强度控制	城市基础设施建设	绿色基础设施建设
崇明东滩片区	重点解决海平面上升引起的湿地损失、生物多样性下降、沿海建筑淹没和居民生命财产损失问题	人口向重点城镇集中,生态敏感区域被划分为禁建区	加强环境监测,建立完善的防灾防卫监测和应急系统,在重要的防护区修建沿海堤坝,以应对海平面上升	通过生态修复和生态设计来应对海平面上升,建立生态湿地屏障,保护生物多样性
嘉定区北部	提高工业系统对气候变化的适应度	提高人口密度和开发建设强度,人口适当向重点城镇集中	提高环境环卫设施的建设水平,加强轨道交通建设,提高工业的能源供应保障能力	划定生态斑块和生态廊道,防止城市开发建设的无序蔓延
奉贤区	重点解决极端气候对城市和农村地区的负面影响问题	提高人口密度和开发建设强度,人口适当向中心城镇集中	加强综合交通建设和医疗卫生设施布局,加强台风等预警系统建设,在沿海易受灾地区建堤坝	控制重要的生态斑块和廊道、农田,建设沿海生态湿地屏障
崇明北部片区	重点适应农田系统给气候变化带来的影响,解决综合交通和公共服务设施供应问题	人口适当向中心城镇集中	加强农业水利设施建设,降低极端气候对农作物的影响	沿海地区通过生态修复和湿地建设来应对海平面上升
淀山湖片区	重点解决气温长期上升产生的水资源量和水质影响问题,保护好水源地	在生态敏感性高的地区划分禁建区	在居民区加强防洪堤坝建设	建立生物滞留系统,提倡生态修复和人工湿地建设
金山区	重点解决工业系统对气候变化的适应问题,降低海平面上升对沿海地区的影响	人口适当向中心城镇集中,工业区与居住区职住平衡	提升能源供应系统对工业发展的保障能力,采取防潮、防风暴等措施降低极端灾害的影响	划定基本生态斑块和廊道,在沿海地区建设湿地生态屏障
浦东南汇片区	适应气候变化对生态环境的影响,适应海平面上升	提高人口密度和开发建设强度,人口适当向中心城镇集中	加强地面公交与轨道交通的接驳,建立沿海地区防灾应急机制	加强生态修复,防止人工开发建设对生态环境的破坏

7.6 基于适应性城市空间格局构建的规划响应

7.6.1 将适应性城市空间格局的构建纳入城市规划

以法律法规、政策、规划等为主的软措施是适应气候变化的重要保障。世界诸多城市都提出了气候变化的行动规划或者计划,但是在具体内容上具有多样性,交通、紧凑社区、绿色建筑等是普遍采用的内容(Bassett et al.,2010)。必须结合上海当前开展的城市总体规划编制、城市基本生态控制区规划等,将适应性城市空间格局的构建纳入法定城乡规划中,作为合理进行土地利用布局和基础设施布局的依据之一,将适应气候变化与气候风险管理纳入城乡规划(郑艳,2012),构架具有可操作性的城市应对气候变化的规划体系。适应性规划是城市应对气候变化的软措施之一,应该提出城市绿色基础设施建设、城市基础设施建设和其他软措施的发展路径,以降低气候变化对城市系统的不利影响,提高其适应能力。除了本书所提出的应对气候变化的适应性城市空间格局构建的若干对策外,具有普遍性的地方气候变化行动的政策工具也适用于上海的城乡规划,详见表7-6(经济合作与发展组织,2012)。

表 7-6 地方气候变化行动的政策工具

政策目标	政策工具	政策领域	目的	管理模式	具有互补性的政策工具
缩短行程距离	调整地价税结构,提高城市核心、就业场所或服务设施附近的土地价值	土地利用规划	减缓	监管	提高公交使用率
	混合土地利用规划,缩短行程距离	土地利用规划	减缓	监管	限制私家车使用、支持非机动车出行
提高公交使用率	公交导向型发展区域	土地利用规划	减缓	监管	限制私家车使用、支持非机动车出行
	调整地价税结构,提高公交网络服务地块的价值	土地利用规划	减缓	监管	提高公交使用率
	对公交服务周边地块开发商施行税收激励政策	土地利用规划	减缓	监管	提高公交使用率
	提高公交质量	交通	减缓	服务提供	限制私家车使用
	连通多种出行方式	交通	减缓	服务提供	限制私家车使用、支持非机动车出行
	拓展公交服务	交通	减缓	服务提供	限制私家车使用
	雇员交通计划	交通	减缓	便利服务	提高公交质量、连通多种出行方式、拓展公交服务

政策目标	政策工具	政策领域	目的	管理模式	具有互补性的政策工具
限制私家车使用	采取交通宁静化措施（如缩短车道宽度），限制自驾车出行	土地利用规划	减缓	监管/服务提供	提高公交质量、连通多种出行方式、拓展公交服务
	在特定区域采取驾车和停车限制措施	交通	减缓	监管	提高公交质量、连通多种出行方式、拓展公交服务
支持非机动车出行	采取交通宁静化措施并增加自行车道	交通	减缓	监管/服务提供	限制私家车使用
提高车辆能效和替代燃料使用率	使用替代燃料或混合动力车辆享有停车特权	交通	减缓	监管	特定区域采取驾车和停车限制措施
	城市车队应采购燃油效率高、混合动力或使用替代燃料的车辆	交通	减缓	自治	—
提高建筑能效	出台功能区划法规，推广多户联排式住宅	土地利用规划	减缓	监管	增加社区空地、改善公交质量、连通多种出行模式、扩展公交服务范围；提高高密度开发地区的吸引力；植树计划
	在建筑规划中提出能效规定	建筑	减缓	监管	协调实施公私合作改造项目、严格执行各项政策和建筑规范
	协调实施公私合作改造项目	建筑	减缓	推动	在建筑规范中提出能效规定
提高本地可再生能源和资源回收利用比例	在建筑规范中规定可再生能源最低份额	建筑	减缓	监管	为开发商和物业业主提供技术支持
	集中供暖和供冷项目	建筑	减缓	监管/服务提供	取消集中供暖/供冷系统入网申请时的法规壁垒
	垃圾—能源项目	废弃物	减缓	服务提供	严格监管焚烧设备排放、分离废液中的可回收物
降低对洪涝灾害和暴风雨事件的脆弱性	出台功能区划法规，打造更多的公共空地	土地利用规划	适应	监管	出台功能区划法规，推广多户联排式住宅
	改造和改进公交系统，减少洪涝灾害损失	交通	适应	服务提供	提高公交质量、连通多种出行方式、拓展公交服务
	划定空地作为洪涝缓冲区	自然资源	适应	监管	出台功能区划法规，推广多户联排式住宅；在建筑规范中规定最小离地高度
	在建筑规范中规定最小离地高度	建筑	适应	监管	划定空地作为洪涝缓冲区

政策目标	政策工具	政策领域	目的	管理模式	具有互补性的政策工具
减轻城市热岛效应及其对极端高温的脆弱性	改造和改进公交系统,减少极端气温带来的潜在损失	交通	适应	服务提供	提高公交质量、连通多种出行方式、拓展公交服务
	植树计划	自然资源	减缓与适应	自治	增加社区空地、改善公交质量、连通多种出行模式、扩展公交服务;提高高密度开发地区的吸引力
	在建筑规范中规定采用可减轻热岛效应的材料	建筑	减缓与适应	监管	在建筑规范中提出能效规定
	在建筑规范中要求植被"绿色屋顶"或白色表面	建筑	减缓与适应	监管	在建筑规范中提出能效规定

　　针对上海地区这样一个巨型城市,应对气候变化也是一个巨型工程。作为公共政策的城乡规划,应当在应对气候变化方面发挥关键性作用,可以通过两种方式进行:一是单独编制上海应对气候变化规划,从研究层面展开减缓和适应气候变化的具体行动,将适应性城市空间格局的构建作为适应行动的主要内容之一,解决减缓和适应气候变化两个方面在城市密度、土地利用方面的矛盾,提出城市应对气候变化的战略性、有效性、综合性策略。二是将应对气候变化的城市空间格局的理念、目标、策略纳入其他规划编制中,尤其是城市总体规划和城市防灾规划的编制中,将应对气候变化(减缓和适应)的目标作为城市与区域发展目标之一,在不同规划编制层面提出城市空间开发强度调控、城市基础设施(工程和非工程)、绿色基础设施的规划安排。上海应对气候变化的城乡规划体系及相应策略见图 7-8。

　　与本书提出的适应性城市空间格局构建直接相关的城市应对气候变化的适应性规划(Urban Adaptation Planning for Climate Change,简称适应性规划),是城市应对气候变化的重要软措施之一,是在对城市适应性能力评估的基础上,以城乡规划的方式提出绿色基础设施和灰色基础设施建设要求,以确保城市能够更好地适应气候变化。借鉴欧洲城市适应性规划六个阶段(EEA,2012),上海适应性规划可以分为准备阶段、气候变化的影响和城市的适应度评估阶段、适应性措施(包括适应性城市空间格局)的识别阶段、适应性措施评估和相关规划整合阶段、适应性规划的实施阶段、适应性规划实施的监测和评价阶段。每个阶段的主要工作内容如表 7-7 所示。

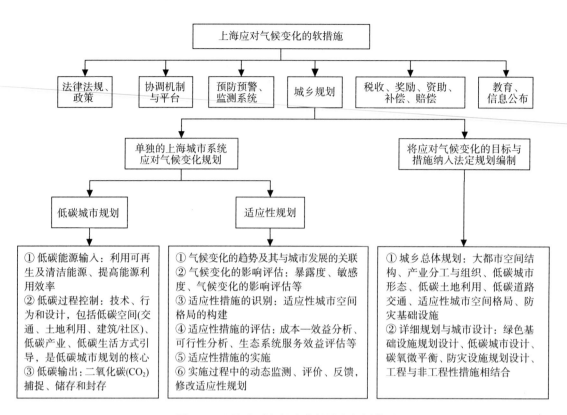

图 7-8　上海应对气候变化的城乡规划体系

表 7-7　上海城市应对气候变化的适应性规划阶段

阶段	主要工作
准备阶段	研究上海历史和未来的气候变化趋势、温室气体排放情况与城市发展、全球与长三角气候变化之间的内在关联,弄清规划的目标、流程、技术、方法等
气候变化的影响和城市的适应度评估阶段	就气候变化对上海城市建成环境、交通网络、关键性基础设施(电力、水供应)、水文水资源、城市产业和经济系统、居民健康与安全、农田、森林、沿海湿地、长江河口、自然保护区等的影响展开研究。对城市已经开展的适应性措施进行评估,分析其对气候变化的适应度,找出重点区域的薄弱环节。划分应对气候变化的空间分区
适应性措施的识别阶段	对每个气候变化空间分区提出适应性城市空间格局构建的措施,主要就城市空间开发强度控制、城市基础设施建设、绿色基础设施布局等提出空间布局和建设标准等,提出其他防灾应急系统建立的原则等
适应性措施评估和相关规划整合阶段	对初步提出的适应性措施进行潜力评估、成本效益评估、生态系统服务影响评估、环境和交通影响评估等,重点就其在适应气候变化方面的能力及是否能够达到适应气候变化的目标,进行全面、客观地评估,并与已有城市规划、正在开展的相关规划进行整合

阶段	主要工作
适应性规划的实施阶段	从技术、工程、政策、法律等方面将规划提出的各项措施运用于城市建设的实践中,并有效解决实施过程中的问题,对于可能变化着的气候及其影响做出反馈和调整
适应性规划实施的监测和评价阶段	监测和评估适应性规划的实施状况,尤其是当上海城市人口、城市空间开发发生变化时,能够及时调整相应的基础设施布局策略;监测海平面上升对沿海地区的潜在影响,采用更为生态、富有弹性的最佳适应措施;监测淀山湖、黄浦江等水文水资源敏感地区的水资源量和水质变化,及时调整城市供水需求和城市洪涝安全防治措施;制定严格的措施保障城市基本生态网络的实施,充分发挥其在保障安全、应对气候变化方面的生态系统服务功能

7.6.2 建立应对气候变化框架

应对气候变化仅依赖于城乡规划远远不够,还需要将其纳入一个更为广泛的城市气候变化应对框架中。上海城市人口规模巨大,城市大气和水等环境问题突出,典型的河口城市地理位置给上海的可持续发展带来了风险和挑战。因此除了从适应性城市空间格局构建、适应性规划方面来提高上海城市对气候变化的适应能力外,还需要将其纳入上海应对气候变化的评估与监测、规划与设施体系中,需要多部门横向和纵向的沟通与参与,以切实保障上海向着更为弹性、智慧、生态、可持续的方向发展。

首先,完善上海应对气候变化的评估与监测体系,包括:气候变化长期的监测体系,城市的脆弱性、风险性和适应性评估体系,以及在应对气候变化措施实施过程中的监测与评估体系。

其次,深化城市应对气候变化的城乡规划体系,包括减缓规划和适应规划两个部分。

最后,完善城市应对气候变化的实施体系,不仅需要能源、交通、国土、环境、防灾等多个部门的共同行动,而且需要全社会居民的广泛参与。

其中,评估与监测是规划制定、修改的基础和依据,可根据评估和实施效果反馈进行规划与实施方案的调整。规划体系是适应性措施实施的依据,其目标、对象与评估和监测体系具有一致性。实施体系是规划的保障和落实,实施效果也是监测和评估的对象。三者是循环、往复的过程(图 7-9)。

7.6.3 多尺度建设韧性城市

城市韧性是指处于慢性压力和急性冲击的环境中,城市内的个体、社区、机构、城市机能和城市大系统的耐久性,以及城市系统和区域通过合理准备、缓冲和应对不确定性扰动,快速恢复平衡状态并实现公共安全、经济发展和社会秩序正常运行的能力(李彤玥,2017),故具有这种能力的城市

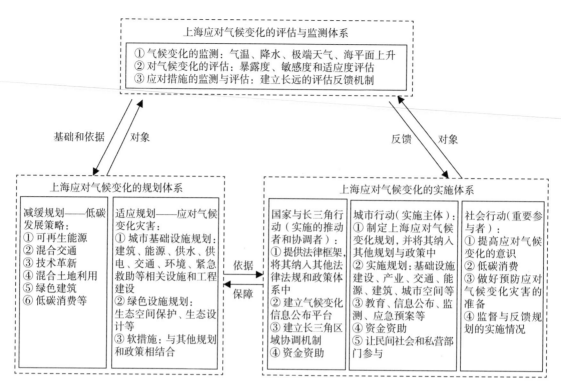

图 7-9　上海城市应对气候变化的体系

被称为韧性城市。城市韧性空间是指在城市灾害风险区,能够及时地、有效地抵抗、吸收与适应灾害,降低灾害脆弱性、减少灾害损失并帮助城市从灾害中快速恢复的各种城市系统要素及其组合状态。从脆弱性的角度理解,即致力于降低城市的暴露度和敏感度、提高适应能力的韧性空间要素及其组合状态。

尽管韧性城市已成为指导城市发展的重要理念之一,但目前学术界对于城市韧性的内涵解释还未达成共识。如何更好地将韧性理论与城市规划原理相结合、系统地认知城市韧性是指导韧性社区研究的起点,要更好地理解韧性城市理论,关键在于如何定义城市管理语境下"韧性"一词的内涵。如将韧性看作系统适应灾害的过程,基于此可将城市韧性解释为在应对灾害时的三段权衡过程:一是承受,当系统遭遇冲击时具有自我修复的功能;二是韧性,当冲击变大,需要系统具有适应新变化的能力;三是再造,当变化更大的时候,系统有足够的再造和学习能力。其中从韧性视角来看,城市韧性又可分为工程韧性、生态系统韧性和社会—生态韧性。

加强上海的韧性城市建设,积极应对全球和局地气候变化,促进生产与生活方式向绿色、低碳、宜居转变,保障城市生态安全。锚固国土生态基本格局,加强环境保护,改善城市环境品质,统筹防灾减灾资源,优化顶层设计,有利于健全上海城市安全保障体系,增强城市韧性和恢复力,为上海建设"全球城市"提供基本的安全保障,促进上海社会经济环境的可持续发展(钱少华等,2017)。以多功能性、冗余度和多尺度的网络连接性为参照路径,结合不同空间尺度与地域特征灵活构建"区域—市域—社区"三个空间尺度的城市韧性网络。当突发城市灾害时,各个空间尺度的韧性效应会产生叠加作用,共同分散城市风险。

1) 区域层面:重视生态保护协同,共建区域生态网络

上海位于太湖流域、长江流域下游、长江入海口,水环境灾害风险较高,因此首先要从区域层面加强与周边地区的协同。长三角和太湖流域具有丰富的生态资源及江南水乡文化特色,要针对重点区域如淀山湖、长江口、杭州湾的生态空间共抓共管,应当注重共建区域生态网络,形成江海交汇、水绿交通、文韵相承的一体化生态空间网络,共同维护长三角区域的生态安全(图7-10、图7-11)。其中崇明岛、淀山湖、东海海域湿地及杭州湾是生态保护与建设的关键生态源地。崇明要按照世界级生态岛的建设标准,与周边的南通、常熟、太仓等城市协同,控制长江沿岸产业发展门类。环淀山湖区域要注重区域水乡特色保护和传承,加强黄浦江上游地区的生态环境保护,控制工业发展,提升水环境质量。东海海域湿地区域与江苏省东海海域湿地联合保护,加强滨海空间保护和防洪堤建设,确保沿线城市安全。杭州湾沿岸生态湾区要加强与浙江省嘉兴平湖等地区的衔接,推进沿线生态保护与生态恢复,建设区域生态走廊。在生态安全保障基础上加强区域协作,完善区域大气、水环境的联控联治机制。

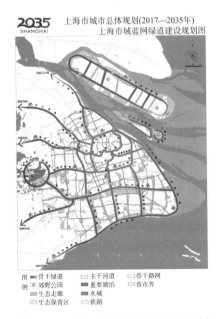

图7-10 上海市域蓝网绿道建设规划

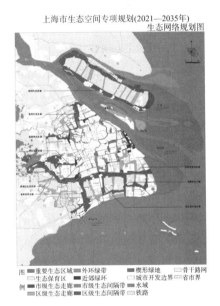

图7-11 上海生态网络规划

2) 市域层面:锚固生态环境底线,构建韧性国土和经济社会

近几十年来,日本受到的自然灾害不计其数,尽管采取了多项应对策略,但依然在重复着"受灾—巨大冲击—长期恢复"的过程。在此背景下,

日本提出了"构筑强而有韧性的国土和经济社会"的总体目标与相关规划方案,其中 PDCA[P(计划)—D(执行)—C(检验)—A(处理)]模型是以国土强韧为目标,探寻城市系统薄弱点和解决方法,考虑城市未来发展策略的国土强韧规划编制通用框架,对于上海建设具有韧性的防灾基础设施具有重要的借鉴意义。在 PDCA 模型框架下(图 7-12),上海的城市基础设施规划可先设定潜在的灾害情景和风险事件,然后对现状基础设施的脆弱性予以评估与分析,最后针对各个组成要素的脆弱性进行应对措施与政策的讨论。

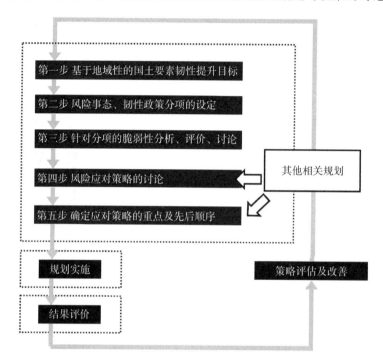

图 7-12　PDCA 模型下的国土要素韧性提升规划框架

在市域层面,要构筑生态底线、环境底线、资源能源底线的约束机制。生态底线约束即通过建设用地总量的锁定,逐步提升上海的生态空间质量与水平,划定城市开发边界和滨江沿海地区的生态保护红线来保护近海的湿地空间,通过生态修复逐步将生态用地提升至 60% 以上。环境底线即通过区域联动、分区落实的方法多方面综合提升大气、水、土壤环境水平,对已经污染的地区加强生态修复和国土空间综合整治,通过生态重建、生态恢复、生态整治改善现有环境质量。资源能源底线即强调对上海所在长三角地区和太湖流域的水资源进行统筹,特别是对上游水污染排放、水资源利用等制定专项规划,保障区域水资源的有效利用。以底线约束为基础,进而规划合理的城市用地布局,统筹考虑城乡建设与生态环境资源的保护(图 7-13)。

此外,通过功能布局、冗余设计、基础设施建设提升城市韧性。一是城市功能布局不宜过度集聚,且要避开灾害高发区。对于已经投入使用的高

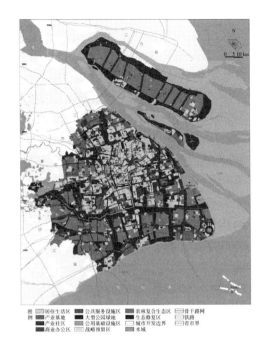

图 例 居住生活区　公共服务设施区　农林复合生态区　骨干路网
　　产业基地　大型公园绿地　生态修复区　铁路
　　产业社区　公用基础设施区　城市开发边界　省市界
　　商业办公区　战略预留区　水域

图 7-13　上海市用地布局规划

风险区域,应尽快制订功能转移计划或强化技术工程防御手段,从源头上降低甚至避开灾害发生的可能性。二是冗余设计市政基础设施技术标准,包括水系统、电力系统、燃气系统等,提升各系统的灾害承受力。三是制定专项的防灾减灾设施、能源供应设施、水资源供给设施、绿色基础设施规划,从多方面保障上海的城市安全。

3) 社区层面:构建多元参与联合共治治理体系,营造以地方感为内涵的韧性社区

社区生活圈是城市安全防御最基本的空间单元,与市民生活直接相关。将低风险区域的公共开放空间作为临时避难场所,查漏补缺,补充设计,以满足避难要求的公共空间。在管理上需要定期排查消除安全隐患,包括清理老旧小区路面杂物,连通消防救援路线,定期维护电力、电信、自来水、天然气等与日常生活密切相关的设施,以确保灾害发生时的正常运行能力等。社区生活圈层级的韧性建设应该以"使每个单元具备独立防御外界干扰的能力"为目标因地制宜。

构建多元参与、联合共治的社会治理体系。鼓励社会力量参与灾前防御、灾时应急和灾后重建的全过程,培育安全文化,构建政府、专家与技术人员、社会各界等多元力量联合共治的社会治理体系,提升灾害应对能力。要提升城市居民对气候变化的认识,提高个人韧性水平。个体韧性的提升可从居民灾时自救能力和灾后心理健康与生活水平恢复两个方向进行。老人、儿童、残障人士等弱势群体与城市空间韧性能力的发挥具有非常高的关联度,在城市重大灾害过程中,充分考虑对弱势群体的关怀是一个具

有韧性的城市的应有之义。对于老人和儿童,可提倡在城市规划中融入儿童友好城市、适老型设计、无障碍基础设施等理念,通过多样化的活动组织或布展空间(图 7-14),面向老年人、儿童有针对性地开展环境保护、防洪安全、科学避涝等科普教育,一方面提高他们面对灾害侵袭时的自身保护能力,另一方面也让部分活跃的老年人和较高年级儿童成为社区防灾的宣传者和直接参与者;同时可通过与大数据的结合,强化灾时智慧指挥能力,社区层级的灾时疏散可结合大数据追踪技术,针对社区弱势群体进行进一步的人群细分,并提供精准化的智慧服务,从而提高弱势群体的自救能力和疏散效率。

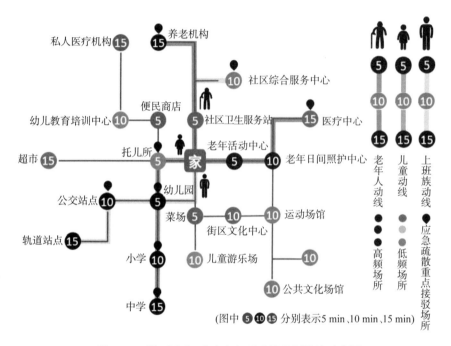

图 7-14　社区适老、儿童友好型动线规划设计示意图

营造以地方感为重要内涵的韧性社区。一个具有归属感的城市会促进居民之间产生更多的交流,当突发灾害事件发生时,居民自发互助行动的概率会更大、效果会更好。城市中一些建造年代较久远的社区和城中村的景观、基础设施虽不如新式小区,但人口构成特征较为一致,具有良好的邻里互助氛围,社区居民亦具有较为一致的时代记忆。将社区营造作为塑造上海地方感的主要施力点,一方面可以完善社区的各项基础设施和景观,提升社区应对灾害的基础设施韧性;另一方面可以通过空间重塑和社区组织唤醒居民共同的时代记忆,将社区居民重新凝聚起来,回归社区自治,重启社区的自组织功能。在社区营造机制方面应提倡多方参与,这不仅可以提高社区居民对于社区本身的认同度和归属感,而且可以以较小的经济代价获得较大的改造成效。可通过广泛争取政府、社会的资金与人力支持,解决老旧小区营造和城中村改造内力不足的问题(图 7-15)。

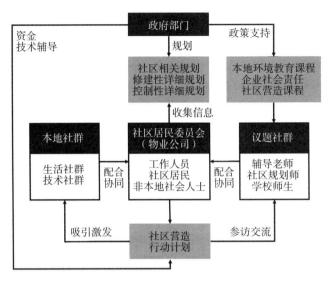

图 7-15　以地方感为重要内涵的韧性社区营造机制

7.6.4　应对气候变化的城市应急管理体系

1）灾前:完善应急预案建设,建立完善的应急法律体系

灾害发生前是韧性城市建设的最重要阶段,对提高城市的风险应对能力起着至关重要的作用。政府自上而下搭建韧性城市建设总体框架,通过城市规划等管控手段落实韧性城市建设行动与要求,并发起面向全社会的城市安全知识宣传与普及活动,鼓励社会各界参与城市安全建设。专家与技术人员为政府提供技术支撑与咨询服务,从专业性、技术性的角度进行技术论证、研发与创新,为提高重大灾害提前预警能力、加强城市韧性提供更多的可能性。社会各界应当积极响应政府号召,学习安全知识,参与安全建设(石婷婷,2016)。

应急预案是提高防御各类重大灾害事件的有效途径之一,是应急管理体系的关键内容。完善的应急预案对于应急管理体系优化有三点意义:一是应急预案属于各项应急行动的指导性文件;二是应急预案可以规范管理部门的指挥工作,防止权力的滥用;三是应急预案可以提高应急行动的效率,便于对应急行动的成功与否做出判断。防灾演练的开展是应急预案的重中之重。实践证明,对企事业单位和社区居民开展防灾演练的频率越高,灾害发生时的人员财产疏散和灾后修复效率越能得到显著提高。为应对以洪涝、地震为主的突发自然灾害,可联合消防、教育和民政部门在关键区域成立消防训练中心,向周边地区的工厂、学校、市民开放,以提高群众自救、互救能力。应尽快出台新的防灾应急规定,根据国家的突发事件应对法案和上海市防灾预案制定配套法规、规章,制定更为本土化的灾害应对实施细则,通过法律及各项政策法规对应急资金的投入、应急体系建设、物资供应等基础工作予以法律保障。

2）灾时：指挥管理事权上下联动，优化应急响应网络

灾害发生时是城市韧性响应的关键时刻。政府利用信息化综合管理平台调度资源组织紧急救援，同步根据监测情况发布一线信息。专家与相关技术人员同步跟踪与分析灾害进展，并及时将决策咨询建议提供给决策者参考，以便提升应急救援的专业性与有效性。受灾民众利用灾前学习的安全知识，采用相对正确有效的逃生方式开展自救与互救，非受灾民众根据自身条件与意愿向受灾民众、专家与技术人员或政府提供间接支援。倘若大部分角色在灾时能够各司其职，那么城市犹如一个巨大的机器，在突发性重大灾害发生时，将会通过各个环节分散甚至化解城市风险，将破坏性降到最低（石婷婷，2016）。

为更快更有效地响应突发灾害，城市应急系统应采取上下联动的模式，可通过以下途径实现：一是联合应急法律体系的完善内容，明确应急联动中心及其合作单位的职权、职责，规范各级主体行为，合理赋予各级部门在应急救灾行动中的直接处置权、越级指挥权、联合行动指挥权和临时指定管辖权，更有效地保障应急救灾行动在合理、合法的框架中进行；二是在基层联动单位内设置应急办公室，打通社区居民与管理指挥部门联动救灾的三条渠道，基于此构建三级应急网络，其中一级、三级应急网络的构建通过城市基础通信综合系统实现，二级应急网络则是城市专业应急指挥通信系统重点服务的内容（图7-16）。

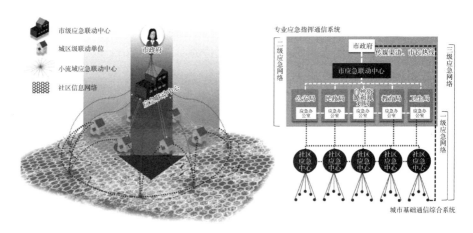

图7-16　城市应急响应网络优化示意图

城市基础通信综合系统的完善和专业应急指挥通信系统的铺设是优化上海应急响应网络的基础。专业应急指挥通信系统的优点是稳定性强、安全性高，能充分保障灾时系统的可靠运行。专业应急指挥通信系统的搭建可采用数字超短波并结合运营商有线网络和第五代移动通信技术（5G）等先进通信技术，通过应急指挥中心装备系统服务器、座席指挥调度台组成应急指挥平台（图7-17）。

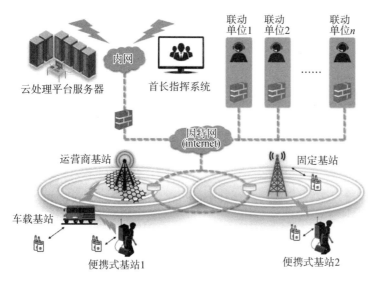

图 7-17　专业应急指挥通信系统概念示意图

3）灾后：构建实时灾情平台，建立多方参与机制

灾害发生后是城市的韧性修复期。政府做好安抚与重建工作，帮助受灾民众重建家园，恢复生产与生活，并适时安置补偿与心理疏导。专家与技术人员调查研究灾害发生的原因，总结并吸取经验教训，将对未来城市灾害防御与城市韧性建设有指导意义的调研报告反馈给政府，以利于进一步更新优化城市的韧性建设。受灾民众具备良好的心理应对能力与自我修复能力，积极调整心态投入生产与生活，非受灾民众可提供其他多途径的支援，帮助城市快速重构新的平衡状态（石婷婷，2016）。

构建公开透明的实时灾情平台，是实现"整体把控、分级管理、全民应灾"的关键内容。要保证灾情信息的高效传递与吸收，对于民众而言，针对不同年龄段民众其传播信息和灾情上报渠道应有所区分；对于企业而言，应加大宣传灾后恢复期间企业帮扶内容、"特赦特办"政策信息力度；对于政府而言，应引入舆情监测平台，以及时对民众舆情做出反馈和正确引导，防止虚假消息增加灾后恢复工作的难度（图 7-18）。

另外，目前我国城市的防灾减灾工作大部分由地方政府负责，各地方政府的财力与人力难以负荷，导致防灾减灾工作流于形式，疏于管理与指导。澳大利亚的凯恩斯市经历了多次热带气旋和上游来水引发的洪水和大滑坡事件，在频发自然灾害的背景下，政府引入公私合作（Public-Private Partnership，PPP）模式，该模式倡导多方合作和社会资本的作用。公私合作（PPP）模式使凯恩斯地区委员会有足够的资源和人力应对自然灾害的防救工作，若还需要更多的帮助，可求助于当地供应商。上海的自然灾害应对可采用凯恩斯市的公私合作模式，一方面有利于降低灾害应对前期风险，另一方面有利于缩短企业响应时间（图 7-19）。

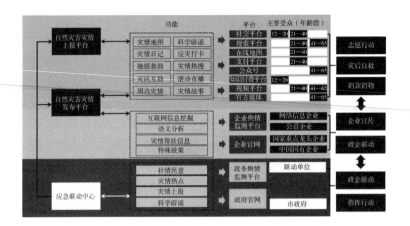

图 7-18　公开透明的灾情信息公开平台

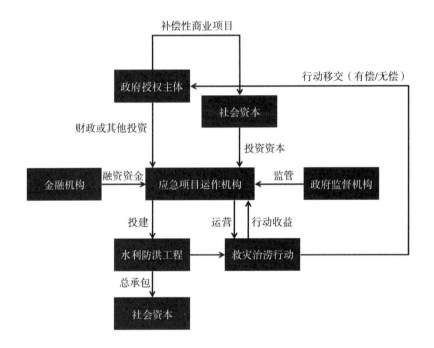

图 7-19　上海灾害应对在公私合作(PPP)模式下的运作机制构想

第7章参考文献

国家统计局上海调查队,2014. 生态文明建设初显成效,生态承载力面临挑战:2008—
　　2012 年上海自然资源和生态环境统计监测报告[EB/OL]. (2014-01-13)[2023-
　　04-03]. http://www.stats-sh.gov.cn/fxbg/201401/265657.html.

经济合作与发展组织,2012. 城市与气候变化[M]. 蔡博峰,陆军,刘兰翠,等译. 北京:
　　化学工业出版社.

李彤玥,2017. 韧性城市研究新进展[J]. 国际城市规划,32(5):15-25.

李彤玥,牛品一,顾朝林,2014. 弹性城市研究框架综述[J]. 城市规划学刊(5):23-31.

彭翀,袁敏航,顾朝林,等,2015. 区域弹性的理论与实践研究进展[J]. 城市规划学刊(1):84-92.

钱少华,徐国强,沈阳,等,2017. 关于上海建设韧性城市的路径探索[J]. 城市规划学刊(7):109-118.

石婷婷,2016. 从综合防灾到韧性城市:新常态下上海城市安全的战略构想[J]. 上海城市规划(1):13-18.

俞孔坚,许涛,李迪华,等,2015. 城市水系统弹性研究进展[J]. 城市规划学刊(1):75-83.

张德顺,有祥亮,王铖,2010. 上海应对气候变化的新优树种选择[J]. 中国园林,26(9):72-77.

郑艳,2012. 适应型城市:将适应气候变化与气候风险管理纳入城市规划[J]. 城市发展研究,19(1):47-51.

BASSETT E,SHANDAS V,2010. Innovation and climate action planning:perspectives form municipal plans[J]. Journal of the American planning association,76(4):435-450.

DE BRUIJN K M,2005. Resilience and flood risk management:a systems approach applied to lowland rivers[M]. Delft:Delft University Press.

EEA,2012. Urban adaptation to climate change in Europe:challenges and opportunities for cities together with supportive national and European policies [Z]. Copenhagen:European Environment Agency.

FOLKE C,2006. Resilience:the emergence of a perspective for social-ecological systems analyses[J]. Global environmental change,16(3):253-267.

FÜSSEL H M,KLEIN R J T,2006. Climate change vulnerability assessments:an evolution of conceptual thinking[J]. Climate change,75(3):301-329.

PRABHAKAR S V R K,SRINIVASAN A,SHAW R,2009. Climate change and local level disaster risk reduction planning:need, opportunities and challenges [J]. Mitigation and adaptation strategies for global change,14(1):7-33.

The World Bank,2009. Climate resilient cities:a primer on reducing vulnerabilities to climate change impacts and strengthening disaster risk management in East Asian cities[M]. Washington, D. C. :The World Bank.

UNISDR,2009. UNISDR terminology on disaster risk reduction[Z]. Geneva:United Nations International Strategy for Disaster Reduction.

WILBANKS T J, SATHAYE J,2007. Integrating mitigation and adaptation as responses to climate change:a synthesis [J]. Mitigation and adaptation strategies for global change,12(5):957-962.

第 7 章图表来源

图 7-1 源自:笔者绘制.

图 7-2 源自:《上海市城市总体规划(2040)战略研究议题》.

图 7-3 源自:普拉巴卡尔(Prabhakar)等绘制.

图 7-4 至图 7-9 源自:笔者绘制.

图 7-10 源自:《上海市城市总体规划(2017—2035 年)》.

图 7-11 源自:《上海市生态空间专项规划(2021—2035 年)》.

图 7-12 源自:笔者绘制.

图 7-13 源自:《上海市城市总体规划(2017—2035 年)》.

图 7-14 至图 7-19 源自:笔者绘制.

表 7-1 至表 7-5 源自:笔者绘制.

表 7-6 源自:经济合作与发展组织,2012. 城市与气候变化[M]. 蔡博峰,陆军,刘兰翠,等译. 北京:化学工业出版社.

表 7-7 源自:笔者绘制.

8 结论与展望

8.1 主要结论

气候变化成为全球性面临的问题,近年来各种气象灾害频发的现象尤为突出,给人类可持续发展带来了巨大挑战。本书立足城市如何适应气候变化这一现实问题,以上海为实证对象,通过分析上海局地气候变化时空特征,揭示城市发展如何对局地气候变化产生影响的基本规律,进而提出城市适应气候变化的评估模型和具体对策。

8.1.1 上海局地气候变化与城市空间之间的关系

1)上海局地气候变化具有明显的时空特征

(1)年平均气温呈现明显波动上升趋势。1960—2013 年城区和郊区的多年平均气温分别为 16.5℃和 15.9℃,平均增温率分别为 0.491℃/10a 和 0.241℃/10a。20 世纪 90 年代是上海气温跃变期,气温变化倾向率达到 1.042℃/10a,这一时期也是气温增温最明显的时期。

(2)城郊温差呈现由小到大的趋势。在 20 世纪 90 年代以前,城郊温差变化比较平稳,小于 0.4℃;之后城郊温差呈锯齿状上升,城郊平均温差达到 1.06℃。

(3)城市平均气温的圈层式空间分布特征明显。1971—2000 年和 2001—2010 年两个时期年平均气温的分布是由中心城区向外围郊区依次递减,呈圈层式分布;2001—2010 年的年平均气温距平的分布则呈现中心城区高于外围、北部高于南部的特征。

(4)降水量在时间上表现出波动周期变化规律,在空间上呈现出由市区向外围、由南向北递减的特征。上海 62 年的平均降水量为 1 154.2 mm;1971—2000 年和 2001—2010 年两个时期市区、浦东、闵行、宝山等区域多年平均降水量增加明显。

(5)相对湿度和日照时数呈现波动下降趋势。1960—2010 年上海城区年平均相对湿度为 76.2%,递减变化倾向率为 1.73%/10a;1960—2013 年的年平均日照时数为 1 854 h,递减倾向率为 101.77 h/10a。

（6）极端气候发生频率提高。1961—2013 年上海城区高温热浪发生频次呈现明显上升趋势，其线性倾向率达到 0.81 次/10a；风暴潮发生频次不断增加；雷暴活动总体呈下降趋势。

（7）海平面上升趋势明显。自 1998 年以来年平均海平面上升了 67.1 mm，高于全国常年海平面上升。

2）上海局地气候变化与城市空间具有相关关系

（1）在时间尺度上，局地气候变化与城市空间发展强度具有相关关系。采用城市空间发展强度描述时间尺度上城市空间的变化状况，发现 1978—2013 年城市空间发展强度呈"S"形增长。城市化过程对局地气候变化产生了较强的胁迫效应，其中相对湿度、城郊温差、日照时数等气象指标受城市化过程中的能源消费、基础设施建设和产业结构变化的影响尤为明显。

（2）在空间尺度上，气候变化的空间分布与城市空间开发强度具有相关关系。上海城市空间开发强度呈现明显的由中心向外围递减的趋势，这与年平均气温的圈层式分布一致，说明上海的热岛效应极为显著。城郊温差变化主要受到建用地扩张和高强度的开发影响，而城市绿地在一定程度上可以缓解热岛效应。

在空间尺度上，城市空间开发强度对降水的胁迫效应显著。与年平均降水量变化呈正相关的为城市建设用地占比、建筑面积毛密度（平均容积率）、人口密度、高层建筑面积毛密度等综合反映城市开发强度的指标，反映了城市建设用地和开发对于雨岛效应的形成具有显著贡献，高密度开发加剧了城市降雨分布在局地的不平衡和复杂性。

3）变化着的气候已经并继续影响城市空间

（1）气候变化的影响广泛而深远。气温变暖会影响农作物的生长和周期变化，进而造成农业减产，影响粮食安全；同时给能源需求带来更大挑战；气候灾害的发生往往使公共设施建设受损、居民人身和财产安全受到威胁；气候变化还会导致生物多样性降低、生态系统服务供给下降等；海平面上升会加剧台风等的发生频率，会影响沿海安全。

（2）气候变化的影响具有空间差异性。其中开发强度较大的浦西中心区和陆家嘴地区对气候变化影响最为敏感，受到气象灾害后的经济损失和人员伤亡风险最高；其次宝钢长江水源保护地、黄浦江沿岸地区对气候变化的生态影响最为显著，不合理的开发建设可能会加剧气候的连锁负面效应，造成不可逆的生态损失；长兴岛、横沙岛、崇明东滩等区域未来因海平面上升而产生的生态影响和经济损失将进一步凸显。

（3）气候变化对上海市的影响呈现由中心向外围递减的圈层特征。气象灾害的发生容易造成人口密集地区的经济损失和人员伤亡，因此城市中心区受气候变化的影响最为显著。城市近郊区受快速城市化影响，气候变化的风险也在逐步提高。城市远郊区的生态系统则更容易受到干扰，进而对区域可持续发展产生威胁。

8.1.2 应对局地气候变化的适应性城市空间格局概念模型

应对气候变化的适应性城市空间格局是指,面对未来长期或短期的全球和局地气候变化,通过综合措施获得能够降低城市对气候变化的暴露度、敏感度以及提高其适应度(降低脆弱性)的城市空间布局。

适应性城市空间格局的概念模型分为输入要素、结构要素和输出要素。模型的输入要素为气候变化和城市发展的相关指标,反映其在时间和空间维度上的变化特征,通过分析可以长期跟踪自然与人工要素的耦合反应;结构要素是对气候变化的暴露度、敏感度、风险性、潜在影响、适应度、脆弱性等指标进行精准分析,以揭示城市不同属性区域对气候变化的潜在风险改善的方向及对策。输出要素是构建韧性城市的策略和设施布局等措施。

适应性城市空间格局研究的模块设计包括:城市发展背景与气候变化的时空特征分析、气候变化与城市空间发展的相关性分析、气候变化的影响及其空间差异评估、适应性城市空间格局的构成要素及适应度评估、适应性城市空间格局构建五个子模块。

8.1.3 上海应对局地气候变化的适应性城市空间格局构建

1) 上海适应性城市空间格局的构成要素

上海除了需要进一步在减少温室气体排放等方面做出努力外,还要进一步构建适应性城市空间格局,着眼于城市基础设施系统优化与提升、绿色基础设施建设、城市风道预留、城市建筑色彩优化等方面,以提高城市对气候变化的适应性。同时要加强各类气象灾害风险预警与处理能力,系统性降低灾害受损程度。

2) 城市对气候变化的适应度

从 2000—2013 年上海城市对气候变化的适应度分析来看,整体上升态势明显,这得益于城市的快速发展和设施水平的不断提高,其中经济发展为上海市应对气候变化提供了基础支撑作用,基础设施的稳步提高提供了基础保障作用,而如何发挥绿色基础设施的作用、加强全市系统的应急保障能力则需要进一步提升。从各区县对气候变化的适应度来看,中心城区高于近郊区,近郊区又高于远郊区。

3) 上海适应性城市空间格局的构建

适应性城市空间格局通过完善城市的设施建设,提高上海城市的气候变化韧性和适应能力,进而为上海防灾规划、土地利用规划等提供决策依据,引导上海韧性城市建设。上海适应性城市空间格局构建的着力点在于进一步加强能源利用效率、减少温室气体排放;加强区域联动,从长三角、上海都市圈等尺度解决区域气候灾害影响与预防问题;提升城市基础设施运行能力,将气候灾害处理纳入应急保障体系;提高绿色基础设施建设水平,强化生态系统对于城市生态安全的调节功能;合理调配城市空间开发强度,构建更具弹性的多中心城市空间结构。

在城市空间开发强度调控方面,城市中心区应该稳定发展,适度控制开发强度;城市近郊区则必须严格控制组团间的生态隔离带,防止城市摊大饼式无序蔓延;黄浦江上游地区、淀山湖片区和崇明东滩片区将敏感性较高的地区划分为限制建设区或禁止建设区;远郊区县则应适当提高开发强度,节约利用土地资源。

在城市基础设施布局方面,城市中心区、城市近郊区、金山区、浦东中部片区应加强能源供应;金山区、奉贤区、浦东南汇片区要重点改善交通条件;加强城市中心区、城市近郊区的供水供电;合理布局防涝泵站于黄浦、静安、虹口等城市中心区,合理布局防洪堤坝于河流分布地区。城市中心区和城市近郊区主要应对极端高温、洪涝灾害带来的风险,奉贤、崇明主要应对台风、风暴潮带来的风险;奉贤区、浦东南汇片区则重点改善医疗卫生条件。

在绿色基础设施空间布局方面,应当因地制宜,采用多样化的绿色基础设施建设路径,结合城市风道、海绵城市建设等提高城市系统的弹性。对沿海地区要加强防洪堤、护岸、隔离壁等海岸带构筑物设施建设,保障沿海的生命线安全;因地制宜地采用人工湿地、人工育滩、沿海防护林等生态措施来降低海水侵蚀率,用自然的解决方案提升沿海的生态安全。

编制上海应对气候变化专项规划,全面梳理上海面临的气候风险及应对措施,并提出从区域、城市、社区等层面的系统解决方案;构建多尺度的韧性城市网络,建立区域有效联动、城市系统响应、社区高度配合的应急管理体系,建立灾前预案、灾时上下联动、灾后快速恢复的防灾机制。

8.2 主要创新点

8.2.1 提出应对局地气候变化的适应性城市空间格局的概念模型

本书针对当前城市规划领域,尤其是中微观领域对于适应气候变化研究不足的现实背景,提出"应对气候变化的适应性城市空间格局"(简称"适应性城市空间格局")这一理论概念,其与适应性规划一脉相承,是城市空间对于应对气候变化的响应机制探讨。这一概念是继低碳城市空间、低碳城市规划、适应性规划之后,基于城市空间适应气候变化这一理念提出的创新概念。针对这一相对比较抽象的概念,本书从实证的角度,用子模块的方式将概念模型具体化,提出适应性城市空间格局的概念模型的分析内容,具体包括城市发展背景与气候变化的时空特征分析模块、气候变化与城市空间发展的相关性分析模块、气候变化的影响及其空间差异评估模块、适应性城市空间格局的构成要素及适应度评估模块、适应性城市空间格局构建模块。其中后两者具有理论创新性。这种方法使得这一理论模型既具有理论创新性，又能应用于实际研究，为城市适应气候变化提出切实有效的对策提供研究思路和框架。

8.2.2　优化了局地气候变化与城市空间相关性分析方法

其一，完善了空间尺度上气候变化与城市空间之间的相关性分析方法。已有研究多采用相关性分析探讨气候变化与城市空间发展要素在时间尺度上的关系，本书采用城市空间发展强度更为全面、综合地构建城市空间在时间尺度上的评估体系，改进了已有研究；同时更关注同一时间范围内不同地域空间开发强度与局地气候变化之间的关系，关注城市空间的横向拓展、垂直拓展和经济社会承载对局地气温差异和降水差异的影响。

其二，优化了气候变化影响的空间评估方法。已有研究对城市气候变化脆弱性的评估固然能反映城市不同空间对于气候变化的脆弱性，但是评估结果过于模糊，忽略了不同地区的空间性质（土地利用、城市开发建设强度等）及其适应机制的差异，在指导城市应对气候变化具体策略方面存在不足。本书针对不同气候要素影响城市的特点和机制，分别建立了气温变化、极端气候和海平面上升影响的空间差异评估体系，使得评估结果更利于指导规划实践和政策制定。

8.2.3　城市适应局地气候变化的空间策略

本书架构了城市空间与气候变化之间的关系，继而从城市开发建设的角度出发，根据不同地域对气候变化暴露度、敏感度、适应度差异进行分区，针对性地提出城市空间开发强度调控、城市基础设施和绿色基础设施布局策略；从适应气候变化的角度为城市空间发展策略提供了新的视点，并从将适应性城市空间格局的构建纳入城市规划、建立应对气候变化框架、多尺度建设韧性城市、城市应急管理体系等方面提出适应气候变化的规划响应策略。

8.3　研究展望

应对气候变化是一个长远战略，也是一个复杂的巨型工程，不仅需要自然生态系统对变化着的气候进行自我调整，而且需要人类发挥主观能动性，从全球到国家再到城市层面推动减缓和适应气候变化的行动。目前城市对气候变化的适应研究在全球范围内还处于起步阶段，缺乏较为成熟的理论和方法，在实践层面的适应行动主要针对极端气候的防灾系统建设。要从一个综合的、全面的角度探讨城市适应气候变化的整体框架，事实上是一个极为艰难的工作。本书对城市空间格局适应气候变化策略的研究，无论是在理论上还是在方法、应用上都处于探索阶段，还存在很多不足，主要表现在以下几个方面：

（1）缺乏对上海未来气候变化的预测及其影响的研究。本书对上海气候变化的影响评估主要还是基于历史数据的评估，对于未来气候变化的趋势缺乏判断，因此未来气候变化的影响研究不足。而在气候变化的空间影响评估体系中，部分指标的选择由于数据的缺乏较为不理想，导致评估结果具有一定的局限性。

（2）城市对气候变化的适应度评估研究还存在不足。城市对气候变化的适应能力，不仅与当地的经济、社会发展水平和基础设施支撑能力有关，而且与当地政府、社会、居民的重视程度和采取的措施有关，然而由于缺乏政府与居民对于气候变化的认识和其所采取的适应措施的访谈与问卷，因此评估指标体系的建立存在一定的不足，对绿色基础设施的现状调查不足，故而城市对气候变化的适应度评估研究结果尚不全面。

（3）适应性城市空间格局构建策略还有待深入。尽管本书对上海适应性城市空间格局的构成要素和构建进行了探讨，但是仍然多停留在宏观层面，对于微观层面的规划、设计方法还有待进一步的研究，以加强对上海城市开发建设规划的指导。

总体来说，本书对适应性城市空间格局的研究还是一种尝试，希望能够将城乡规划学研究和应对气候变化的目标联系起来，希望引发城乡规划学科更多地关注适应气候变化的问题，拓宽自身的研究视角，切实发挥公共政策的属性，促进城市可持续发展研究的不断深化。

· 中文文献·

蔡音亭,唐仕敏,袁晓,等,2011. 上海市鸟类记录及变化[J]. 复旦学报(自然科学版),50(3):334-343.

巢清尘,刘昌义,袁佳双,2014. 气候变化影响和适应认知的演进及对气候政策的影响[J]. 气候变化研究进展,10(3):167-174.

陈太根,2010. 咸阳市气候变化适应度评价及可持续发展模式[D]. 西安:陕西师范大学.

陈哲,刘学敏,2012. "城市病"研究进展和评述[J]. 首都经济贸易大学学报,14(1):101-108.

成丹,2013. 中国东部地区城市化对极端温度及区域气候变化的影响[D]. 南京:南京大学.

丁一汇,2009. 中国气候变化:科学、影响、适应及对策研究[M]. 北京:中国环境科学出版社.

丁仲礼,2009. 试论应对气候变化中的八大核心问题[R]. 北京:全球变化四大研究计划的中国国家委员会(CNC-WCRP,CNC-IGBP,CNC-IHDP,CNC-DIVERSITAS)2008年联合学术大会.

方创琳,鲍超,乔标,等,2008. 城市化过程与生态环境效应[M]. 北京:科学出版社.

顾朝林,2013. 气候变化与低碳城市规划[M]. 2版. 南京:东南大学出版社.

顾朝林,谭纵波,韩春强,等,2009. 气候变化与低碳城市规划[M]. 南京:东南大学出版社.

顾朝林,谭纵波,刘宛,等,2009. 气候变化、碳排放与低碳城市规划研究进展[J]. 城市规划学刊(3):38-45.

赫磊,戴慎志,解子昂,等,2019. 全球城市综合防灾规划中灾害特点及发展趋势研究[J]. 国际城市规划,34(6):92-99.

经济合作与发展组织,2012. 城市与气候变化[M]. 蔡博峰,陆军,刘兰翠,等译. 北京:化学工业出版社.

康泽恩,2011. 城镇平面格局分析:诺森伯兰郡安尼克案例研究[M]. 宋峰,许立言,侯安阳,等译. 北京:中国建筑工业出版社.

李彤玥,牛品一,顾朝林,2014. 弹性城市研究框架综述[J]. 城市规划学刊(5):23-31.

梁萍,陈葆德,陈伯民,2009. 上海1873年至2007年汛期水资源的气候变化特征[J]. 资源科学,31(5):714-721.

林而达,2010. 气候变化与人类:事实、影响和适应[M]. 北京:学苑出版社.

刘燕华,2009. 适应气候变化:东亚峰会成员国的战略、政策与行动[M]. 北京:科学出版社.

聂蕊,2012. 城市空间对洪涝灾害的影响、风险评估及减灾应对策略:以日本东京为例[J]. 城市规划学刊(6):79-85.

彭翀,袁敏航,顾朝林,等,2015. 区域弹性的理论与实践研究进展[J]. 城市规划学刊(1):84-92.

彭仲仁,路庆昌,2012. 应对气候变化和极端天气事件的适应性规划[J]. 现代城市研究,27(1):7-12.

祁豫玮,顾朝林,2011. 快速城市化地区应对气候变化的城市规划探讨:以南京市为例[J]. 人文地理,26(5):54-59.

气候变化影响及减缓与适应行动研究编写组,2012. 气候变化影响及减缓与适应行动[M]. 北京:清华大学出版社.

钱少华,徐国强,沈阳,等,2017. 关于上海建设韧性城市的路径探索[J]. 城市规划学刊(7):109-118.

仇保兴,2009. 我国城市发展模式转型趋势:低碳生态城市[J]. 城市发展研究,16(8):1-6.

任美锷,2000. 海平面研究的最近进展[J]. 南京大学学报(自然科学),36(3):269-279.

沈清基,2001. 城市生态系统与城市经济系统的关系[J]. 规划师,17(1):17-21.

沈清基,2011. 城市生态环境:原理、方法与优化[M]. 北京:中国建筑工业出版社.

史军,梁萍,万齐林,等,2011. 城市气候效应研究进展[J]. 热带气象学报,27(6):942-951.

宋彦,刘志丹,彭科,2011. 城市规划如何应对气候变化:以美国地方政府的应对策略为例[J]. 国际城市规划,26(5):3-10.

宋永昌,由文辉,王祥荣,2000. 城市生态学[M]. 上海:华东师范大学出版社.

苏志珠,1998. 人类活动对晋西北地区生态环境影响的初步研究[J]. 干旱区资源与环境,12(4):127-132.

王宝强,2014.《欧洲城市对气候变化的适应》报告解读[J]. 城市规划学刊(4):64-70.

王宝强,李萍萍,沈清基,等,2019. 上海城市化对局地气候变化的胁迫效应及主要影响因素研究[J]. 城市发展研究,26(9):107-115.

王宝强,苏珊,彭仲仁,等,2015. 海平面上升对沿海湿地的影响评估[J]. 同济大学学报(自然科学版),43(4):569-575.

王绍武,罗勇,赵宗慈,等,2013. 工业化以来全球平均温度上升了1℃[J]. 气候变化研究进展,9(5):383-385.

王祥荣,凌焕然,黄舰,等,2012. 全球气候变化与河口城市气候脆弱性生态区划研究:以上海为例[J]. 上海城市规划(6):1-6.

王祥荣,王原,2010. 全球气候变化与河口城市脆弱性评价:以上海为例[M]. 北京:科学出版社.

王原,2010. 城市化区域气候变化脆弱性综合评价理论、方法与应用研究:以中国河口城市上海为例[D]. 上海:复旦大学.

王原,黄玫,王祥荣,2010. 气候和土地利用变化对上海市农田生态系统净初级生产力的影响[J]. 环境科学学报,30(3):641-648.

杨达源,姜彤,2005. 全球变化与区域响应[M]. 北京:化学工业出版社.

杨培峰,2002. 城乡空间生态规划理论与方法研究[D]. 重庆:重庆大学.

叶祖达,2009a. 城市规划管理体制如何应对全球气候变化[J]. 城市规划,33(9):31-37.

叶祖达,2009b. 碳审计在总体规划中的角色[J]. 城市发展研究,16(11):58-62,8.

叶祖达,刘京,王静懿,2010. 建立低碳城市规划实施手段:从城市热岛效应模型分解控规指标[J]. 城市规划学刊(6):39-45.

殷永元,王桂新,2004. 全球气候变化评估方法及其应用[M]. 北京:高等教育出版社.

俞孔坚,许涛,李迪华,等,2015. 城市水系统弹性研究进展[J]. 城市规划学刊(1):75-83.

曾侠,钱光明,潘蔚娟,2004. 珠江三角洲都市群城市热岛效应初步研究[J]. 气象,30(10):12-16.

赵珂,2007. 城乡空间规划的生态耦合理论与方法研究[D]. 重庆:重庆大学.

赵敏,2010. 上海碳源碳汇结构变化及其驱动机制研究[D]. 上海:华东师范大学.

赵新平,周一星,2002. 改革以来中国城市化道路及城市化理论研究述评[J]. 中国社会科学(2):132-138.

郑艳,2012. 适应型城市:将适应气候变化与气候风险管理纳入城市规划[J]. 城市发展研究,19(1):47-51.

周全,2013. 应对气候变化的城市规划"3A"方法研究[D]. 武汉:华中科技大学.

周淑贞,王行恒,1996. 上海大气环境中的城市干岛和湿岛效应[J]. 华东师范大学学报(自然科学版)(4):68-80.

周雪帆,2013. 城市空间形态对主城区气候影响研究:以武汉夏季为例[D]. 武汉:华中科技大学.

朱飞鸽,2011. 上海城市化过程中城市热岛的时空动态变化研究[D]. 上海:华东师范大学.

•外文文献•

ACKERMAN F,2009. Climate change:the cost of inaction[D]. Medford:Tufts University.

AKBARI H,POMERANTZ M,TAHA H,2001. Cool surfaces and shade trees to reduce energy use and improve air quality in urban areas[J]. Solar energy,70(3):295-310.

AL-SHARIF A A A,PRADHAN B,2015. A novel approach for predicting the spatial patterns of urban expansion by combining the chi-squared automatic integration detection decision tree, Markov chain and cellular automata models in GIS[J]. Geocarto international,30(8):858-881.

BAUR A H,FÖRSTER M, KLEINSCHMIT B,2015. The spatial dimension of urban greenhouse gas emissions: analyzing the influence of spatial structures and LULC patterns in European cities [J]. Landscape ecology, 30(7):1195-1205.

BEDSWORTH L W,HANAK E,2010. Adaptation to climate change: a review of challenges and tradeoffs in six areas[J]. Journal of the American planning association,76(4):477-495.

BIESBROEK G R, SWART R J, CARTER T R,et al,2010. Europe adapts to climate change: comparing national adaptation strategies [J]. Global environmental change,20(3):440-450.

BLOETSCHER F, ROMAH T, BERRY L, et al, 2012. Identification of physical transportation infrastructure vulnerable to sea level rise[J]. Journal of sustainable development,5(12):40-51.

BLUM M D,MISNER T J, COLLINS E S, et al,2001. Middle Holocene sea-level rise and highstand at +2m, Central Texas Coast[J]. Journal of sedimentary research,71(4):581-588.

BROOKS N,2003. Vulnerability, risk and adaptation: a conceptual framework [R]. Norwich:Tyndall Centre for Climate Change Research.

BURTON I,1995. Adaptation to climate change and variability: an approach through empirical research[C]//YIN Y Y,SANDERSON M,TIAN G S. Climate change impact assessment and adaptation option evaluation: Chinese nad Canadian perspective. Beijing:Environmental Sciences Press: 31-47.

BUTCHER-GOLLACH C,2015. Planning, the urban poor and climate change in small island developing states (SIDS): unmitigated disaster or inclusive adaptation[J]. International development planning review,37(2):225-248.

California Coastal Commission, 2001. Overview of sea level rise and some implications for coastal California[R]. San Francisco: California Coastal Commission.

CASTÁN BROTO V,BOYD E,ENSOR J,2014. Participatory urban planning for climate change adaptation in coastal cities: lessons from a pilot experience in Maputo,Mozambique[J]. Current opinion in environmental sustainability,13:11-18.

CCSP,2009. Coastal sensitivity to sea-level rise: a focus on the Mid-Atlantic region[R]. Washington, D. C. :U. S. Climate Change Science Program.

CINAR I,2015. Assessing the correlation between land cover conversion and temporal climate change: a pilot study in coastal mediterranean city, Fethiye,Turkey[J]. Atmosphere,6(8):1102-1118.

Committee on Climate Change，U. S. Transportation，Transportation Research Board，et al，2008. Potential impacts of climate change on U. S. transportation[R]. Washington，D. C. ：Transportation Research Board of the National Academics.

DESSAI S，HULME M，2007. Assessing the robustness of adaptation decisions to climate change uncertainties：a case study on water resources management in the East of England[J]. Global environmental change，17：59-72.

DIEM J E，BROWN D P，2003. Anthropogenic impacts on summer precipitation in central Arizona，U. S. A.［J］. The professional geographer，55(3)：343-355.

DONOGHUE J F，2011. Sea level history of the northern Gulf of Mexico coast and sea level rise scenarios for the near future[J]. Climatic change，107：17-33.

EEA，2010. The European environment：state and outlook 2010：synthesis[Z]. Copenhagen：European Environment Agency.

EEA，2012. Urban adaptation to climate change in Europe：challenges and opportunities for cities together with supportive national and European policies[R]. Copenhagen：European Environment Agency.

ESTOQUE R C，MURAYAMA Y，2015. Intensity and spatial pattern of urban land changes in the megacities of Southeast Asia[J]. Land use policy，48：213-222.

FITZGERALD D M，FENSTER M S，ARGOW B A，et al，2008. Coastal impacts due to sea-level rise[J]. Annual review of earth and planetary sciences，36：601-647.

FRICH P，ALEXANDER L V，DELLA-MARTA P，et al，2002. Observed coherent changes in climatic extremes during the second half of the twentieth century[J]. Climate research，19：193-212.

FÜSSEL H M，KLEIN R J T，2006. Climate change vulnerability assessments：an evolution of conceptual thinking[J]. Climatic change，75(3)：301-329.

HALLEGATTE S，CORFEE-MORLOT J，2010. Understanding climate change impacts，vulnerability and adaptation at city scale：an introduction [J]. Climatic change，104：1-12.

HEYWOOD I，CORNELIUS S，CARVER S，2006. An introduction to geographical information systems[M]. 3rd ed. Harlow：Prentice Hall.

HIEDERER R，et al，2009. Ensuring quality of life in Europe's cities and towns [R]. Copenhagen：European Environment Agency.

HITCHBOCK D，2009. Chapter 7：urban areas［M］// SCHMANDT J，CLARKSON J，NORTH G R. The impact of global warming on Texas.

2nd ed. Austin:University of Texas Press.

HOLDREN J P, EHRLICH P R, 1974. Human population and the global environment:population growth, rising per capita material consumption, and disruptive technologies have made civilization a global ecological force [J]. American scientist,62(3):282-292.

HOLLING C S, 1987. Simplifying the complex:the paradigms of ecological function and structure[J]. European journal of operational research,30 (2):139-146.

HORVATH H,1995. Estimation of the average visibility in Central Europe [J]. Atmospheric environment,29(2):241-246.

HUGGETT A J,2005. The concept and utility of 'ecological thresholds' in biodiversity conservation[J]. Biological conservation,124(3):301-310.

HURRELL J M,BROWN S J,TRENBERTH K E, et al,2000. Comparison of tropospheric temperatures from radiosondes and satellites:1979 – 1998 [J]. Bulletin of the American meteorological society,81(9):2165-2177.

HUNT A,WATKISS P,2010. Climate change impacts and adaptation in cities: a review of the literature[J]. Climatic change, 104:13-49.

IEA,2008. World energy outlook 2008[Z]. Paris:Organisation for Economic Co-operation and Development.

IEA,2009. World energy outlook 2009[Z]. Paris:Organisation for Economic Co-operation and Development.

IFLA Regional Congress, 2012. Green infrastructure:from global to local international conference proceedings[R]. Saint Petersburg:IFLA Regional Congress.

IGLESISA A, ERDA L, ROSENZWEIG C, 1996. Climate change in Asia:a review of the vulnerability and adaptation of crop production [J]. Water, air, and soil pollute,92:13-27.

IPCC, 1996. Climate change 1995: impacts, adaptations, and mitigation of climate change[M]. Cambridge:Cambridge University Press.

IPCC,2001. Climate change 2001:impacts, adaptation, and vulnerability[M]. Cambridge:Cambridge University Press.

IPCC,2007a. Climate change 2007:the physical science basis,contribution of working group I to the fourth assessment report of the intergovernmental panel on climate change[M]. Cambridge:Cambridge University Press.

IPCC,2007b. Summary for policymakers[M]// IPCC. Climate change 2007: mitigation of climate change. Cambridge: Cambridge University Press.

IPCC,2013. Climate change 2013:the physical science basis[M]. Cambridge: Cambridge University Press.

IPCC,2014. Climate change 2014:impacts,adaptation,and vulnerability [M]. Cambridge:Cambridge University Press.

JONSSON A C, RYDHAGEN B, WILK J, et al, 2015. Climate change adaptation in urban India: the inclusive formulation of local adaptation strategies[J]. Global nest journal,17(1):67-71.

KARL T R, MELILLO J M, PETERSON T C,2007. Observed changes in sea level relative to land elevation in the United States between 1958 to 2008 [M]. Cambridge:Cambridge University Press.

LAVES G, KENWAY S, BEGBIE D, et al,2014. The research-policy nexus in climate change adaptation:experience from the urban water sector in South East Queensland, Australia[J]. Regional environmental change,14(2): 449-461.

LIN Y C, LEE T Y, SHIH H C,2012. Assessment of the vulnerability and risk of climate change on water supply and demand in Taijiang Area[Z]. Trieste:World Academy of Science, Engineering and Technology.

LOWE E A,2001. Eco-industrial park handbook for Asian developing countries [R]. Oakland:Environment Department, Indigo Development.

MAIMAITIYIMING M, GHULAM A, TIYIP T, et al, 2014. Effects of green space spatial pattern on land surface temperature: implications for sustainable urban planning and climate change adaptation[J]. ISPRS journal of photogrammetry and remote sensing,89:59-66.

Millennium Ecosystem Assessment,2005. Ecosystems and human well-being: synthesis[M]. Washington, D. C. :Island Press.

NICHOLLS R J, 2011. Planning for the impacts of sea level rise [J]. Oceanography,24(2):144-157.

OECD,2009. The economics of climate change mitigation:policies and options for global action beyond 2012[R]. Paris:Organisation for Economic Co-operation and Development.

Office of the Deputy Prime Minister,2004. The planning response to climate change:advice on better practice[Z]. London:Oxford Brookes University.

OKE T R, 1982. The energetic basis of the urban heat island[J]. Quarterly journal of the royal meteorological society,108(455):1-24.

PALANISAMY B, CHUI T F M, 2015. Rehabilitation of concrete canals in urban catchments using low impact development techniques[J]. Journal of hydrology,523:309-319.

PATON F L, MAIER H R, DANDY G C, 2014. Including adaptation and mitigation responses to climate change in a multiobjective evolutionary algorithm framework for urban water supply systems incorporating GHG emissions[J]. Water resources research,50(8):6285-6304.

PENG Z R, SHEN S W, LU Q C, et al, 2011. Transportation and climate change[M]// KUTZ M. Handbook of transportation engineering. New York:McGraw-Hill.

RECKIEN D,FLACKE J,OLAZABAL M,et al,2015. The influence of drivers and barriers on urban adaptation and mitigation plans:an empirical analysis of European cities[J]. PLoS one,10(8):1-21.

ROSENFELD D,2000. Suppression of rain and snow by urban and industrial air pollution[J]. Science,287(5459):1793-1796.

RUSSELL N, GRIGGS G, 2012. Adapting to sea level rise: a guide for California's coastal communities[Z]. Santa Cruz:University of California Santa Cruz.

SATAKE A,SASAKI A,IWASA Y,2001. Variable timing of reproduction in unpredictable environments: adaptation of flood plain plants [J]. Theoretical population biology,60(1):1-15.

SEGUIN J,BERRY P,2008. Human health in a changing climate:a Canadian assessment of vulnerabilities and adaptive capacity[R]. Ottawa:Health Canada.

SMITH P F, 2010. Building for a changing climate: the challenge for construction,planning and energy[M] . London:Earthscan.

TEO E A L, LIN G M, 2011. Building adaption model in assessing adaption potential of public housing in Singapore[J]. Building and environment,46(7):1370-1379.

The Maryland Commission on Climate Change Adaptation and Response Working Group, 2008. Comprehensive strategy for reducing Maryland's vulnerability to climate change phase I:sea-level rise and coastal storms [R]. Baltimore:Adaptation and Response Working Group.

UNFPA,2007. State of world population 2007:unleashing the potential of urban growth[R]. New York:United Nations Population Fund.

WILBANKS T J,SATHAYE J,2007. Integrating mitigation and adaptation as responses to climate change:a synthesis[J]. Mitigation and adaptation strategies for global change,12(5):957-962.

本书作者

王宝强,陕西宝鸡人,同济大学、佛罗里达大学联合培养城乡规划学博士,国家注册城乡规划师,苏州科技大学建筑与城市规划学院副教授、硕士生导师。主要从事国土空间规划理论与方法、城乡生态环境规划、气候变化与韧性城市等领域研究。主持和参与国家自然科学基金4项,主持和参与省部级基金9项,发表核心期刊论文40余篇,出版著作和教材4部,主持和参与各类规划设计项目20余项。